高等职业教育药品与医疗器械类专业教材

生物制药技术

曾青兰　主编

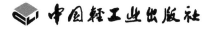

中国轻工业出版社

图书在版编目（CIP）数据

生物制药技术/曾青兰主编. —北京:中国轻工业出版社,2024.7
高等职业教育"十二五"规划教材
ISBN 978-7-5019-9310-9

Ⅰ.①生… Ⅱ.①曾… Ⅲ.①生物制品-生产工艺-高等职业教育-教材 Ⅳ.①TQ464

中国版本图书馆 CIP 数据核字（2013）第 189300 号

责任编辑:江 娟 贺 娜　　策划编辑:江 娟　　责任终审:张乃东
封面设计:锋尚设计　　　　　版式设计:宋振全　　责任监印:张 可

出版发行:中国轻工业出版社(北京鲁谷东街 5 号,邮编:100040)
印　　刷:北京建宏印刷有限公司
经　　销:各地新华书店
版　　次:2024 年 7 月第 1 版第 5 次印刷
开　　本:720×1000　1/16　　　印张:17.75
字　　数:368 千字
书　　号:ISBN 978-7-5019-9310-9　　　定价:45.00 元
邮购电话:010 – 85119873
发行电话:010 – 85119832　010 – 85119912
网　　址:http://www.chlip.com.cn
Email:club@ chlip.com.cn

前　言

生物制药技术课程是高职高专生物制药技术专业的核心课程。以基因工程、细胞工程、发酵工程、酶工程为代表的现代生物技术的发展孕育并推动了现代生物制药产业的诞生和成长,现代生物技术约有三分之二用于医药。现代生物技术及现代药学的快速发展,促进了生物制药技术的迅猛发展。因此,生物制药技术课程在生物制药技术、生物工程等相关专业学生的学习中具有重要的地位,其教材的编写也举足轻重。

本书围绕高等职业教育中以市场需求为导向、培养技术技能型人才的目标,充分考虑到高职高专的生源特点,适当降低了学科理论知识的难度,内容精练,叙述深入浅出,循序渐进,突出知识的适用性、实用性和职业性;及时引入生物制药的新知识、新工艺、新方法和新技术,将职业标准融入到教学内容中;将教学内容、课程体系、教学指导、学习评价等改革成果反映到教材中,突出内容的先进性,从而形成了以下特色。

1.“产、学”结合的编写团队

本书的编写人员以产学结合的方式选聘,形成了由教学一线的专业教师、企业技术骨干组成的跨学校跨区域的校企合作编写团队,共同完成了教材的编写。教材的理念、体例、内容等既彰显了高职教育的理念,又充分反映了生物制药行业的需求。

2.体系创新,其体例、内容和风格充分体现高职教育的理念

本书打破传统学科体系的教材组织形式,针对生物制药技术相关专业主要工作岗位的核心技能,以生物制药技术为项目载体、以企业典型生物技术药物的生产为任务,基于工作过程来组织、序化教材内容,突出工学结合,满足生物制药及相关职业岗位群的需求。形式新颖,风格独特,充分体现了“以就业为导向,以学生为中心,以能力为本位”的高职教育理念。

3.教学目标明确,并注重学生的可持续发展

本书每个项目都显示三维目标,即知识目标、技能目标和素质目标。教学目标明确,每个项目后都设置项目实训,强化学生综合应用知识和技术的能力,注重“教、学、做一体化”,强化相应目标的实现。努力彰显高职高专教育注重专业技术能力、职业综合能力和职业素质培养的特色。知识窗则展示了相关的新知识、新技术和新工艺,进一步拓宽了学生的视野,提升了学生的综合能力与素质,有利于学生的可持续发展。

4.项目的内容充分突出了高职高专教育的职业性,并反映了高职高专的教学规律

本书紧密结合行业实际,针对生物技术制药主要工作岗位的典型任务、核心技能和职业能力的要求,基于工作过程、技术技能型人才的成长规律及技能培养规律遴选项目,组织和序化教材内容,将源于生产实际又高于实际的"入门、主导、自主、综合"的项目遴选到教材中,将贴近生产、贴近工艺的内容选编到教材中,理实一体;将生物制药的先进技术和先进工艺及时反映到教材中,突出工学结合,满足生物制药企业相关职业岗位群的需求,突出了高职高专教育的职业性,有利于"项目导向、任务驱动"等一体化教学模式的实施。

全书由概述和发酵工程制药技术、细胞工程制药技术、酶工程制药技术、基因工程制药技术、抗体工程制药技术、生物化学制药技术六大部分组成。每部分系统阐述了相应生物制药技术的原理,生产药物的种类、特征及应用,该类生物技术药物生产的工艺流程和技术等,向学生传授基本知识和基本技能,培养学生的基本动手能力、基本职业能力及分析问题、解决问题的能力。每个项目精心遴选了来自于生物制药企业技术岗位的典型药物的生产作为工作任务,通过任务的实施,让学生获得切身的生产经验和有益的启发,培养学生的职业岗位能力和素质;每个项目都安排了配套的实训,旨在培养学生综合利用知识、技能的能力和创新能力。

本书由咸宁职业技术学院曾青兰担任主编。参编人员有湖北福人金身药业有限公司丁玲,荆州职业技术学院姚志恒,襄阳职业技术学院曾玉林,黑龙江农垦科技职业学院徐瑞东,咸宁职业技术学院孙连连、饶漾萍。编写分工如下:曾青兰编写概述和项目六,曾青兰、丁玲、曾玉林、饶漾萍共同编写项目三,姚志恒编写项目五,徐瑞东编写项目一和项目二,孙连连编写项目四。全书由曾青兰统稿并审定。

由于生物制药技术的飞速发展,也限于作者水平有限和时间仓促,书中疏漏之处在所难免,恳请同行专家和读者批评指正。

编者
2013 年 7 月

本书编写人员

主　　编　　曾青兰（咸宁职业技术学院）

副 主 编　　丁　玲（湖北福人金身药业有限公司）
　　　　　　姚志恒（荆州职业技术学院）
　　　　　　曾玉林（襄阳职业技术学院）

参编人员　　徐瑞东（黑龙江农垦科技职业学院）
　　　　　　孙连连（咸宁职业技术学院）
　　　　　　饶漾萍（咸宁职业技术学院）

目　　录

目 录

概　　述

【知识目标】

了解生物技术及其发展简史和发展趋势。

熟悉生物技术药物的概念、特性及其质量控制标准。

掌握生物技术在药物制备中的应用。

【技能目标】

学会生物制药技术的基本概念和基本操作技能。

熟练运用典型药物的质量检测标准。

熟练确定典型药物生产所应采用的生物技术。

【素质目标】

爱岗敬业、诚实守信,具有高度的社会责任感、良好的团队合作精神和可持续发展的能力。

一、生物技术及其发展

(一)生物技术及其特性

生物技术(biotechnology),又称生物工程,是当今国际上重要的高技术领域。我国多数学者认为,生物技术是以生命科学为基础,结合其他基础科学的原理,利用生物体(或生物组织、细胞及其组分)的特性和功能,采用先进的科学技术手段,设计和构建具有预期性状的新物种(或新品系),并与工程相结合,利用所获新物种进行加工生产,为人类提供所需产品或服务的一个综合性技术体系。生物技术的主要范畴包括:基因工程、细胞工程、酶工程、发酵工程、生化工程以及后来衍生出来的蛋白质工程和抗体工程等。

作为高新技术之一,生物技术具有其独特的特性:①高水平:即学科具有先进性,是知识、技术密集型产业,处于分子水平、新技术前沿。②高综合:跨学科、专业,位于多学科发展的交叉点上,涉及的行业多、范围广。③高投入:与其他技术比较,在资金、人员、设备、试剂及研发上投资大。④高竞争:各国、各行业、各单位之间,在技术、时效性、知识及人才上竞争激烈。⑤高风险:上述原因造成一定风险,此外还有技术风险。⑥高效益:应用性强,最易商业化,如干扰素的研发投入虽然高达数百万美元,但商业价值数年达 30 亿美元。⑦高智力:具有创新性和突破性,可按人类需要定向改变和创造生物的遗传特性,要求在人才、计划、设计、工艺和产品上都要与众不同。⑧高控性:采用工程学手段,易自动化、程控化及连续化生产。⑨低污染:生物技术以生物资源为对象,生物资源具有再生性,是再生资源,具有不受限制、污染小、周期短等优点。

(二)生物技术的发展简史

按照生物技术的特征,可将发展历程分为三个时期:传统生物技术时期、近代生物技术时期、现代生物技术时期。

1. 传统生物技术时期

传统生物技术主要通过微生物的初级发酵来生产商品,即指旧有的制造酱、醋、酒、面包、奶酪、酸奶及其他食品的传统工艺,它的历史可追溯到史前时代。我国石器时代后期,利用谷物造酒,这是最早的发酵技术。公元前 6000 年古代巴比伦人酿造啤酒,公元前 4000 年埃及人发酵面包。由此可见,传统生物技术的特征是酿造技术,但是在很长的时期内不知道这些技术的内在原因。1681 年荷兰微生物学家安东·列文虎克用显微镜发现了微生物。19 世纪 50~60 年代,法国科学家 L. Pasteur 证明了微生物的发酵原理,并建立了微生物的纯种培养技术,从而为发酵技术的发展提供了理论基础,使发酵技术纳入了科学的轨道。1897 年,德国化学家 E. Buchner 发现了酒精发酵源于酵母菌,且磨碎的菌仍能发酵,从而发现了"酶"。经过这一系列的研究,揭开了发酵现象的奥秘。在此基础上,19 世纪末到 20 世纪 30 年代,陆续出现了许多工业发酵的产品,如乳酸、酒精、丙酮、丁醇、柠檬酸和淀粉酶等产品,开创了工业微生物的新世纪。1917 年,Karl Ereky 首次使用生物技术这一概念。

传统生物技术时期的主要特点:①主要是进行微生物的自然发酵,且大多数属于兼气发酵或表面培养,产品基本上属于结构比较简单的微生物的初级代谢产物,仅局限在微生物发酵和化学工程领域。②没有改变微生物的遗传物质,也没有出现新的微生物遗传性状。③生产过程简单,上游主要是培养大量的微生物对粗材料进行加工,即进行发酵和转化,通过诱变选育良种;而下游主要是对产品进行纯化。④生产周期长,费用高,产量低,效率差。

2. 近代生物技术时期

这一时期是以生命科学基础研究为核心,微生物发酵技术是其基础技术。1928 年,英国人 Alexander Fleming 发现了青霉菌可以产生青霉素。经过大量的研究,1943 年开发了生产效率高、产品质量好、成本低、产量高的沉没培养法,大量生产青霉素,为人类疾病的治疗做出了巨大贡献,也给生物技术的发酵工业带来了革命性的变化。此后又相继开发了一系列的发酵新技术,如无菌技术、控制技术、补料技术等,形成了近代微生物工业兴旺发达的开端。随后,链霉素、金霉素、红霉素等抗生素的相继问世和大规模生产,使生物技术从单纯的食品、饲料制备扩展到抗生素工业产品的大规模生产,促使工业微生物的生产进入了一个新的阶段,同时带动了发酵工业和酶制剂工业的发展。最突出的成果是 20 世纪 50 年代的氨基酸工业、60 年代的酶制剂工业以及一些原来用表面培养法生产的产品都改用沉没培养法。

与此同时,理论研究也发展很快,不少化学工程的学者参与了发酵过程的开发研究,经过大量的实践和理论研究,在 20 世纪 40 年代形成了生物学科与化工学科相交叉的新兴学科——生化工程,并得到了迅速的发展,至今已成为现代生物技术的组成部分。

近代生物技术时期的主要特点:①产品类型多。不仅有初级代谢产物(氨基酸、酶制剂、有机酸等),而且有次级代谢产物(抗生素、多糖等),还有生物转化(甾体化合物)、酶反应等产品。②生物技术要求高。主要表现在无杂菌的条件下用纯种进行发酵,大多数菌种是需氧菌,需通入无菌空气进行发酵;不少发酵产品是食用品和医药品,产品质量要求高。③生产设备规模巨大。作为这一时期技术最高、规模最大的单细胞蛋白工厂的气升式发酵罐的容积已超过 $200m^3$。④技术发展速度快。以发酵工业中提高产品产量和质量的关键物质菌种为例,其活力和性能获得了惊人的提高,如青霉素发酵的菌种,初期效价仅为 200U/mL,现在已达 80000U/mL 以上。发酵控制技术等都得到了前所未有的提高。

3. 现代生物技术时期

现代生物技术是指以生物化学或分子生物学的操作方法来改变生物或其分子的遗传性质,或利用细胞和分子的遗传过程来解决实际问题或制造产品的技术。现代生物技术包括基因工程、细胞工程、发酵工程、酶工程、蛋白质工程,而核心是基因工程技术。

1953 年 Watson 与 Crick 共同提出了遗传物质基础 DNA 的双螺旋结构,使揭开生命秘密的探索从细胞水平进入了分子水平,对于生物规律的研究也从定性走向了定量。在现代物理学和化学的影响和渗透下,一门新的科学——分子生物学诞生了。在以后的十多年内,分子生物学发展迅速,取得许多重要成果,特别是科学家们破译了生命遗传密码,并在 1966 年编制了一本地球生物通用的遗传密码辞典。遗传密码辞典将分子生物学的研究迅速推进到实用阶段。1971 年美国 Paul Berg 用一种限制性内切酶打开一种环状 DNA 分子,第一次把两种不同的 DNA 联结在一起,证明了完全可以在体外对基因进行操作。1973 年斯坦福大学的研究人员用大肠杆菌进行了现代生物技术中最有代表性的技术——基因工程的第一个成功的实验。1974 年,他们又将非洲爪蟾的一种基因克隆到大肠杆菌并成功表达,从而建立了 DNA 重组技术,为基因工程开启了通向现实的大门,使人们有可能按照意愿和需要创造全新的生物类型和生物机能,或者改造现有的生物类型和生物机能。目前以现代生物技术为特征,融入了包括医学、生物学、化学等多学科的最新研究成果的生物制药技术也正在迅速崛起,并迅猛发展,生物制药业已成为目前最活跃、发展最快的高新技术产业之一。

生物技术与化学工程相结合而形成的生物化工技术已成为生物技术的重要组成部分。生物化工技术为生物技术提供了高效率的反应器,新型分离介质、工艺控制技术和后处理技术使生物技术的应用范围广阔,产品的下游技术不断更新。随着生物技术的高速发展而诞生的生物化工技术,已成为当今世界高技术竞争的焦点之一。

近20年来,以基因工程、细胞工程、酶工程和发酵工程等为代表的现代生物技术发展十分迅猛。人类基因组测序工作的完成、克隆羊"多莉"的诞生等都标志着现代生物技术已发展到一个崭新的阶段,21世纪的确是生物技术的时代。

(三)生物技术的发展趋势

基础理论和技术以及实验手段的迅速发展,推动了现代生物技术飞跃进入高技术领域,呈现了良好的发展态势,其发展趋势主要体现在以下几个方面。

1. 基因操作技术日新月异、日臻完善

包括基因操作技术、扩增技术、基因修饰技术、基因克隆技术、基因转移技术、蛋白质工程、分子诊断技术等。基因工程下游技术的发展推动了技术集成和规模化生产,作物育种和动植物品种改造相关联的分子标记技术进一步推广,以基因治疗为核心的生物治疗和诊断技术不断完善和发展。

2. 新技术、新方法迅速应用

生物技术的新技术、新方法一经产生便迅速地通过商业渠道出售专项技术,并在市场上应用,且及时地转化为生产力,在农业、环境保护、医药等多个领域发挥其巨大作用。

3. 基因工程药物和疫苗的研发突飞猛进

基因工程药物的新品种的研究获得了突破性的发展,基因重组细胞因子、基因重组激素、基因工程重组蛋白药物、RNAi基因治疗药物和siRNA基因治疗药物等对抗病毒感染、抗肿瘤治疗、基因功能的研究及识别和确认基因靶点等领域的功能研究不断深入,新型基因工程药物的研制不断取得突破性进展。多联或多价疫苗等新型基因疫苗将发挥其独特的防治优势,并产生巨大的经济效益。

4. 新的生物治疗制剂的产业化前景广阔

肿瘤坏死因子拮抗剂等新的生物治疗制剂在人类疾病的防治上有着不可替代的作用,其产业化前景十分被看好。

5. 转基因动植物取得重大突破

通过转基因技术,打破物种之间的自然界限,按照人们的意愿和需要创造全新的动植物类型和动植物机能,如利用动植物生产蛋白质类药物等,或者改造现有的动植物类型、机能和品质,使人类从必然王国走向自由王国,并且保障生态环境良性循环。

6. 现代生物技术将给农业、畜牧业带来新的飞跃

现代生物技术是农业新技术革命的重要组成部分,不仅从根本上改变了传统农作物的培育和种植,也为农业生产带来了新一轮的革命,借助于现代生物技术获得高产、优质、抗病虫害的转基因动植物新品种,极大地提高了农业的生产力,促进了农业的跨越式发展。现代生物技术也是畜牧业发展的强大动力,现代生物技术的应用,为畜禽的种质资源保存和利用、培育优良品种、饲料资源的开发、疾病的预防和诊断等方面提供了广阔的前景。

7. 重要基因及其编码蛋白质的结构和功能的研究及应用

重要的基因及其编码的蛋白质的结构和功能的研究是生命科学发展的一个主流方向,与人类重大疾病相关的基因和农作物的产量、质量、抗性等有关的基因及与能源、环境相关的基因的结构和功能及其应用研究是今后一个时期研究的热点和重点。

8. 基因治疗取得了重大进展,有可能革新整个疾病的预防和治疗领域

运用基因工程药物进行基因治疗,在遗传病症、衰老疾病、心血管病症、传染性病毒和代谢性疾病等众多疾病治疗上取得重大进展,从而能有效提高生命质量、延长人类寿命。

9. 蛋白质工程的建立

蛋白质工程是基因工程的发展,它将分子生物学、结构生物学、计算机技术结合起来,形成了一门高度综合的学科。

10. 生物信息学的快速发展

信息技术的飞跃发展渗透到生命科学领域中,形成引人注目、用途广泛的生物信息学。

二、生物技术药物及其质量控制

(一)生物技术药物及其特性

1. 生物技术药物及其分类

生物技术药物简称生物药物,其定义有下面几种。

广义:指所有以生物质为原料制取的各种生物活性物质及其人工合成类似物以及通过现代生物技术制取的药物。包括生物技术药物、生化药物、微生物药物、海洋药物、生物制品等。

狭义:利用生物体、生物组织、细胞及其成分,综合应用化学、生物学、生物化学、微生物学、免疫学、物理化学和现代药学的原理与技术制得的用于预防、诊断、治疗疾病和康复保健的制品。

特指:采用DNA重组技术或其他现代生物技术,利用细菌、酵母、昆虫、植物或哺乳动物细胞等各种表达系统而研制的用于预防、诊断或治疗疾病的蛋白质或核酸类药物,包括基因工程药物和基因药物。

现代生物药物已形成四大类型:①应用重组 DNA 技术制造的基因重组多肽、蛋白质类治疗剂;②基因药物,基因治疗剂、基因疫苗、反义药物和核酸酶等;③来自微生物、植物或动物的天然生物药物;④合成或部分合成的生物药物。生物药物在医学领域中一般可分为诊断药物、预防药物和治疗药物三大类。

2. 生物技术药物的特性

生物技术药物与其他药物之间的区别,主要由生物技术药物的以下特点所决定。

(1)结构特性

生物技术药物分子质量大且结构复杂。生物技术药物的生产方式,是应用基因修饰活的生物体产生的蛋白或多肽类的产物,或是依据靶基因化学合成互补的寡核苷酸,或是从天然材料中提取的蛋白质、核酸等。所获产品往往分子质量较大,具有复杂的分子结构,并以其严格的空间构象维持其生理活性。

(2)药理学特性

①种属特异性:许多生物技术药物的药理学活性与动物种属及组织特异性有关,主要是药物自身以及药物作用受体和代谢酶的基因序列存在着动物种属的差异。来源于人类基因编码的蛋白质和多肽类药物,其中有的与动物相应蛋白质或多肽的同源性有很大差别,因此对一些动物不敏感,甚至无药理学活性。

②治疗针对性强、疗效高且较安全:生物技术药物由于是人类天然存在的蛋白质、多肽或核酸等,量微而活性强,用量极少就会产生显著的效应,相对来说它的副作用较小、毒性较低、安全性较高、营养价值高。

③来源药物的基因稳定性非常重要:生物技术来源药物的基因稳定性,包括生产菌种及细胞系的稳定性,它们的变异将导致生物活性的变化或产生意外的或不希望的一些生物学活性。

④生理副作用时有发生:不同生物,甚至相同生物不同个体之间的活性物质都有结果差异,易引起免疫反应、过敏反应。许多来源于人的生物技术药物,在动物中有免疫原性,但在动物中重复给予这类药品将产生抗体。有些人源性蛋白在人中也能产生血清抗体,主要可能是重组药物蛋白质在结构及构型上与人体天然蛋白质有所不同而导致的。

⑤在体内的半衰期短:很多生物药物在体内的半衰期短,降解迅速,并在体内降解的部位广泛,体内清除率高。

⑥受体效应:许多生物技术药物是通过与特异性受体结合和信号传导发挥药理作用,且受体分布具有动物种属特异性和组织特异性,因此药物在体内分布具有组织特异性和药效反应快的特点。

⑦多效性和网络效应:许多生物技术药物可以作用于多种组织或细胞,且在人体内相互诱生、相互调节,彼此协同或拮抗,形成网络性效应,因而可具有多种功能,发挥多种药理作用。

(3)生产制备中的特殊性

①制备工艺和条件的特殊性:生物药物原料中的有效物质含量低;生物药物的分子结构中具有特定的活性部位,该部位有严格的空间结构,一旦结构破坏,生物活性也就随之消失;生物药物对热、酸、碱、重金属及 pH 变化等各种理化因素都较为敏感,甚至机械搅拌、压片机冲头的压力、金属器械、空气、日光等对生物活性都会产生影响,稳定性差;生物药物营养价值高,易染菌、腐败。因此,生产工艺特别是提取纯化工艺复杂,生产过程中应低温、无菌,并对 pH、溶氧、CO_2、生产设备等生产条件都有严格的要求。

②剂型要求的特殊性:生物药物易被人体胃肠道环境变性、菌群及酶分解,给药途径会直接影响其疗效发挥,因此,要根据药物的特点,制成不同的剂型。

③注射用药要求的特殊性:生物药物易被肠道中的酶分解,所以多采用注射给药。注射药比口服药要求更严格,均一性、安全性、稳定性、有效性都有更高的要求,因此,制备过程更有其特殊性。

④生产过程控制的特殊性:生物技术药物的生产系统的复杂性,致使同源性、批次间一致性及安全性的变化要大于化学产品。所以对生产过程的检测、药物生产质量管理规范(GMP)步骤的要求和质控的要求就更为重要和严格,并对制品的有效期、贮存条件和使用方法均须作出明确规定。

(4)药物检验中的特殊性　由于生物药物具有生理功能,因此生物药物不仅要有理化检验指标,更要有生物活性检验指标和安全性检验指标。

(二)生物技术药物的质量控制

1. 生物技术药物质量标准

(1)法定标准　我国对药品生产和质量管理的法定标准有《中华人民共和国药典》和《中华人民共和国药品监督管理局标准》。《中华人民共和国药典》简称《中国药典》,是我国用于药品生产和管理的法典,由国家食品药品监督管理局药典委员会编纂,经国务院批准,国家食品药品监督管理局颁布执行。现行版的药典为 2010 年版,分成一部、二部、三部,共 3 册。一部收载药材和饮片、植物油脂和提取物、成方制剂和单味制剂等;二部收载化学药品、抗生素、生化药品、放射性药品以及药用辅料等;三部收载生物制品。《中华人民共和国药品监督管理局标准》简称《局颁标准》,也是由国家食品药品监督管理局药典委员会编纂出版,药品监督管理局颁布执行。《局颁标准》通常是对疗效较好、在国内广泛应用、准备今后过渡到药典品种的质量控制标准。有些品种虽不准备上升到药典,但因国内有多个厂家生产,有必要执行统一的质量标准,因而也被收入《局颁标准》。此外,《局颁标准》中还收载了少数上一版药典收载而新版药典未采用的品种。凡属药品法定标准收载的药品,其质量不符合规定标准的均不得出厂、不得销售、不得使用。制造与供应不符合药品标准的药品是违法的行为。

(2)临床研究用药品质量标准　根据我国药品管理法的规定,研制的新药在进行临床试验或使用之前应先得到药品监督管理局的批准。为了保证临床用药的安全和临床结论的可靠,药品监督管理局需要新药研制单位根据药品临床前的研究结果制订一个临时性的质量标准,该标准一旦获得药品监督管理局的批准,即为临床研究用药品质量标准。临床研究用药品质量标准仅在临床试验期间有效,并且仅供研制单位与临床试验单位使用。

(3)试行药品质量标准 新药经临床试验或使用后,试生产时所制订的药品质量标准称"暂行药品标准"。该标准执行两年后,如果药品质量稳定,则药品转为正式生产,此时药品标准称为"试行药品标准"。如该标准执行两年后,药品的质量仍很稳定,则"试行药品标准"将经国家食品药品监督管理局批准上升为《局颁标准》。

(4)企业标准 由药品生产企业制订并用于控制相应药品质量的标准,称为企业标准或企业内部标准。企业标准仅在本厂或本系统的管理中有约束力,属于非法定标准。企业标准一般属于两种情况之一:或是所用检验方法虽不够成熟,但能达到某种程度的质量控制;或是高于法定标准的要求(主要是增加了检验项目或提高了限度要求)。企业标准在企业竞争、创优,特别是保护优质产品、严防假冒等方面均起到了十分重要的作用。国外较大的企业都有自己的企业标准,这些标准对外通常是保密的。

(5)我国基因工程产品安全管理法规和技术指南 依照《中国药典》、《重组DNA产品质量控制要点》、《中国生物制品规程》,并参考世界卫生组织(WHO)和美国食品和药品管理局 FDA 颁布的指南、人用药物注册技术要求国际协调会(ICH)文件和《欧洲药典》等质量标准,我国目前针对基因工程产品,制定了相应的安全管理法规和技术指南,如《传代细胞系生产生物制品的规程》、《人用鼠源性单克隆抗体质量控制要点》、《预防用新生物制品临床研究的技术要求》、《人用重组DNA制品质量控制要点》、《人的体细胞治疗申报临床试验指导原则》、《人基因治疗申报临床试验指导原则》、《药理毒理检查指导原则》、《药品生产质量管理规范》、《药品注册管理办法》等。

2. 生物技术药物质量管理规范

(1)基本质量管理规范 生物技术药物质量管理必须遵循药品质量管理的基本规范,主要有:

①药品非临床研究质量管理规定(GLP):非临床研究是为评价药品的安全性而进行的各种毒性试验。GLP 认证指国家食品药品监督管理局对药物非临床安全性评价研究机构的组织管理体系、人员、实验设施、仪器设备、试验项目的运行与管理等进行检查,并对其是否符合 GLP 作出评定。GLP 主要用于为申请药品注册而进行的非临床研究。

②药品生产质量管理规范(GMP):药品生产和质量管理的基本准则主要是对药品生产全过程实行监督管理,对企业生产药品所需人员、厂房、设备、原辅料、工艺、质检、卫生等均提出了明确的要求。

③药品经营质量管理规范(GSP):药品经营质量管理的基本准则包括管理职责、人员与培训、设施与设备、进货、验收与检验、贮存与养护、出库与运输、销售与售后服务等。GSP是药品经营企业在药品进货、贮运和销售等环节中必须执行的规范。

④药物临床试验质量管理规范(GCP):GCP是临床试验全过程的标准规定,包括方案设计、组织、实施、监测、稽查、记录、分析总结和报告,均须按本规范执行,以保证药品临床试验过程规范、结果科学可靠、保护受试者权益并保障其安全。选择临床试验方法必须符合科学和伦理要求。

(2)生物技术药物质量管理规范　生物技术药物在遵循药品质量管理基本规范的基础上,还有其特有的质量管理规范,如《重组DNA产品质量控制要点》、《中国生物制品规程》等。

3. 生物技术药物的质量控制

生物技术药物的质量控制包括以下两个方面。

(1)生产过程中质量控制GMP(如前所述)。

(2)最终目标产品的质量控制。

除了一般药品质量控制的主要项目之外,还应包括以下内容。

①生物学活性和比活性的测定

a. 生物学活性的测定:生物技术药物的生物学活性通常与其绝对质量不一致,而与药效学基本相一致。因此,需要根据国际通用方法,利用生物学活性建立测定效价体系;通过体内测定或体外测定的方法,测定生物技术药物的效价,评价其质量。生物活性的测定方法有动物基础、细胞基础、生化(酶)法、特异(免疫、受体)结合法四类。其标准分别为动物基础的生物活性测定达70%～130%标示量,细胞基础的生物活性测定达80%～120%标示量,体外酶法的生物活性测定达85%～115%标示量,受体结合的生物活性测定达85%～115%标示量。

b. 比活性的测定:比活性即每毫克蛋白质的生物学活性单位。比活性可反映产品生产工艺的稳定情况,可比较不同表达体系、不同生产厂家生产同一产品时的质量情况。比活性是重组蛋白质药物不同于化学药的一项重要指标,也是进行成品分装的重要定量依据。

②蛋白质纯度的检查:蛋白质纯度检查是重组蛋白质药物的重要指标之一,按WHO规定必用HPLC和非还原SDS-PAGE电泳法两种方法测定,其纯度都应达到95%以上,有的甚至要求达到99%以上,纯度的检查通常是在原液中进行的。

③蛋白质含量的测定:此项目主要用于原液比活性的计算和成品规格的控制。可根据物理化学性质采用Folin-酚法(Lowry法)、染色法(Bradford法)、双缩脲法、紫外吸收法、HPLC法和凯氏定氮法等方法进行测定。

④蛋白质药物理化性质的鉴定

a. 特异性鉴别试验:主要确定蛋白质的抗原性,多采用免疫学方法(免疫印迹、斑点免疫、免疫电泳、免疫扩散)和抗体中的活性抑制法进行测定。

b. 相对分子质量测定:还原型 SDS – PAGE 电泳法或凝胶过滤(分子筛)法进行测定。

c. 等电点测定:重组蛋白药物的等电点往往是不均一的,但在生产过程中批与批之间的电泳结果应一致,以说明其生产工艺的稳定性。一般采用等电聚焦电泳法(IEF)和毛细管电泳法进行测定。

d. 肽图分析:可作为与天然产品或参考品的蛋白质一级结构做精密比较的手段。蛋白质一般经化学裂解及蛋白酶裂解后用 HPLC 法、SDS – PAGE 电泳法、质谱法测定。同种产品不同批次的肽图一致性是工艺稳定性的验证指标。

e. 吸收光谱:对某一重组蛋白质来说,其最大吸收波长是固定的。在生产工程中每批产品的紫外吸收光谱应当一致。重组产品一级结构不含芳香族氨基酸,可不做紫外吸收光谱的测定。

f. 氨基酸组成分析:采用微量氨基酸自动分析仪测定,包括蛋白质水解、自动进样、氨基酸分析、定量分析报告等。有柱前衍生法和柱后反应法。

g. N 末端和 C 末端氨基酸测序:作为重组蛋白质和肽的重要鉴别指标,一般要求至少测定 N 末端 15 个氨基酸和 C 末端 1~3 氨基酸。

⑤蛋白质二硫键的分析:二硫键和巯基与蛋白质的生物活性密切相关,如果发生错误配对,不但会使活性降低,而且会引起抗原性增加。因此,需对其进行分析。

⑥糖蛋白的特殊分析:评价用生物技术方法生产的糖蛋白时,应考虑糖基化位点的上调或下调及其对生物活性、代谢、稳定性、溶解性的影响。

⑦残余杂质的检查:主要检查宿主细胞蛋白含量、宿主细胞 DNA、鼠源型 IgG 含量、蛋白 A 含量、小牛血清残留量、残余抗生素(氨苄西林)、内毒素含量(LAL)、产品相关物质、其他杂质(加入的离子、SDS、甲醛等)。

⑧安全性及其他检测项目:主要包括无菌试验、热原试验、异常毒性试验、免疫原性检查、水分、装量、pH 检测等。

三、生物技术制药及其发展

生物技术的成果广泛应用于农业、医药、食品、能源和环保等领域。目前,人类 60% ~70% 的生物技术成果集中应用于医药工业,由此,引发了医药工业的重大变革,其中最活跃的应用领域是生物制药领域。生物技术在医药行业得到了巨大的发展,自 20 世纪 80 年代以来,欧、美、日在开发生物技术药物方面居世界领先地位,大部分都是重组蛋白药物和重组 DNA 药物。

(一)生物技术制药

1. 发酵工程制药

发酵工程,又称微生物工程,是利用微生物制造工业原料与工业产品并提供服务的技术。发酵工程制药所采用的新技术主要应用于菌种改良、工艺改进和新药研制三个方面,菌种改良主要是利用基因工程的原理和技术;工艺改进主要是借助计算机的理论和技术;而新药研制则得益于医学研究中对疾病机制的深入了解和基因工程技术对基因的掌握。利用这些学科的理论和技术成果,使发酵工程发展成为高新技术之一。发酵工程是生物技术的基础工程,用于产品制造的基因工程、细胞工程和酶工程等的实施几乎都与发酵工程紧密相连。

生物体内有许多生物活性(或称生理活性、药理活性)的物质可以作为药物,其中具有生理活性的微生物的次级代谢产物及其衍生物最为重要。1928年,英国科学家 Alexander Fleming 发现了青霉素,为微生物工业开辟了新纪元。经过英美科学家的努力,特别是化学工程师的参与,创立了液体深层通气培养法(简称液体深层培养法),促进了抗生素等活性物质工业化的发酵生产,并形成了一项新的产业。此后相继开发了一系列的发酵新技术,如无菌技术、控制技术、补料技术等,形成了近代微生物工业的开端。随着现代生物技术的发展,利用微生物工程可制取越来越多的生物活性物质,现代医疗所用的抗生素、菌体药物、酶制剂、酶抑制剂、氨基酸等都是微生物的发酵产物,这些生物活性物质的生产大多采用液体深层培养法。

微生物技术发酵还可以生产其他生理活性物质,如甾体激素、维生素、赤霉素、杀菌剂等。甾体激素是治疗关节炎的良药,特别是可的松对于风湿性关节炎的疗效尤好。后又陆续发现一些细菌、放线菌、酵母、霉菌菌株对甾体化合物中的一定部位均有转化反应,微生物工程在甾体激素的制造中得到了广泛应用。

2. 细胞工程制药

(1)利用动植物细胞和组织培养来提供药物　动物细胞或组织培养是直接从动物体得到的组织或将其分散成细胞后,模拟体内的生理环境,在无菌、适温和丰富的营养条件下进行的离体培养。通过动物细胞培养,可获得病毒疫苗、干扰素、激素、单克隆抗体、免疫制剂及特殊的酶和物质。随着基因重组技术和单克隆抗体技术的进展,动物细胞和组织培养展现出越来越可观的工业化前景。目前,可用300L和1000L的培养罐分别生产单克隆抗体和灰色脊髓炎疫苗。

植物细胞、组织培养指用无菌培养方法,在人工制备的培养基上培养植物的一个离体器官、组织或细胞,使其再生为完整植株。将植物细胞或组织从植物体内分离出来,并在比较简单的培养基中进行培养获得色素、香料、药品等已有半个世纪的历史。1983年,日本利用紫草细胞培养工业化生产紫草素,是世界上第一个利用植物细胞培养工业化生产次生代谢产物的例子。利用植物组织培养生产药物,已发展成为植物组织培养在生产应用上的主流方向。利用大量培养细胞可以产生很多的有药理活性的次生代谢产物,主要有苷类、生物碱、固醇类、醌类、黄酮类、蛋白质及其他生理活性物质,其中一些产品如蛋白酶抑制剂、抗病毒物质、抗生素、天然植物色素等已经用于商品生产。此外,由于培养中细胞变异以及培养条件的影响,还可能产生自然界不存在的新药物。随着细胞固定化技术的发展,可利用固定化植物细胞将价廉的底物转化成价值高的药物。

(2)利用细胞杂交技术制备药物　利用细胞杂交,将产生抗体的 B 淋巴细胞与骨髓瘤细胞杂交,使骨髓瘤细胞与免疫的淋巴细胞合二为一,得到杂交的骨髓瘤细胞。这种杂交细胞继承了两种亲代细胞的特性,既具有 B 淋巴细胞合成专一抗体的特性,又有骨髓瘤细胞能在体外培养增殖永存的特性。用这种来源于单个融合细胞培养增殖的细胞群,可制备抗一种抗原决定簇的特异单克隆抗体。单克隆抗体(单抗)在医学上的应用十分广泛,其中最广泛的是诊断,主要用于病原诊断、病理诊断和生理诊断,如对感染性疾病和寄生虫病的诊断,快速而准确。单抗还成功应用于含量极微的激素、细菌毒素、神经递质和肿瘤细胞抗原的诊断。单克隆抗体最被寄予厚望的一项用途是诊断、治疗肿瘤,目前已研制出的肿瘤单抗有胃肠道肿瘤、黑色素瘤、肺癌等。单抗可能的治疗途径是采用高亲和并特异的单抗偶联药物或毒素(生物导弹),定向杀伤肿瘤,避免或减少对正常细胞的伤害。目前,具有不同用途的嵌合抗体、人源单抗、重构抗体、小分子抗体的出现,为应用单抗治疗各类疾病拓宽了道路。

3. 酶工程制药

酶工程是酶生产和应用的技术过程,即酶学和工程学相互渗透结合,应用酶的特异性催化功能并通过工程化,将相应原料转化成有用物质,为人类生产有用产品和提供服务。重组 DNA 技术促进了各种有医疗价值酶的大规模生产。用于临床的各类酶品种逐渐增加,酶除了用作常规治疗外,还可作为医学工程的某些组成部分而发挥医疗作用,如在体外循环装置中,利用酶清除血液废物,防止血栓形成和体内酶控药物释放系统等。另外,酶作为临床体外检测试剂,可以快速、灵敏、准确地测定体内某些代谢产物,也将是酶在医疗上的一个重要应用。

(1)药用酶的生产　药用酶的生产主要是直接利用生物化学技术从动植物中提取、纯化或利用微生物发酵生产,如从菠萝中提取菠萝蛋白酶、从男性尿液中提取尿激酶、利用大肠杆菌发酵生产天冬酰胺酶等。随着动植物细胞培养技术的发展,还可通过细胞工程技术制备所需的药用酶。

(2)利用酶的催化功能将前体物质转变为药物　酶工程在药物制造方面的主要应用之一是利用酶的催化作用将前体物质转变为药物。利用青霉素酰化酶生产半合成抗生素就是一个典型的例子。青霉素和头孢霉素及其衍生物是 β - 内酰胺类抗生素,该类抗生素可以通过青霉素酰化酶的作用,改变其侧链基团而获得具有新的抗菌性及有抗 β - 内酰胺酶能力的新型抗生素。

β - 内酰胺类抗生素生产需要三个基本步骤:第一步,通过微生物发酵生产青霉素 G、青霉素 V 以及头孢霉素 C;第二步,酶催化水解,生产抗生素母核,如 6 - 氨基青霉烷酸(6 - APA)、7 - 氨基头孢霉烷酸(7 - ACA);第三步,在这些关键的中间体(母核)的 6 位和 7 位 - NH$_2$ 上接上不同的侧链,从而合成各种具有新抗菌活性和抗菌谱的半合成抗生素。

青霉素酰化酶是在半合成抗生素的生产上有重要作用的一种酶,可催化青霉素或头孢霉素水解生成 6 – APA 或 7 – ACA,又可催化酰基化反应,由 6 – APA 合成新型青霉素或由 7 – ACA 合成新型头孢霉素。

通过青霉素酰化酶的作用得到的半合成青霉素有氨苄青霉素、羟氨苄青霉素、羧苄青霉素、磺苄青霉素、邻氯青霉素、双氯青霉素、氟氯青霉素等;头孢霉素有头孢利定、头孢金素、头孢氨苄、头孢拉定、头孢立新、头孢甘氨酸、头孢环己二烯等。

(3)酶法生产手性药物或中间体　分子结构具有手性特征的药物,被称为手性药物,目前世界上的合成药物中大约 40% 是手性药物。传统化学法合成的手性药物多数以消旋体形式上市,但其起药效的通常只是其中一种对映体,另一对映体的化学组成相同,但无药效或药效很差,或其药理作用不同,甚至有不良副作用。1992 年,美国 FAD 开始要求手性药物以单一对映体形式上市。单一对映体药物可用手性拆分或手性合成的方法制备。酶的专一性等优点在单一对映体手性药物的开发中备受青睐,已成为研究热点和发展方向。

环氧丙醇是一个非常重要的手性药物合成的中间体,除了可以合成 β – 受体阻断剂类药物外,还可以合成治疗艾滋病的 HIV 蛋白质抑制剂、抗病毒药物等。其消旋体可用酶法进行拆分,获得单一对映体。例如,猪胰脂肪酶等水解环氧丙醇丁酸酯并进行拆分,可得到单一的对映体环氧丙醇。

非甾体抗炎剂类手性药物是广泛地用于治疗关节炎、风湿病的消炎镇痛药物。其活性成分是 2 – 芳基丙酸($CH_3CHArCOOH$)的衍生物,如萘普生、布洛芬、酮基布洛芬等。用脂肪酶在介质中进行消旋体拆分,可得到 S 构型的活性成分。

(4)酶的化学修饰　工业用酶常由于酶蛋白抗酸、碱、有机溶剂变性及抗热失活能力差,容易受产物和抑制剂的影响,工业反应要求的 pH 和温度不总是在酶反应的最适 pH 和最适温度范围内,底物不溶于水或酶的 K_m 值过高等弱点限制了酶制剂在工业上的应用范围。大多数酶作为蛋白质,由于其异体蛋白的抗原性、受蛋白水解酶水解和抑制剂作用、在体内半衰期短等缺点影响了医用酶的使用效果,甚至无法使用。

通过酶工程技术,对酶进行化学修饰,可提高酶的稳定性,解除酶的抗原性,改变酶学性质(最适 pH、最适温度、K_m 值、催化活性和专一性等),提高酶的催化功效或药效,从而使酶在药物制备、疾病的诊断和治疗中发挥更大的作用。如 α – 胰凝乳蛋白酶的表面氨基经乙醛酸修饰,再还原成亲水性更强的 – $NHCH_2COOH$ 后,在 60℃ 时热稳定性提高了 1000 倍,这种稳定的酶可更好地应用于医药和洗涤工业。

(5)酶的非水相催化制药技术　酶在非水介质中进行的催化作用称为酶的非水相催化。在非水相中,酶分子受到非水介质的影响,其催化特性如酶的底物特异性、立体选择性、区域选择性、键选择性和热稳定性等都有所改变,从而生成一些具有特殊性质与功能的产物。如用固定化 TLIM 酶在非水相催化 L – 抗坏血酸与乙酸乙烯酯反应,生成 L-抗坏血酸乙酸酯等。

(6)运用固定化技术制备药物及中间体 固定化技术主要指酶、完整细胞的固定化,即将原来游离的水溶性酶或细胞,设法限制或固定于某一局部的空间或固体载体上。采用固定化技术后,酶既不会流失,也不会污染产品质量。固定化细胞可以使酶在细胞内环境中发挥作用,酶活力损失少,而且减少了破碎细胞提取胞内酶的步骤。固定化酶和细胞在经过滤或离心后可以长期重复使用,而且它的稳定性也得到了提高。在实际应用中,固定化酶可以装在反应器中,使整个生产连续化进行,有利于生产的自动化控制,提高生产率。

固定化技术虽然起步不早,但其应用前景相当广阔。在制药工业中,运用固定化技术制备药物已取得良好的效果。如利用固定化氨基酰化酶使 D/L-氨基酸旋光拆分,连续生产 L-氨基酸;用固定化葡萄糖异构酶将葡萄糖转变为果糖,用于生产高果糖浆;利用固定化大环内酯-4-酯化酶将螺旋霉素转化为丙酰螺旋霉素。

运用固定化技术制备药物中间体也日趋显示其威力。例如,用固定化青霉素酰化酶在偏碱性环境下,催化青霉素 G 和头孢菌素 G 水解,制备生产半合成 p-内酰胺类抗生素所需的中间体:6-APA 和 7-ADCA;固定化青霉素酰化酶在酸性环境中催化 6-APA、7-ADCA 与新的 D-氨基酸合成具有新的抗菌活性和抗菌谱的半合成抗生素,从而有效地解决抗生素临床耐药性等问题。

4. 基因工程制药

现代生物技术的核心是基因工程,基因工程技术最突出的成就是用于生物治疗的新型生物药物的研制。

(1)基因药物和基因治疗 基因药物是 1990 年在《科学》杂志上提出的"以基因为原料生产的药物",主要包括基因(gene)、质粒(plasmid)、反义 DNA 或 RNA(antisense molecules)、模拟分子(decay DNA/RNA)、短小 DNA 或 RNA(aptamers)和核酶(ribozyme)等。基因药物是基因工程技术发展的产物,这些药物是从分子水平上弄清了致病基因及发病机制后,在体外重建基因,转入体内,达到通过定向改变或恢复基因生物学功能而治疗疾病的目的。用基因工程可直接使用来源于人的基因生产药物,这样不仅可以大量生产过去难以获得的来源于人的各种生理活性的蛋白质和多肽药物,为临床应用提供保证,还可以进一步深入研究它们的生理、生化和结构,从而扩大这些物质的应用范围,发现和挖掘出更多的生理活性物质。通过对基因进行改造,利用基因工程可以生产性能更加优良的药物。

基因治疗是将外源基因重建后导入体内靶细胞,使正常基因(基因药物)置换病源基因或有缺失的基因,以恢复基因的生物学功能,从而纠正或补偿因基因缺陷和异常引起的疾病,达到治疗的目的。也就是将外源基因通过基因转移技术将其插入病人适当的受体细胞中,使外源基因制造的产物能治疗某种疾病。从广义上说,基因治疗还包括从 DNA 水平采取的治疗某些疾病的措施和新技术。

借助于人类基因组计划的完成,目前一些与遗传有关的重要基因已被分离和测序。另一些常见病如乳腺癌、结肠癌、高血压、糖尿病和阿尔茨海默症等涉及遗传倾向的基因已在染色体的遗传图谱上精确定位。可以预测,随着大量与人类健康有关的基因的定位、鉴定和分离,将开发出更多的基因药物,遗传诊断、遗传修饰和基因治疗都将成为现实,人类基因组计划将使医药领域的研究提高到一个新的水平。基因组科学的建立与基因操作技术的日益成熟,使基因治疗与基因测序技术的商业化成为可能,正在达到未来治疗学的新高度。

(2)基因工程药物品种的开发 1977年,美国首先采用大肠杆菌作为基因工程菌生产了人类第一个基因工程药物——人生长激素释放抑制激素,开辟了基因工程药物生产的新纪元。若采用常规方法生产1mg生长激素释放抑制激素,则需要10万头羊的下丘脑;而用大肠杆菌基因工程法生产同等量该激素,则仅需10L大肠杆菌发酵液,使其价格降到大约为0.3美元/mg。细胞因子的生产,以前的来源是采用细胞培养法,细胞在刺激物作用下产生细胞因子,再从培养物中提取纯化,这种方法产量低、质量差,限制了对细胞因子的研究和应用。目前采用生物技术方法,对各种细胞因子的cDNA进行克隆,弄清其氨基酸序列,然后用基因重组技术构建生产用工程菌或细胞株,通过微生物培养或细胞培养的方法可以生产细胞因子类药物。基因工程技术的应用,不仅可生产大量廉价的医药产品,产生巨大的社会效益和经济效益,而且还可获得过去难以获取的药物如生长激素、促红细胞生成素、粒细胞集落刺激因子、粒细胞巨噬细胞集落刺激因子和白细胞介素等,这些产品已陆续在市场上销售,已用于贫血或嗜中性白细胞减少症患者以及癌症患者的治疗。

如今通过基因工程获得了琳琅满目的新型药物,如生物活性物质酶、激素、疫苗、干扰素、免疫球蛋白、白细胞介素、细胞因子类、生长因子、集落刺激因子基因工程疫苗、基因工程抗体等。

(3)利用基因工程改进药物生产工艺 基因工程技术在药物生产过程中主要用于改良工业生产菌种、提高菌种生产能力和性能、提高有效组分含量、简化工艺提高收益率、有利于提取精制等后处理工序,并可大大减少环境污染等。

美国礼来公司应用基因重组技术,把带有头孢菌素C生物合成途径中编码关键酶基因的杂合质粒转化至头孢菌素C的工业生产菌种中,获得的高产工程菌在中试规模中头孢菌素C生产能力比原菌株提高了15%。在抗生素发酵过程中供氧往往是限制因素,且消耗大量能源,将血红蛋白基因克隆进头孢菌素C产生菌顶头孢霉菌后,该菌种在发酵中的氧耗明显降低,且有效增加了头孢菌素C的产量。随着对各种工业生产的微生物药物生物合成途径的深入了解以及基因重组技术的不断发展,应用基因工程技术定向构建高产菌株,改进药物生产工艺的实例将越来越多。

(4)应用基因工程技术建立新药的筛选模型 药物筛选是发现新药的重要途

径。近年来,其技术与水平在不断进步,建立在基因水平上的药物筛选模型已经大量出现,在此基础上进行药物筛选,无疑可使药物的特异性更高、纯度更高、制备量更大,且能得到用传统制备方法难以获得的受体。如神经肽 Y 受体、A3 肾上腺素受体亚型等多种重组受体,均已应用于药物筛选。

(5)利用转基因动植物生产药物　转基因技术就是将高产、抗逆、抗病虫、提高营养品质等已知功能性状的基因,通过现代科技手段转入到目标生物体中,使受体生物在原有遗传特性的基础上增加新的功能特性,获得新的品种,生产新的产品。利用转基因动植物生产多肽类药物已经引起国内外学者的高度重视,目前已经利用转基因烟草生产了红细胞生成素,并利用转基因萝卜生产了干扰素。利用转基因动植物生产多肽类药物产量高、成本低,利用无土培养植物的根分泌表达活性多肽更值得重视。

转基因技术用于构造转基因植物和转基因动物,已逐渐进入产业阶段。用转基因绵羊生产蛋白酶抑制剂 ATT 治疗肺气肿和囊性纤维变性,已进入Ⅱ期、Ⅲ期临床。大量的研究成果表明转基因动植物将成为未来制药工业的另一个重要的发展领域。

5. 抗体工程制药

抗体工程是指利用重组 DNA 和蛋白质工程技术,对抗体基因进行加工改造和重新装配,经转染适当的受体细胞后,表达抗体药物,或用细胞融合、化学修饰等方法改造抗体药物的工程。

1890 年,Behring 和北里柴三郎发现白喉抗毒素,建立了血清疗法,开创了抗体制药的先河。随着现代生物技术的发展,抗体工程制药也得到了迅猛的发展。目前通过抗体工程生产的药物主要有多克隆抗体、单克隆抗体、人鼠嵌合抗体、小分子抗体、双功能抗体、改形抗体及融合抗体等,用于治疗肿瘤的"生物导弹",就是将用于治疗肿瘤的药物与抗肿瘤细胞连接在一起,利用抗原抗体结合的高度专一性,使得抗肿瘤药物集中于肿瘤部位,以达到高效定位杀伤肿瘤细胞、避免或减少对正常细胞毒性反应的目标,从而大大减少抗肿瘤药物的不良反应。

6. 生物化学技术制药

生物化学技术制药是指利用现代生物化学技术,从天然和人工培养的生物体、生物组织及细胞中或发酵液和培养液中分离、纯化、制备用于预防、治疗和诊断疾病的具有活性的生化物质,即生化药物。利用生物化学技术制取的药物种类很多,主要有氨基酸类药物、多肽及蛋白质类药物、核酸类药物、酶类药物以及多糖类药物、脂类药物等。

总之,生物技术在药物研究、开发和生产中的应用,为人类战胜疾病、增强体质做出了巨大贡献,在预防、诊断和治疗影响人类健康的重大疾病方面发挥了重要作用,并由此形成了高速成长的生物医药产业,这是目前为止生物技术最大的应用领域。

（二）生物技术制药的重要发展方向

生物技术制药的重要发展方向主要有以下几方面。

1. 抗肿瘤药物的研究与开发

在全世界,肿瘤死亡率居首位,美国每年用于肿瘤的治疗费用高达 1000 亿美元以上。肿瘤是多机制的复杂疾病,目前仍用早期诊断、放疗、化疗等综合手段治疗,疗效有限,且给病人带来较大的痛苦。彻底攻克癌症的艰巨任务只能靠生物技术药物来完成。今后 10 年抗肿瘤生物技术药物会急剧增加,如应用基因工程抗体抑制肿瘤,应用基因治疗法治疗肿瘤。基质金属蛋白酶抑制剂(TNMPs)可抑制肿瘤血管生长,阻止肿瘤生长与转移。这类抑制剂有可能成为广谱抗肿瘤治疗剂。

2. 神经退化性疾病药物的研究与开发

老年痴呆症、帕金森病、脑中风及脊椎外伤等神经退化性疾病已成为威胁人类健康不可忽视的一大类疾病。胰岛素生长因子和脑源神经营养因子(BDNF)用于治疗末梢神经炎、肌萎缩硬化症,均已进入临床。但这类药物还远远不够。

美国每年有中风患者 60 万,死于中风的人数达 15 万。Genentech 公司的溶栓活性酶用于治疗中风患者可以消除症状 30%。可目前,中风症的有效防治药物也不多,尤其是可治疗不可逆脑损伤的药物更少。因此,神经退化性疾病的药物研究与开发也是一个重要的研究方向。

3. 自身免疫性疾病药物的研究与开发

许多炎症由自身免疫缺陷引起,如哮喘、风湿性关节炎、多发性硬化症、红斑狼疮等。风湿性关节炎患者多于 4000 万,每年医疗费用达上千亿美元,一些制药公司正在积极攻克这类疾病。如 Genentech 公司研究了一种人源化单克隆抗体免疫球蛋白 E 用于治疗哮喘,已进入临床;Cetor's 公司研制了一种 TNF - α 抗体用于治疗风湿性关节炎,有效率达 80%;Chiron 公司的 β - 干扰素用于治疗多发性硬化病;还有的公司在应用基因疗法治疗糖尿病,如将胰岛素基因导入患者的皮肤细胞,再将细胞注入人体,使工程细胞产生全程胰岛素供应。今后,更希望能研究与开发出种类更多、效果更好的这类药物。

4. 冠心病药物的研究与开发

美国每年有 100 万人死于冠心病,每年治疗费用高达 1170 亿美元。未来 10 年,防治冠心病的药物将是制药工业的重要增长点。Centocor's Reopro 公司应用单克隆抗体治疗冠心病的心绞痛和恢复心脏功能取得了成功,标志着一种新型冠心病治疗药物的诞生,更加激励科学家们研发出更多、更好的新型冠心病治疗药物。

5. 血液替代品的研究与开发

血液替代品的研究与开发仍然占重要地位。血液制品是采用大批混合的人体血浆制成的,由于人血难免被各种病原体所污染,如艾滋病病毒及乙肝病毒等,通过输血而使患者感染艾滋病或乙型肝炎的案例时有发生,因此利用基因工程开发血液替代品引人注目。

6. 新型诊断试剂和新型疫苗的研究与开发

围绕艾滋病、病毒性肝炎、结核病等重大传染病,突破临床诊断、预测预警、疫苗研发和临床救治等关键技术,采用生物化学合成技术、人工变异技术、分子微生物学技术、基因工程技术等现代生物技术研制新型诊断试剂和新型疫苗,如艾滋病疫苗和基因型癌疫苗等。针对恶性肿瘤、心脑血管疾病、代谢性疾病、自身免疫性疾病等重大非感染性疾病,研制治疗性疫苗和抗体药物。同时,重点发展体外诊断仪器设备与试剂以及生物医用材料前沿高端产品。

小　结

本章介绍了生物技术及其发展、生物技术药物及其质量控制和生物技术制药及其发展三方面的内容。

生物技术是以生命科学为基础,结合其他基础科学的原理,利用生物体(或生物组织、细胞及其组分)的特性和功能,采用先进的科学技术手段,设计和构建具有预期性状的新物种(或新品系),并与工程相结合,利用所获新物种进行加工生产,为人类提供所需产品或服务的一个综合性技术体系。作为高新技术之一,生物技术具有高水平、高综合、高投入、高竞争、高风险、高效益、高智力、高控性、低污染等特性。

按照生物技术的特征,可将发展历程分为三个时期:传统生物技术时期、近代生物技术时期、现代生物技术时期。

生物技术的发展趋势主要体现在:基因操作技术日新月异、日臻完善;新技术、新方法迅速应用;基因工程药物和疫苗的研发突飞猛进;新的生物治疗制剂的产业化前景广阔;转基因动植物取得重大突破;现代生物技术将给农业、畜牧业带来新的飞跃;重要基因及其编码蛋白质的结构和功能的研究及应用;基因治疗取得了重大进展,有可能革新整个疾病的预防和治疗领域;蛋白质工程的建立;生物信息学的快速发展。

生物技术药物简称生物药物。广义:指所有以生物质为原料制取的各种生物活性物质及其人工合成类似物以及通过现代生物技术制取的药物。包括生物技术药物、生化药物、微生物药物、海洋药物、生物制品等。狭义:利用生物体、生物组织、细胞及其成分,综合应用化学、生物学、生物化学、微生物学、免疫学、物理化学和现代药学的原理与技术制得的用于预防、诊断、治疗疾病和康复保健的制品。特指:采用DNA重组技术或其他现代生物技术,利用细菌、酵母、昆虫、植物或哺乳动物细胞等各种表达系统而研制的用于预防、诊断或治疗疾病的蛋白质或核酸类药物,包括基因工程药物和基因药物。生物技术药物与其他药物之间的区别,主要由生物技术药物的结构特性、药理学特性、生产制备中的特殊性和药物检验中的特殊性所决定。

生物技术药物的质量控制标准遵循药品质量控制的基本标准,如《中华人民共和国药典》等法定的标准,同时也遵循其特定标准。如我国目前针对基因工程产品,制定了相应的安全管理法规和技术指南,如《人用鼠源性单克隆抗体质量控制要点》等。生物技术药物质量管理必须遵循药品质量管理的基本规范,还有其特有的质量管理规范,如《中国生物制品规程》等。生物技术药物的质量控制包括两个方面:生产过程中质量控制 GMP 和最终目标产品的质量控制。除了一般药品质量控制的主要项目之外,还应包括生物学活性和比活性的测定、蛋白质纯度的检查、蛋白质含量的测定、蛋白质药物理化性质的鉴定、蛋白质二硫键的分析、糖蛋白的特殊分析、残余杂质的检查、安全性及其他检测项目的检查与分析。

生物技术制药主要是利用发酵工程技术、细胞工程技术、酶工程技术、基因工程技术、抗体工程技术、生物化学技术等进行制药。发酵工程制药所采用的新技术主要应用于菌种改良、工艺改进和新药研制三个方面。细胞工程制药主要是利用动植物细胞和组织培养来提供药物,利用细胞杂交技术制备药物。酶工程制药主要利用酶工程技术生产药用酶、利用酶的催化功能将前体物质转变为药物、酶法生产手性药物或中间体、酶的化学修饰、酶的非水相催化制药、运用固定化技术制备药物及中间体等。基因工程制药主要是研发基因药物和基因治疗、基因工程药物品种的开发、利用基因工程改进药物生产工艺、应用基因工程技术建立新药的筛选模型、利用转基因动植物生产药物等。抗体工程制药是利用重组 DNA 和蛋白质工程技术,对抗体基因进行加工改造和重新装配,经转染适当的受体细胞后,表达抗体药物,或用细胞融合、化学修饰等方法改造抗体药物并应用于临床。生物化学技术制药是指利用现代生物化学技术,从天然和人工培养的生物体、生物组织及细胞中或发酵液和培养液中分离、纯化、制备用于预防、治疗和诊断疾病的具有活性的生化物质,即生化药物。

生物技术制药的重要发展方向主要有:抗肿瘤药物的研究与开发、神经退化性疾病药物的研究与开发、自身免疫性疾病药物的研究与开发、冠心病药物的研究与开发、血液替代品的研究与开发、新型诊断试剂和新型疫苗的研究与开发等。

思　考

1. 什么是生物技术,它经历了哪些发展时期?
2. 何谓生物技术药物,它有何特性,其质量控制标准有哪些?
3. 简述生物技术在药物制造中的应用。
4. 生物制药技术的发展前景如何?

知识窗

《"十二五"生物技术发展规划》出台,我国生物制药行业前景广阔

2011 年底,我国科技部发布了《"十二五"生物技术发展规划》(以下简称《规

划》)。《规划》指出生物技术是当今国际科技发展的主要推动力,是当今世界高技术发展最快的领域之一,已成为国际竞争的焦点,将成为解决人类社会发展面临的健康、粮食、能源、环境、生物安全等重大问题的突破点。

《规划》的发展目标是"十二五"期间,生物技术自主创新能力显著提升,生物技术整体水平进入世界先进行列,部分领域达到世界领先水平。生物医药、生物农业、生物制造、生物能源、生物环保等产业快速崛起和生物产业整体布局基本形成,推动生物产业成为国民经济支柱产业之一,使我国成为生物技术强国和生物产业大国。

《规划》还提出,面对我国经济社会发展方式的转变和新一轮科技革命带来的挑战,将通过一系列的保障措施,打造国际一流水平的国家重点实验室、国家工程技术研究中心、研究共享平台和产业化示范基地;加强农业科学、人口健康科学、工业生物科学各领域前瞻性基础研究;突破组学技术、合成生物学技术、生物信息技术、干细胞与再生医学技术、基因治疗与细胞治疗技术、分子分型与个体化诊疗技术、生物芯片与生物影像技术、生物过程工程技术、生物催化工程技术、药靶发现与药物分子设计技术、动植物品种设计技术、生物安全关键技术等一批核心关键技术;重点研究开发生物医药、生物农业、生物制造、生物能源和生物环保的重大产品和技术系统。

很显然,生物医药产业是生物技术产业的战略重点,而生物制药是生物医药的重中之重。围绕《规划》的发展目标,我国生物制药行业"十二五"期间的发展重点如下几点。

(1)针对满足人民群众基本用药需求和培育发展医药产业的需求,突破一批药物创制关键技术和生产工艺,研制创新药物,改造药物大品种,完善新药创制与中药现代化技术平台,建设一批医药产业技术创新战略联盟,基本形成具有中国特色的国家药物创新体系。

(2)围绕艾滋病、病毒性肝炎、结核病等重大传染病,突破临床诊断、预测预警、疫苗研发和临床救治等关键技术,研制新型诊断试剂和新型疫苗,有效降低艾滋病、病毒性肝炎、结核病的新发感染率和病死率。

(3)针对恶性肿瘤、心脑血管疾病、代谢性疾病、自身免疫性疾病等重大非感染性疾病,研制治疗性疫苗和抗体药物。

(4)突破一批体外诊断仪器设备与试剂的重大关键技术,研制出一批具有自主知识产权的创新产品,在一体化化学发光免疫诊断系统等高端产品方面实现重点突破,加速体外诊断产业的结构调整和优化升级,大幅提升我国体外诊断产业的市场竞争力。

(5)突破一批生物医用材料前沿高端产品,开展一批主要依赖进口的高值替代产品,创制一批量大面广的生物医用材料,突破生物医用材料制品个体化设计、生物医用材料表面改性,可以关注疫苗子行业、基因工程子行业、生物诊断试剂、干细胞、抗肿瘤药物、生物新材料、中药现代化、单抗药物等领域。

　　《规划》在提出目标及重点任务的同时,推出了相关的保障措施:深化体制改革创新,完善国家生物技术和产业发展协调机制;建立多渠道投入机制,加大财税金融等政策扶持力度;鼓励产学研结合,促进生物技术企业创新能力建设;完善知识产权制度,建立良好的激励制度。《规划》的推出对生物制药行业是长期的重大利好,对于相关上市公司的发展起积极的推动作用,我国生物制药行业前景广阔。

项目一　发酵工程制药技术

【知识目标】

了解发酵工程制药技术的基础知识。

熟悉发酵工程制药生产的基本技术和方法。

掌握典型赖氨酸和四环素生产的工艺流程、生产技术及其操作要点,以及相关参数的控制。

【技能目标】

学会发酵工程制药生产的操作技术、方法和基本操作技能。

能够操作典型四环素的制备工艺。

熟练进行典型发酵制药生产相关参数的控制,并能编制生产工艺方案。

【素质目标】

具有良好的职业道德,具有理论联系实际、实事求是的工作作风,具有团结协作精神,树立药品生产安全意识,树立生产质量第一的观念。

项目引导

发酵工程(fermentation engineering)又称微生物工程,是利用微生物制造工业原料与工业产品并提供服务的技术。微生物发酵过程不同于一般的工业过程,它涉及生命体的繁殖、生长、衰老等过程,实质上是一个十分复杂的自催化过程。发酵工程是生物技术的基础工程,用于产品制造的基因工程、细胞工程和酶工程等的实施,几乎都与发酵工程紧密相连。

发酵工业中的化学反应是通过微生物完整细胞综合生物化学过程来实现的。发酵工业以某种特定的产物为工艺的目的物,这就要求微生物细胞既能正常生长又能过量地积累目的产物。

现在发酵工业已经形成了完整的工业体系,包括抗生素、氨基酸、维生素、有机酸、多糖、酶制剂、单细胞蛋白、基因工程药物、核酸类物质及其他生物活性物质等的生产。

尽管人类利用微生物发酵制造所需产物已有几千年的历史,但对其过程的原理、反应步骤、物质变化、调控机制等的认识和理解主要是在 20 世纪完成的。发酵工程的发展大体上可分为下述四个阶段:第一阶段,20 世纪以前的时期,人类利用传统的微生物发酵过程来生产葡萄酒、醋、酱、奶酪等食品。第二阶段,1900～1940年期间,随着微生物培养技术的不断进步,新的发酵产品不断问世。新产品主要有酵母、甘油、乳酸、柠檬酸、丁醇和丙酮等。第三阶段,发酵工业大发展时期,青霉素的工业化成功推动了发酵工业的发展。主要标志有深层培养,大规模化生产,多种抗生素、氨基酸、核酸发酵成功,甾体的微生物转化。第四阶段,基因工程等高新技术应用阶段,1953 年沃森和克里克提出了 DNA 的双螺旋结构模型,与此同时,科学家们发现细胞中的质粒是能在细菌染色体外进行自我繁殖的细胞质因子,可以说这就是当今基因操作的起点。

发酵工程内容涉及:菌种的培养和选育、菌的代谢与调节、培养基灭菌、通气搅拌、溶氧、发酵条件的优化、发酵过程各种参数与动力学、发酵反应器的设计和自动控制、产品的分离纯化和精制等。

发酵工业的生产水平取决于三个要素:生产菌种、发酵工艺和发酵设备。

一、发酵中优良菌种的选育

发酵工程产品开发的关键是筛选新的有用物质的生产菌。从自然界分离得到的野生型菌种在产量上或质量上均不适合工业生产要求,因此必须通过人工选育。优良菌种的选育不仅为发酵工业提供了高产菌株,还可以提供各种类型的突变菌株。

菌种选育包括自然选育、诱变育种、杂交育种等经验育种方法,还包括控制杂交育种、原生质体融合、基因工程等定向育种方法。

(一)菌种选育的物质基础

微生物的一切性状包括形态和生理都取决于菌体内的各种酶。是什么物质支配着这许许多多的酶有条不紊地行使着自身功能,又是什么物质使同一种微生物的上下代酶的种类、功能都一样呢? 无数事实证明,这都是由遗传物质所决定,主要是由脱氧核糖核酸(DNA)所决定。DNA 是微生物遗传的物质基础,基因是遗传物质的基本功能单位,每个基因包含几百对以上的核苷酸,只要其中一对发生交换或突变就会导致遗传性状的改变。决定遗传性状的 DNA 主要集中在染色体上,只有少量游离在外。细胞核内染色体数量及形状随生物体不同而异,如人的染色体为 46 条,酵母为 6 条。DNA 分子结构的改变是诱变育种的工作根据,染色体搭配的变化交换是杂交育种的根据。对 DNA 分子结构和复制过程的了解将更有利于充实诱变育种的理论根据。另外,质粒也是遗传物质,它是染色体外的遗传结构。质粒为双链 DNA 的环状分子,能在细胞中进行自主复制,并能离开染色体单独存在。大多数质粒能经"消失"处理而消除,且对细胞无致命影响。许多质粒携带一些能影响宿主细胞类型的基因,如用来控制抗生素形成的基因。

(二)自然选育

不经人工处理,利用微生物的自然突变进行菌种选育的过程称为自然选育。

自发突变的变异率很低。由于微生物可以发生自发突变,菌种在群体培养过程中会产生变异个体。这些变异个体中一种生长良好、生产水平提高、对生产有利的菌株称为正变菌株;另一种生产能力下降、形态出现异型、生产水平下降、导致菌种退化的菌株称为负变菌株。自然选育就是将正变菌株挑选出来,进行扩大培养。

自然选育可以达到纯化菌种、防止菌种衰退、稳定生产水平、提高产物产量的目的。但是自然选育存在效率低和进展慢的缺点。将自然选育和诱变育种交替使用,才容易收到良好的效果。

(三)诱变育种

用人工方法来诱发突变是加速基因突变的重要手段,它的突变率比自然突变能提高成百上千倍。突变发生部位一般是在遗传物质 DNA 上,因此突变后性状才能稳定地遗传。

1. 诱变育种的方法和原理

微生物在生理上和形态上的变化只要是可遗传的都称为变异。变异和由环境变化而出现的变化有本质上的区别。如假丝酵母在土豆培养基上加盖玻片形成假菌丝,而在麦芽汁培养基上成分散椭圆细胞,这种可逆的现象不是变异。微生物诱变育种的目的是使其向符合人们需要的方向变异。通常用物理、化学、生物等因素对微生物进行诱变,导致遗传物质 DNA 结构上发生变化。

(1)诱变机制 由诱变而导致微生物 DNA 微细结构发生的变化。主要分为微小损伤突变、染色体畸变、染色体组突变三种类型。

①微小损伤突变:微小损伤突变包括碱基的置换和码组移动突变。碱基的置换是一种真正的点突变,根据置换方式不同可分为转换和颠换两种。转换是 DNA 链上一个嘌呤被另一个嘌呤或一个嘧啶被另一个嘧啶置换,这是常见的基因突变。颠换是 DNA 链上一个嘌呤被一个嘧啶或一个嘧啶被一个嘌呤所置换。如果遗传密码 ACC 经碱基转换为 GCC,则 RNA 中相关遗传密码即由 UGG 改变为 CGG,UGG 是色氨酸密码子,CGG 是精氨酸密码子,经翻译后所合成的蛋白质分子就会发生改变。码组移动突变是在 DNA 分子的某一位置上缺失或插入一对或几对核苷酸碱基而使遗传密码移位。遗传密码是以三个核苷酸碱基为一组编码氨基酸的,它们在 DNA 分子上又是以连续状态存在,所以在缺失或插入核苷酸碱基以后的密码都变成错误密码,以这些错误密码合成蛋白质很有可能是非正常的蛋白质。

②染色体畸变:染色体畸变是由遗传物质的缺失、重复或重排而造成的染色体异常突变。染色体畸变主要包括一条染色体内部所发生的畸变和非同源染色体之间所发生的畸变,有下列几种情况。

a. 易位:指两条非同源染色体之间部分相连接的现象,包括一个染色体的一部分连接到某一非同源染色体上的单独易位和两个非同源染色体的相互交换连接。

b. 倒位:指一个染色体的某一部分以颠倒的顺序出现在原来的位置上。易位和倒位都使基因排列顺序改变,而基因数目不变。

c. 缺失:指在一条染色体上失去一个或多个基因遗传物质。一般对染色体畸变而言,缺失是指足够长的 DNA 片段的缺失,而不是单个核苷酸的缺失,后者属移码突变。

d. 重复:指在一条染色体上增加一段染色体片段,使同一染色体上某些基因重复出现。

③染色体组突变:这类突变主要是细胞核内染色体数目的改变。一个细胞的细胞核内含有一套完整染色体组的称为单倍体,含有两套染色体组的称为双倍体,含有三套以上的称为多倍体。细胞核内染色体总数是一整套染色体组的整数倍称为整倍体。在细胞核中某一个或某几个染色体多于或少于正常的二倍染色体数称为非整倍体。染色体组突变是指由有丝分裂或减数分裂异常而产生的染色体数目或组数的变化。

(2)诱变剂及其作用方式 能诱发基因突变并使突变率提高到超过自发突变水平的物理化学因子称为诱变剂。诱变剂的种类很多,可分为物理、化学、生物三大类。常用的诱变剂及其类别如表 1 – 1 所示。

表 1 – 1   常用的诱变剂及其类别

| 物理诱变剂 | 化学诱变剂 | | | 生物诱变剂 |
	与碱基反应的物质	碱基类似物	在 DNA 中插入或缺失碱基	
紫外线	硫酸二乙酯(DES)	2 – 氨基嘌呤	吖啶类物质	噬菌体
快中子	甲基磺酸乙酯(EMS)	5 – 溴尿嘧啶	吖啶类氮芥衍生物	
X 射线	亚硝基胍(NTG)	8 – 氮鸟嘌呤		
γ 射线	亚硝酸(NA)			
激光	氮芥(NM)			
	羟胺			

①物理诱变剂:物理诱变剂主要有紫外线、X 射线、γ 射线、快中子、α 射线、β 射线和超声波等,其中以紫外线应用最广。

紫外线是波长短于紫色可见光而又接近紫色光的射线,波长为 40 ~ 390nm。它是一种非电离辐射能,是被照射物质的分子或原子中的内层电子提高能级,而并不获得或失去电子,所以不产生电离。DNA 分子的紫外线吸收值为 260nm,因此波长 200 ~ 300nm 的紫外线才有诱变作用。实验室常用 15W 低功率紫外灯,放出 253nm 光谱,是比较有效的诱变作用光谱。紫外线的剂量通常以每秒每平方厘米多少焦耳来计算。由于紫外线能量测定比较困难,一般用照射时间作为相对的剂量单位。微生物所受射线的剂量决定于灯的功率、灯和微生物之间的距离及照射时间,如距离和功率固定,剂量就和照射时间成正比。除用时间表示相对剂量外,还可以用杀菌率表示相对剂量。各类微生物对紫外线敏感程度的差异也很大,可以相差几千倍甚至上万倍。诱变剂量的选择一般采用致死率90%~99%的剂量。生产上为了得到正突变菌株,往往采用低剂量,一般致死率30%~70%为好。紫外线引起DNA变化的形式很多,如DNA链的断裂、DNA分子内和分子间的交联、核酸与蛋白质交联,但主要是胸腺嘧啶二聚体的形成,该二聚体对热和酸都是稳定的。当双链DNA受紫外线照射时,由于链与链之间二聚体的作用而连接得更加紧密了,即双螺旋相对应的双链上胸腺嘧啶单位之间形成了二聚体。经紫外线照射后用可见光处理可以提高菌的存活率,降低突变效率,称为光复活效应。已经证明光复活作用是由于光激活了酶,使嘧啶二聚体分开,DNA受损伤的部分被修复,而使微生物复活。各种微生物被紫外线照射后能否光复活,要通过实验才知道。导致光复活的光谱范围也不一致,一般紫外线照射后的操作应在黄光或红光下进行,以免产生光复活效应。在诱变育种中也可采用致死剂量的紫外线和有光复活作用的白炽光(300~500W)反复交替处理,以增加菌种的诱变频率。

紫外线诱变的操作方法为:在暗室内安装15W紫外灯管,装上稳压装置,以求剂量准确。将5mL菌体悬浮液放在直径9cm培养皿中,在离灯管30cm处照射,并安装好摇动或电磁搅拌设备,以求照射均匀。照射前先开灯预热20min,一般微生物营养细胞在上述条件下照射几十秒到数分钟即可死亡。在正式进行处理前,先对要处理的微生物作出照射时间和死亡率的曲线,便于选择适当剂量。照射后应在红光下操作,菌悬液进行增殖培养期间,可用黑纸包住三角瓶,防止光复活。

②化学诱变剂:在筛选工作中,人们发现从最简单的无机物到最复杂的有机物中都可找到能引起诱变的物质,包括金属离子、一般化学试剂、生物碱、抗代谢物、生长刺激素、抗生素、高分子化合物、杀菌剂、染料等。

根据化学诱变因素对DNA的作用形式可将其分为三类:第一类是与一个或多个核酸碱基起化学变化,引起DNA复制时碱基配对的转换而导致变异,如亚硝酸、硫酸二乙酯、甲基磺酸乙酯、N-甲基-N'-硝基-N-亚硝基胍、亚硝基甲基脲等。第二类是与天然碱基十分接近的类似物掺入到DNA分子中而引起变异,如5-溴尿嘧啶、5-氨基尿嘧啶、8-氮鸟嘌呤和2-氨基嘌呤等。第三类是DNA分子上减少或增加一两个碱基引起碱基突变点以下全部遗传密码转录和翻译的错误。这类由于遗传密码的移动而引起的突变体称为码组移动突变体,如吖啶类物质。

2. 诱变和筛选

诱变育种主要有诱变和筛选两步。在具体进行某一项工作时首先要制定明确的筛选目标,如提高产量或菌体量,其次是制定合理步骤,再次是建立正确快速的测定方法和摸索培养最适条件。微生物诱变育种一般流程如图1-1所示。

图 1 - 1　诱变育种的一般流程

一个菌种的细胞群体经过诱变处理后,突变发生的频率很低,而且是随机的,所需要的突变株出现的频率就更低。因此合理的筛选方法与菌种选育程序是另一个重要问题。在此过程中,初步筛选又是关键性的一步。在抗生素产生菌的育种中一直采用随机筛选的初筛方法,即将诱变处理后形成的各单细胞菌株,不加选择地随机进行发酵并测定其单位产量,从中选出产量最高者进一步复试。这种初筛方法较为可靠,但随机性大,需要进行大量筛选。

为了筛选效果,陆续建立了一些"理性化筛选"方法,即根据与抗生素生物合成直接或间接有关的某些性状进行初步筛选,然后在合适的条件下发酵并测定其生产抗生素的能力。实用意义较大的初筛方法有以下几种:①自身耐药突变株;②结构类似物或前体类似物的耐受突变株;③营养缺陷型及其回复突变株。

(四)原生质体融合

原生质体融合就是把两个亲株分别通过酶解去除细胞壁,使菌体细胞在高渗环境中释放出由原生质膜包被着的球状体,然后在高渗条件下混合两个亲株的原生质体,由聚乙二醇(polyethyleneglycol,PEG)作为助溶剂使它们相互凝集发生细胞融合,接着两亲株细胞基因组由接触到交换,从而实现遗传重组,在再生细胞中就有可能挑选到较理想的重组子。

原生质体融合育种去除了细胞壁屏障,亲株基因组直接融合、交换,实现重组,在融合后两亲株的基因组之间有机会发生多次交换,产生各种各样的基因重组而得到多种类型的重组子,并可进行多级融合,即有两个以上亲株在一起融合,融合重组频率比较高。可用温度、药物或紫外线照射处理以纯化亲株一方或双方,然后再融合、再生、筛选重组子。

1. 原生质体融合的一般程序

首先是溶壁,不同菌株要求不同的酶,如细菌、放线菌可用溶菌酶,酵母用蜗牛酶,霉菌用纤维素酶和蜗牛酶。脱壁后的原生质球在高渗溶液中用 PEG 助溶剂,将两种亲株原生质体进行融合,然后在再生培养基上培养,挑出融合重组子。

2. 影响融合的因素

(1)菌龄 菌龄对原生质体的形成有很大的影响。一般采用对数前期的菌体进行酶解,原生质体形成率高。

(2)培养基成分 培养基成分对原生质体的形成会产生很大影响。在限制性培养基上比在完全培养基上原生质体形成效果好,这可能是因为完全培养基中的有机成分或某些金属离子会引起细胞壁成分的改变,而导致对溶解酶敏感性的改变。

(3)PEG 在融合过程中 PEG 是必要的,PEG 引起凝集,有利于原生质体之间的亲和。PEG 的相对分子质量和浓度对融合效果有较大影响。

(4)外界因素 细胞壁再生和恢复是有生理活性的原生质体所共有的特性,但外界因素对再生也会产生较大影响,除高渗透溶液外,在再生培养基中加酵母膏可促进再生速度。原生质体密度要适当,不宜过多,以免互相影响或抑制。

3. 原生质体融合育种

通过细胞融合可将不同菌种的优良性状集中到一个菌种中。原生质体融合技术操作简便,重组频率高,是一种很有效的遗传育种手段。现在已经利用它来改良菌株,提高代谢产物的产量,而且能打破种属界限,产生重组子,并有可能产生新的化合物。通过原生质体融合提高微生物代谢产物的单位产量已经成为育种的常规方法之一。为了提高某一抗生素的单位产量,可将产生菌与另一生物合成途径相似的抗生素产生菌的高产菌株进行原生质体融合。如将正定霉素产生菌与四环素产生菌原生质体融合,由于这两个抗生素的生物合成都是来自聚酮体途径,正定霉素的单位产量得到了明显的提高;将巴龙霉素产生菌与新霉素产生菌的高产突变株进行种间原生质体融合,获得了巴龙霉素单位产量提高 5~6 倍的重组体,这两个抗生素在化学结构上只有一个羟基和氨基的差别,合成途径也十分相似。

二、发酵的工艺流程和工艺控制

（一）发酵的一般工艺流程

发酵的基本过程为:菌种→种子制备→发酵→发酵液预处理→提取精制。

1. 菌种

发酵水平的高低与菌种的性能质量有直接关系,菌种的生产能力、生长繁殖的情况和代谢特性是决定发酵水平的内在因素。这就要求用于生产的菌种产量高、生长快、性能稳定、容易培养。目前国内外发酵工业中所采用的菌种绝大多数是经过人工选育的优良菌种。为了防止菌种衰退,生产菌种必须以休眠状态保存在砂土管或冷冻干燥管中,并置于 0 ~ 4℃ 恒温冰箱内。使用时可临时取出,接种后仍需冷藏。生产菌种一般都严格规定其使用期,一般砂土管为 1 ~ 2 年。生产菌种应不断纯化,淘汰变异菌落,防止衰退。

2. 种子的制备

种子制备是发酵工程开始的重要环节。这一过程是使菌种繁殖,以获得足够数量的菌体,以便接种到发酵罐中。种子制备可以在摇瓶中或小罐内进行,大型发酵罐的种子要经过两次扩大培养才能接入发酵罐。摇瓶培养是在锥形瓶内装入一定量的液体培养基,灭菌后接入菌种,然后放在回转式或往复式摇床上恒温培养。种子罐一般用钢或不锈钢制成,构造相当于小型发酵罐,种子罐接种前有关设备及培养基要经过严格的灭菌。种子罐可用微孔压差法或打开接种阀在火焰的保护下接种,接种后在一定的空气流量、罐温、罐压等条件下进行培养,并定时取样做无菌试验、菌丝形态观察和生化分析,以确保种子质量。

3. 发酵

这一过程的目的是使微生物产生大量的目的产物,是发酵工序的关键阶段。发酵一般在钢制或不锈钢的罐内进行,有关设备和培养基应事先经过严格灭菌,然后将长好的种子接入,接种量一般为 5% ~ 20%。在整个发酵过程中要不断地通气、搅拌,维持一定的罐温、罐压,并定时取样分析做无菌试验,观察代谢产物含量情况,有无杂菌污染。在发酵过程中会产生大量泡沫,所以往往要加入消沫剂来控制泡沫。加入酸或碱控制发酵液的 pH,多数品种的发酵还需要间歇或连续加入葡萄糖及铵盐化合物,或补进其他料液和前体以促进产物的生成。发酵中可供分析的参数有:通气量、搅拌转速、罐温、罐压、培养基总体积、黏度、泡沫情况、菌丝形态、pH、溶解氧浓度、排气中二氧化碳含量以及培养基中的总糖、还原糖、总氮、氨基氮、磷和产物含量等。一般根据各品种的需要与可能,测定其中若干项目。发酵周期因品种不同而异,大多数微生物发酵周期为 2 ~ 8d,但也有少于 24h 或长达 2 周以上的。

4. 产物提取

发酵完成后得到的发酵液是一种混合物,其中除了含有要表达的目的产物外,还有残余的培养基、微生物代谢产生的各种杂质和微生物的菌体等。提取过程包括以下三个方面:①发酵液的预处理和过滤;②提取;③精制。

(二)发酵工艺控制

微生物细胞具有完善的代谢调节机制,使细胞内复杂生化反应高度有序地进行,并对外界环境的改变迅速做出反应,因此必须通过控制微生物的培养和生长环境条件影响其代谢过程,以便获得高产量的产物。为了使发酵生产能够得到最佳效果,可测定与发酵条件和内在代谢变化有关的各个参数,以了解产生菌对环境条件的要求和代谢变化规律,并根据各个参数的变化情况,结合代谢调控理论,有效地控制发酵。

1. 培养基的影响及其控制

(1)碳源　碳源是构成微生物细胞和各种代谢产物碳架的营养物质,同时碳源在微生物代谢过程中被氧化降解,释放出能量,并以 ATP 形式贮存于细胞内,供给微生物生命活动所需的能量。

(2)氮源　氮源是构成菌体细胞的物质,也是细胞合成氨基酸、蛋白质、核酸、酶类及含氮代谢产物的成分。选择氮源时需要注意氮源促进菌体生长、繁殖和合成产物间的关系。

(3)无机盐和微量元素　各种无机盐和微量元素是构成菌体原生质的成分(磷、硫等),能作为酶的组成部分或维持酶的活性(镁、锌、铁、钙、磷等),调节细胞的渗透压(NaCl、KCl 等)和 pH,参与产物合成(磷、硫等)。

(4)水　培养基必须以水为介质,它既是构成菌体细胞的主要成分,又是一切营养物质传递的介质,所以水的质量对微生物的生长繁殖和产物合成有很重要的作用。

2. 温度的影响及其控制

温度的变化对发酵过程可产生两方面的影响:一方面是影响各种酶反应的速率和蛋白质的性质。温度对菌体生长的酶和代谢产物合成的酶的反应影响往往是不同的,温度能改变菌体代谢产物的合成方向,对多组分次级代谢产物的组成比例产生影响。另一方面是影响发酵液的物理性质。发酵液的黏度、基质和氧在发酵液中的溶解度和传递速率、某些基质的分解和吸收速率等,都受温度变化的影响,进而影响发酵的动力学特征和产物的生物合成。因此温度对菌体的生长和合成代谢的影响是极其复杂的,需要综合考察它对发酵的影响。

(1)影响发酵温度变化的原因　在发酵过程中,既有产生热能的因素,又有散失热能的因素,因而会引起发酵温度的变化。产热的因素有生物热和搅拌热,散热的因素有蒸发热、辐射热和显热。产生的热能减去散失的热能,所得的净热量就是发酵热,它就是发酵温度变化的主要因素。

(2)最适温度的选择　在发酵的过程中,菌体生长和产物合成均与温度有密切关系。最适发酵温度是既适合菌体的生长,又适合代谢产物合成的温度,但最适生长温度与最适生产温度往往是不一致的。在发酵过程中究竟选择哪一个温度,需要视在微生物生长和产物合成阶段哪一矛盾主要而定。另外,温度还会影响微生物代谢的途径和方向。

最适发酵温度还会随菌种、培养基成分、培养条件和菌体生长阶段而改变。例如,在较差的通气条件下,由于氧的溶解度随温度下降而升高,因此降低发酵温度对发酵是有利的,因为低温可以提高氧的溶解度、降体菌体生长速率、减少氧的消耗量,从而可弥补通气条件差所带来的不足。培养基的成分差异和浓度大小对培养温度的确定也有影响,在使用易利用或较稀薄的培养基时,如果在高温发酵条件下,营养物质往往代谢快,耗竭过早,最终导致菌体自溶,使代谢产物的产量下降。因此发酵温度的确定还与培养基的成分有密切的关系。

在理论上,整个发酵过程不应该只选一个培养温度,而应该根据发酵的不同阶段,选择不同的培养温度。在生长阶段,应选择最适生长温度;在产物分泌阶段,应选择最适生产温度。这样的变温发酵所得产物的产量是比较理想的。

(3)温度的控制　工业生产上,所用的大型发酵罐在发酵过程中一般不需要加热,因发酵中释放了大量的发酵热。需要冷却的情况较多,利用自动控制或手动调整的阀门,将冷却水通入发酵罐的夹层或蛇形管中,通过热交换来降温,保持恒温发酵。如果气温较高,冷却水的温度又高,致使冷却效果很差,达不到预定的温度,则可采用冷冻盐水进行循环式降温,以迅速降到恒温。

3.溶氧的影响及其控制

大部分工业微生物需要在有氧环境中才能生长,培养这类微生物需要采取通气发酵,适量的溶解氧可维持其呼吸代谢和代谢产物的合成。在通气发酵中,氧的供给是一个核心问题。对大多数发酵来说,供氧不足会造成代谢异常,降低产物产量。因此,保证发酵液中溶氧和加速气相、液相和微生物之间的物质传递对于提高发酵的效率是至关重要的。在一般原料的发酵中采用通气搅拌就可满足要求。

(1)溶氧的影响　溶氧是需氧发酵控制最重要的参数之一。氧在水中的溶解度很小,所以需要不断通气和搅拌,才能满足溶氧的要求。溶氧的大小对菌体生长和产物的性质及产量都会产生不同的影响。需氧发酵并不是溶氧愈大愈好。溶氧高虽然有利于菌体生长和产物合成,但有时反而会抑制产物的形成。因此,为避免发酵处于限氧条件下,需要考查每一种发酵产物的临界氧浓度和最适氧浓度,并使发酵过程保持在最适浓度。最适溶氧浓度的大小与菌体和产物合成代谢的特性有关,具体须由试验来确定。

(2)发酵过程的溶氧变化　发酵过程中,在已有设备和正常发酵条件下,每种产物发酵的溶氧浓度变化有自己的规律。在发酵的过程中,有时出现溶氧量明显降低或明显升高的异常变化,常见的是溶氧下降。造成异常变化的原因是耗氧或供氧出现了异常因素或发生了障碍。从发酵液中溶氧浓度的变化,就可以了解微生物生长代谢是否正常、工艺控制是否合理、设备供氧能力是否充足等问题,进而帮助查找发酵不正常的原因和控制好发酵生产。

(3)溶氧浓度的控制　发酵液的溶氧浓度是由供氧和需氧两方面所决定的。也就是说,当发酵的供氧量大于需氧量,溶氧浓度就上升,直到饱和;反之就下降。因此要控制好发酵液中的溶氧浓度,需从这两方面着手。

在供氧方面,主要是设法提高氧传递的推动力和液相体积氧传递系数的值。在可能的条件下,采取适当的措施来提高溶氧浓度,如调节搅拌转速或通气速率来控制供氧。但供氧量的大小还必须与需氧量相协调,也就是说要有适当的工艺条件来控制需氧量,使产生菌的生长和产物形成对氧的需求量不超过设备的供氧能力,使产生菌发挥出大量的生产能力。这对生产实际具有重要意义。

发酵液的需氧量受菌体浓度、基质种类和浓度以及培养条件等因素的影响。其中以菌浓度的影响最为明显。发酵液的摄氧率随菌浓度增加而按一定比例增加,但氧的传递速率是随菌浓度的对数关系减少的。因此可以控制菌的比生长速率比临界值略高一点,达到最适浓度,这是控制最适溶氧浓度的重要方法。最适菌浓既能保证产物的比生产速率维持在最大值,又不会使需氧大于供氧。

除控制补料速度外,在工业上,还可采用调节温度(降低培养温度可提高溶氧浓度)、液化培养基、中间补水、添加表面活性剂等工艺措施改善溶氧水平。

4. pH 的影响及其控制

(1)pH 对发酵的影响　发酵培养基的 pH 对微生物生长具有非常明显的影响,也是影响发酵过程中各种酶活的重要因素。pH 不当可能严重影响菌体的生长和产物的合成,因此对微生物发酵来说有各自的最适生长 pH 和最适生产 pH。大多数微生物生长的 pH 范围为 3 ~ 6,最大生长速率的 pH 变化范围为 0.5 ~ 1.0。多数微生物生长都有最适 pH 范围及其变化的上下限,上限都在 8.5 左右,超过此上限,微生物将无法忍受而自溶;下限酵母最低,为 2.5。菌体内的 pH 一般认为是中性。pH 对产物的合成也有明显的影响,菌体生长和产物合成都是酶反应的结果,因而代谢产物的合成也有最合适的 pH 范围。由此可见,这两种 pH 范围对发酵控制来说都是很重要的参数。

(2)pH 的变化　在发酵过程中,pH 的变化决定于所用的菌种、培养基的成分和培养条件。在产生菌的代谢过程中,菌本身具有一定的调整周围 pH 和建成最适 pH 的环境的能力。培养基中营养物质的代谢,也是引起 pH 变化的重要因素,发酵所用的碳源种类不同,pH 变化也不一样。

(3)发酵 pH 的确定和控制

①发酵 pH 的确定:微生物发酵的合适 pH 范围一般是在 5 ~ 8 之间。由于发酵是多酶复合反应系统,各酶的最适 pH 也不相同。因此,同一种酶,生长最适 pH

可能与产物合成的最适 pH 是不一样的。最适 pH 是根据实验结果来确定的,将发酵培养基调节成不同的初始 pH 进行发酵,在发酵过程中,定时测试和调节 pH 以分别维持初始 pH,或者利用缓冲液来配制培养基以维持 pH,定时观察菌体的生长情况,以菌体生长达到最高值的 pH 为菌体生长的最适 pH。以同样的方法,可测得产物生成的最适 pH。但同一产品的最适 pH,还与所用的菌种、培养基组成和培养条件有关。在确定最适发酵 pH 时,还要考虑培养温度的影响,若温度提高或者降低,最适 pH 也可能发生变动。

②pH 的控制:在了解发酵过程中最适合 pH 的要求后,就要采用各种方法来控制 pH。首先需要考虑试验发酵培养基的基础配方,使其有个适当的配比,使发酵过程中的 pH 变化在合适的范围内。

利用上述方法调节 pH 的能力是有限的,如果达不到要求,可通过在发酵过程中直接加酸或碱和补料的方式来控制,特别是补料的方法,效果比较明显。过去是直接加入酸(H_2SO_4)或碱(NaOH)来控制,但现在常用的是以生理酸性物质[$(NH_4)_2SO_4$]和碱性物质(氨水)来控制,它们不仅可以调节 pH,还可以补充氮源。

目前,已比较成功地采用补料的方法来调节 pH,如氨基酸发酵采用补加尿素的方法,特别是次级代谢产物抗生素的发酵,更常用此法。这种方法既可以达到稳定 pH 的目的,又可以不断补充营养物质,少量多次补加还可以解除对产物合成的阻碍作用,提高产物产量。也就是说,采用补料的方法,可以同时实现补充营养、延长发酵周期、调节 pH 和培养液的特性等多个目的。

在发酵过程中,要选择好发酵培养的成分及其配比,并控制好发酵工艺条件,才能保证 pH 不会产生明显的波动,维持在最佳范围内,得到良好的结果。

三、发酵的主要方式及其特点

微生物细胞培养可以分为分批培养、补料分批培养、半连续培养和连续培养等方式。不同的培养技术各有其特点,现介绍如下。

(一)分批培养

分批培养又称间歇培养。微生物的生长是随环境时间的变化而变化。培养过程中,除了不断进行通气(好氧发酵)、加入酸或碱以调节培养液的 pH、系统排泄废气(包括 CO_2)以外,与外界没有其他交换。

分批培养过程中,根据发酵液中细胞浓度的变化,将培养过程分为延滞期、对数期、减速期、稳定期和衰退期五个阶段。

(1)延滞期　一般来说,微生物细胞接种到培养基后,最初一段时间内细胞浓度并无明显的增加,这一段时间称为延滞期。延滞期是细胞在新的培养环境中表现出的一个适应阶段。新老环境中培养温度、pH、溶解氧、渗透压和氧化还原电位等环境条件的差异是造成延滞期的因素。延滞期的长短与种龄及接种量等因素关系密切。生长旺盛的种子延滞期较短,而老龄的种子需较长的延滞期;接种量越大,延滞期越短。

(2)对数期　经过延滞期的培养,细胞逐步适应了新的环境,培养基中的物质充足,有害代谢产物很少,细胞的生长不受抑制,细胞浓度随培养时间而呈对数增长,此阶段称为对数期。细胞浓度增长一倍所需的时间称为代时。细菌代时一般为 $0.25 \sim 1h$,霉菌为 $2 \sim 8h$,酵母菌为 $1.2 \sim 2h$。

(3)减速期　由于细胞的大量增殖,培养基中的营养物质迅速消耗,有害代谢产物迅速积累,细胞生长速度逐渐下降,个别老龄化细胞开始死亡,培养过程进入了减速期。

(4)稳定期　由于营养物质几乎被耗尽,代谢产物大量积累,细胞生长繁殖率大幅度下降且与老龄化细胞的死亡速率平衡,活细胞浓度不再增大,培养过程进入稳定期。在此阶段细胞的浓度达到最大值,大量的代谢产物被合成并积累。

(5)衰退期　随着环境条件的不断恶化,细胞死亡速率大于增殖速率,活细胞浓度不断下降,培养过程进入衰退期。

(二)补料分批培养

补料分批培养是在分批培养过程中补充新鲜的料液,使培养基的量逐渐增大,以延长对数期与稳定期的持续时间。补料分批培养能增加微生物细胞的数量,也能增加稳定期细胞代谢产物的积累。

一般在工业中,采用补料分批培养的产物较多,如面包酵母生产中采用补加糖蜜、氨、前体物质等以提高产量。

(三)半连续培养

半连续培养是指将补料分批培养与间歇放掉部分培养液结合起来的方法。由于该方法放掉部分培养液的同时补加适当的料液,不仅补充了养分和前体,而且有害的代谢产物被稀释,更有利于产物的继续合成。

半连续培养法有以下缺点:①放掉发酵液的同时也丢失了未充分利用的养分和处于生长旺盛期的菌体;②定期补充和释放使发酵液更稀,后期提纯过程体积增大;③一些经微生物细胞代谢产生的前体可能丢失。

因此,采用此方法培养微生物细胞时,应根据具体的情况分别对待。

(四)连续培养

连续培养是在发酵过程中一面补入新鲜的料液,一面以相同的流速放料维持发酵液原来的体积。即反应器中的细胞总数与总体积数均保持不变,体系达到了稳定状态。连续培养又分为单级连续培养和多级连续培养。

（1）单级连续培养 通常在连续培养之前进行一段时间的分批培养,当培养罐中的细胞达到一定程度后,以恒定的流量向培养罐中流加培养基,同样以相同的流量流出培养基,使培养罐内培养液的体积保持稳定。

（2）多级连续培养 该法是将几个培养罐串联起来,前一罐的出料作为下一罐的进料,即形成多级连续培养。

四、发酵药物的种类及其生产技术

（一）发酵药物的种类

微生物药物可以按生理功能和临床用途来分类,还可以按产品类型来分类,通常按其化学本质和化学特征进行分类。

1. 抗生素类药

抗生素是在低微浓度下能抑制或影响活的机体生命过程的次级代谢产物及其衍生物。目前已发现的有抗细菌、抗肿瘤、抗真菌、抗病毒、抗原虫、抗藻类、抗寄生虫、杀虫、除草和抗细胞毒性等的抗生素。据不完全统计,从 20 世纪 40 年代至今,已知的抗生素总数不少于 9000 种,其主要来源是微生物,特别是土壤微生物,占全部已知抗生素的 70% 左右,至于有价值的抗生素,几乎全是由微生物产生的。约 2/3 的抗生素由放线菌产生,1/4 由霉菌产生,其余为细菌产生。放线菌中从链霉菌属中发现的抗生素最多,占 80% 。

2. 氨基酸类药

目前氨基酸类药物分为单一氨基酸制剂和复方氨基酸制剂两类。前者主要用于治疗某些针对性的疾病,如用精氨酸和鸟氨酸治疗肝昏迷等。复方氨基酸制剂主要是为重症患者提供合成蛋白质的原料,以补充消化道摄取的不足。利用微生物生产氨基酸分微生物细胞发酵法和酶转化法等。

3. 核苷酸类药

利用微生物发酵工艺生产的核苷酸类药物有肌苷酸、肌苷、$5'$ - 腺苷酸（AMP）、三磷酸腺苷（ATP）、黄素腺嘌呤二核苷酸（FAD）、辅酶 A（CoA）、辅酶 I（CoI）等。

4. 维生素类药

维生素是生物体内一类数量微少、化学结构各异、具有特殊功能的小分子有机化合物,大多数需要从外界摄取。植物一般有合成维生素的能力,但微生物合成维生素的能力则随种属的不同差异较大。发酵法生产的维生素及辅酶类药物主要有维生素 B_2、维生素 B_{12}、维生素 C、β - 胡萝卜素、麦角甾醇等。

5. 甾体类激素

甾体激素类药物是分子结构中含有甾体结构的激素类药物,是临床上一类重要的药物,主要包括肾上腺皮质激素和性激素两大类。

6.治疗酶及酶抑制剂

药用酶主要有助消化酶类、消炎酶类、心血管疾病治疗酶类、抗肿瘤酶类以及其他几种酶类。

由微生物产生的酶抑制剂有两种不同的概念:一种是抑制抗生素钝化酶的抑制剂,称作钝化酶抑制剂,如抑制 β -内酰胺酶抑制剂包括克拉维酸、硫霉素、橄榄酸、青霉烷砜等多种,这类酶抑制剂可以和相应的抗生素同时使用,以提高抗生素的作用效果。另一种是能抑制来自动物体内酶的抑制剂,其中有些可以降低血压、有些可以阻止血糖上升等,如淀粉酶抑制剂能在服用糖时达到阻止血糖浓度增加的目的。

(二)发酵药物的生产技术

1.灭菌操作技术

发酵过程中染了杂菌,不只是杂菌消耗营养物质,更重要的是杂菌能分泌一些抑制产生菌生长、严重改变培养基性质、抑制产物生物合成的有毒副作用的物质或产生某种能破坏所需代谢产物的酶类,给生产带来极大的威胁。轻者影响产量,重者会"全军覆灭"。因此必须认真做好培养基及有关发酵设备的灭菌、空气除菌、发酵设备的严密检查和种子的无菌操作等各项工作,严格进行各项工艺操作,保证发酵生产的顺利进行。

(1)灭菌原理和灭菌操作 灭菌是指用化学或物理的方法杀灭或除掉物料或设备中所有有生命的有机体的技术或工艺过程。工业生产中常用的灭菌方法可归纳为化学物质灭菌、辐射灭菌、过滤介质除菌和热灭菌(包括干热灭菌和湿热灭菌)四种。前三种方法在微生物学中已有详细论述,这里不再叙述。

湿热灭菌是指直接用蒸气灭菌。蒸气冷凝时释放大量潜热,并具有强大的穿透力,在高温和水存在时,微生物细胞中的蛋白质极易发生不可逆的凝固性变性,致使微生物在短期内死亡。湿热灭菌具有经济和快速等特点,因此被广泛应用于工业生产中。

用湿热灭菌方法对培养基灭菌时,加热的温度和时间对微生物死亡和营养成分的破坏均有影响。试验结果表明,在高压加热的条件下,氨基酸和维生素等生长因子极易被破坏。因而选择一种既能达到灭菌要求又能减少营养成分被破坏的温度和受热时间,是研究培养基灭菌质量的重要内容。在湿热灭菌过程中由于随着温度的升高微生物死亡的速度较培养基成分破坏的速度更为显著,因此,在灭菌时选择较高的温度、采用较短的时间,能减少培养基的破坏,这就是通常所说的高温快速灭菌法。

培养基和发酵设备的灭菌方法,有实罐灭菌(实消)、空罐灭菌(空消)、连续灭菌(连消)和过滤器及管道灭菌等。

（2）无菌检查与染菌的处理 为了防止种子培养或发酵过程中污染杂菌,在接种前后、种子培养过程及发酵过程中,应分别进行无菌检查,以便及时发现染菌,并在染菌后能够及时进行必要处理。

①无菌检查:染菌通常可以通过无菌试验、发酵液直接镜检和发酵液的生化分析三个途径发现。其中无菌试验是判断染菌的主要依据。常用的无菌试验方法有肉汤培养法、斜面培养法、双碟培养法。其中酚红肉汤培养法和双碟培养法结合起来进行无菌检查用得较多。

②染菌的判断:以无菌实验中的酚红肉汤培养基和双碟培养的反应为主,以镜检为辅。每个无菌样品的无菌试验,至少用2只双碟同时取样培养。要定量或用接种环蘸取取样,不宜从发酵罐中直接取样。因取样量不同,会影响颜色反应和混浊程度的观察。如果连续3次取样时的酚红肉汤无菌样发生颜色变化或产生混浊,或双碟上连续3次取样时样品长出杂菌,即判为染菌。有时酚红肉汤反应不明显,要结合镜检确认连续3次取样时样品染菌,即判为染菌。各级种子罐的染菌判断也参照上述规定。

对肉汤和无菌平板的观察及保存期的规定为发酵培养基灭菌后应取无菌样,以后每隔8h取无菌样一次,直接放罐。无菌试验的肉汤和双碟应保存观察至本批罐放罐后12h,确认为无杂菌污染后方可弃去。无菌检查应每隔6h观察一次无菌试验样品,以便能及早发现染菌。为了加速杂菌的生长,特别是对中小罐染菌情况的及时判断,可加入赤霉素、对氨基苯甲酸等生长促进剂,以促进杂菌的生长。

③污染的防治技术

a.污染杂菌的处理:种子罐染菌后,罐内种子不能再接入发酵罐中。为了保证发酵罐按正常作业计划运转,可从备用种子中,选择生长正常无染菌的种子移入发酵罐。如无备用种子,则可选择一个适当培养龄的发酵罐内的培养物作为种子,移入新鲜培养基中,即生产上称为倒种。倒出罐培养龄的选择,要注意选择生产菌的菌丝质量,以保证倒入罐的正常生产,同时也要考虑到对倒出罐是否有影响。

发酵染菌后,可根据具体情况采取措施。发酵前期染菌,如果污染的杂菌对产生菌的危害性很大,可通入蒸气灭菌后放掉;如果危害性不大,可用重新灭菌、重新接种的方式处理;如果营养成分消耗较多,可放掉部分培养液,补入部分新培养基后进行灭菌,重新接种;如果污染的杂菌量少且生长缓慢,可以继续运转下去,但要时刻注意杂菌数量和代谢的变化。在发酵后期染菌,可加入适量的杀菌剂如呋喃西林或某些抗生素,以抑制杂菌的生长;也可降低培养温度或控制补料量来控制杂菌的生长速度。如果采用上述两种措施仍不见效,就要考虑提前放罐。染菌后的罐体用甲醛等化学物质处理,再用蒸气灭菌。在再次投料之前,要彻底清洗罐体、附件,同时进行严格检查,以防渗漏。

b.污染噬菌体的发现与处理:发酵生产中出现噬菌体往往会造成倒灌。一般噬菌体污染后往往出现发酵液突然变稀、泡沫增多、早期镜检发现菌体染色不均匀、在较短时间内菌体大量自溶、最后仅残存菌丝断片、平皿培养出典型的噬菌斑、溶氧浓度回升提前、营养成分很少消耗、产物合成停止等现象。

发酵过程中污染噬菌体,通常采用发酵液经加热灭菌后再放罐,严格控制培养液的流失;清理生产环境,清除噬菌体载体;生产环境用漂白粉、新洁尔灭等灭菌;调换生产菌种;暂时停产,断绝噬菌体繁殖的基础,车间可用甲醛消毒,停产时间以生产环境不再出现噬菌体为准;选育抗噬菌体的新菌种,常用自然变异或强烈诱变因素处理,选育出具有抗噬菌体能力、而生产能力不低于原亲株的菌种等方法进行处理。上述噬菌体的现象是对烈性噬菌体而言。此外,还有一种噬菌体称为温和噬菌体,危害也很严重。

c. 防止染菌的措施:根据抗生素发酵染菌原因的统计资料可知,设备穿孔和渗漏等造成的染菌占第一位,空气净化系统带菌也是导致染菌的主要因素。

防止空气净化系统带菌的主要措施有提高空气进口的空气洁净度,除尽压缩空气中夹带的油和水,保持过滤介质的除菌效率。要定期检查更换空气过滤器的过滤介质,使用过程要经常排放油水。

对设备的要求是发酵罐及其附属设备应做到无渗漏、无死角。凡与物料、空气、下水道连接的管件阀门都应保证严密不漏,蛇管和夹套应定期试漏。另外,应重视蒸气质量,严格控制蒸气中的含水量,灭菌过程中蒸气压力不可大幅度地波动。

从工艺上看,发酵罐放罐后应进行全面检查和清洗。要清除罐内残渣,去除罐壁上的污垢,清除空气分布管、温度计套管等处堆积的污垢及罐内死角。空罐灭菌时应注意先将罐内空气排尽,保持蒸气畅通,关阀门使管道彻底灭菌。要防止端面轴封漏气、搅拌填料箱及阀门渗漏等,蛇管和夹套要按设计规定的压力定期试压。实罐灭菌时,配置培养基要注意防止原料结块。在配料罐出口处应装有筛板过滤器,以防止培养基中的块状物及异物进入罐内。连续灭菌设备要定期检查。灭菌时料液进入连消塔前必须先行预热。灭菌中要确保料液的温度及其在维持罐中停留的时间都必须符合灭菌的要求。黏稠培养基的连续灭菌,必须降低料液的输送速度及防止冷却时堵塞冷却管。在许可的条件下应尽量使用液体培养基或稀薄的培养基。发酵过程中加入发酵罐的物料一定要保证无菌才能进罐。种子培养应严格按操作规程执行,认真进行无菌试验,严格卫生制度等。

2. 发酵技术

发酵技术是人们利用微生物的发酵作用,运用一些技术手段控制发酵过程,大规模生产发酵产品的技术。如前所述,主要有分批培养技术、补料分批培养技术、半连续培养技术和连续培养技术等方式,在实际的生产操作中应该根据具体情况加以选择。

3. 提取纯化技术

发酵结束后,需对发酵液进行提取纯化,提取纯化的过程可分为预处理、初步纯化、精制和成品加工等处理。

（1）发酵液的预处理　发酵液预处理是采用理化方法设法分离菌体和其他悬浮颗粒(细胞碎片、核酸和蛋白质的沉淀物)，除去部分可溶性杂质和改变滤液性质，以利于提取和精制的顺利进行。预处理常用的方法有加热、调节 pH、凝聚和絮凝等；如果产物是胞内产物，还需进行细胞破碎使产物从细胞内释放出来，再进行后续的操作。

（2）初步纯化　初步纯化是粗分离的操作过程，常采用的技术有沉淀分离技术、萃取分离技术和吸附分离技术等。沉淀分离技术是利用沉淀剂或沉淀条件使物质在溶液中的溶解度降低而形成无定形固体沉淀的过程。萃取分离技术是分离液体混合物常用的单元操作，不仅可以提取和浓缩发酵产物，还可以除掉部分其他类似的杂质，使产物得到初步纯化。吸附分离技术是在一定条件下，将待分离的料液通入适当的吸附剂中，利用吸附剂对料液中某一组分具有选择吸附的能力，从而使该组分富集在吸附剂表面，然后再用适当的洗脱剂将吸附的组分从吸附剂上解析下来的一种分离技术。

（3）精制　精制是精细分离操作单元，常采用的方法主要有色谱分离技术、离子交换分离技术、膜分离技术等。色谱分离技术又称层析分离技术或色谱分离技术，是一种分离复杂混合物中各个组分的有效方法。它是利用不同物质在由固定相和流动相构成的体系中具有不同的分配系数，当两相作相对运动时，这些物质随流动相一起运动，并在两相间进行反复多次的分配，从而使各物质达到分离的技术。常用的色谱分离技术有凝胶色谱分离技术、吸附色谱分离技术、离子交换色谱分离技术和亲和色谱分离技术等。在实际操作中应根据具体情况加以选择应用。

（4）成品加工　成品加工是提取纯化的最后工序，常用的方法有浓缩、结晶和干燥等技术。浓缩技术是从溶液中除去部分溶剂以提高产物浓度的操作。结晶技术是使产物形成规则晶体结构的操作过程。干燥技术是去除产物中的水分，延长产物保存时间的有效操作。根据产物的不同可以选择不同的成品加工方法。

五、微生物发酵制药的新技术

（1）应用微生物技术研究开发新药，改造和替代传统制药工业技术，加快医药生物技术产品的产业化规模和速度是当代医药工业的一个重要发展方向。

（2）应用 DNA 重组技术和细胞工程技术开发的工程菌或新型微生物来生产新型药物，如治疗或预防心血管疾病、糖尿病、肝炎、肿瘤、抗感染、抗衰老以及计划生育方面的药物。

（3）利用工程菌开发生理活性多肽和蛋白质类药物，如干扰素、组织纤溶酶原激活剂、白介素、促红细胞生长素、集落细胞刺激因子等。

（4）利用工程菌研制新型疫苗，如乙肝疫苗、疟疾疫苗、伤寒及霍乱疫苗、出血热疫苗、艾滋病疫苗、避孕疫苗等。

任务 1　异亮氨酸的发酵生产

知识链接　L-异亮氨酸(L-Ile)的化学名称为 2-氨基-3-甲基戊酸,分子式为 $C_6H_{13}NO_2$,相对分子质量为 131.17,结构见图 1-2。L-Ile 在乙醇中形成菱形叶片状或片状结晶体,熔点为 285~286℃,比旋长度为 +38.9℃ 至 +41.8°(6mol/L HCl 溶液中,$c \approx 40mg/mL$)。L-Ile 溶于热乙酸,在 20℃乙醇中溶解度为 0.72g/L、在 25℃水中为 41.2g/L、在 75℃水中为 60.8g/L,不溶于乙醚。L-异亮氨酸存在于所有蛋白质中,是人体必需氨基酸之一,主要用来配制复方氨基酸注射液。L-异亮氨酸的结构为:

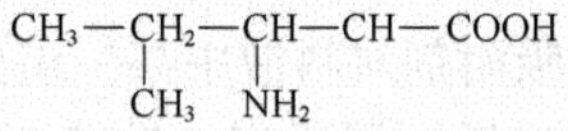

$$CH_3-CH_2-\underset{CH_3}{CH}-\underset{NH_2}{CH}-COOH$$

一、生产工艺路线

L-异亮氨酸的生产工艺流程:

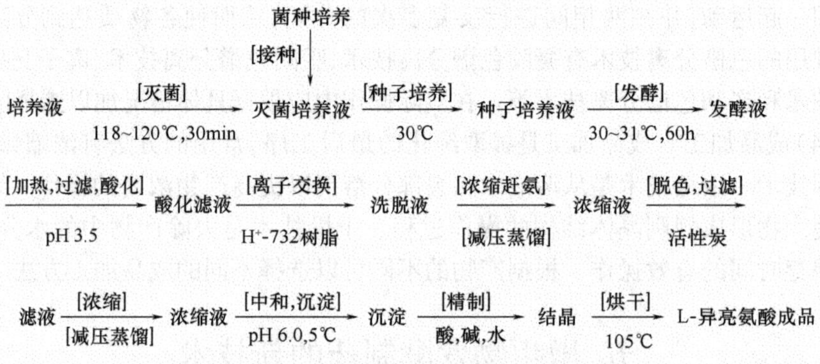

```
                        菌种培养
                        [接种]↓
培养液 ─[灭菌]─→ 灭菌培养液 ─[种子培养]─→ 种子培养液 ─[发酵]─→ 发酵液
   118~120℃,30min        30℃              30~31℃,60h

─[加热,过滤,酸化]─→ 酸化滤液 ─[离子交换]─→ 洗脱液 ─[浓缩赶氨]─→ 浓缩液 ─[脱色,过滤]─→
   pH 3.5              H⁺-732树脂           [减压蒸馏]          活性炭

滤液 ─[浓缩]─→ 浓缩液 ─[中和,沉淀]─→ 沉淀 ─[精制]─→ 结晶 ─[烘干]─→ L-异亮氨酸成品
   [减压蒸馏]        pH 6.0,5℃        酸、碱、水         105℃
```

二、生产工艺过程及控制要点

1. 菌种培养

菌种培养基组成:葡萄糖 2%,尿素 0.3%,玉米浆 2.5%,豆饼水解液 0.1%,pH6.5。

2. 一级种子培养

1000mL 三角瓶中培养基装量为 200mL,接种一环斜面黄色短杆菌 HL41 菌种,30℃摇床培养 16h。

3. 二级种子培养

培养基在一级培养基的基础上再加菜籽油 0.4%,以消除泡沫。接种量为 4%,培养 8h,逐渐放大培养到足够菌种。

4. 灭菌发酵

发酵培养液组成:(NH_4)$_2SO_4$ 4.5%,豆饼水 0.4%,玉米浆 2.0%,$CaCO_3$ 4.5%,pH7.2,淀粉水解还原糖起始浓度为 11.5%。在 5m^3 发酵罐中添加 3t 发酵培养基,加热至 118～120℃、压力为 $1.1×10^5Pa$ 灭菌 30min,立即通入冷盐水冷却至 25℃。接种量 1%,维持 180r/min 的搅拌速度,升温至 30～31℃,以 1:0.2m^3/(m^3·min)通气量发酵 60h,在 24～50h 之间不断补加尿素至 0.6%、氨水至 0.27%。

5. 除菌体、酸化

发酵结束后,加热至 100℃并维持 10min,冷却过滤,除沉淀,滤液加硫酸和草酸中和至 pH3.5。

6. 离子交换吸附分离

上述滤液每分钟以树脂量 1.5% 的流速进入 H^+ – 732 离子柱(ϕ40cm × 100cm),用 100L 等离子水洗柱,再用 60℃、0.5mol/L 氨水按 3mL/min 的流速进行洗脱,部分收集洗脱液。

7. 浓缩赶氨

合并 pH3～12 的洗脱液,70～80℃减压蒸馏,浓缩至黏稠状,加去离子水至原体积的 1/4,再浓缩至黏稠状,反复进行 3 次。

8. 脱色、浓缩、中和

上述浓缩物加等离子水至原体积的 1/4,搅拌均匀,加 2mol/L HCl 调 pH 至 3.5,加活性炭 0.01g/L,70℃搅拌脱色 1h。过滤除去活性炭,滤液再减压浓缩至适当体积,用 2mol/L 的氨水调 pH 至 6.0,5℃沉淀 24h,过滤抽干,105℃烘干得 L – 异亮氨酸半成品。

9. 精制、烘干

每 10kg L – 异亮氨酸半成品加 8L 浓盐酸和 20L 去离子水,加热至 80℃,搅拌溶解,加 10kg NaCl 至饱和,加工业碱调 pH 至 10.5,5℃放置 24h,过滤。70℃搅拌脱色 1h 过滤,滤液减压浓缩至适当浓度,用氨水调 pH6.0,5℃放置结晶 24h。过滤收得晶体,抽干,于 105℃烘干得 L – 异亮氨酸成品。

任务 2 赖氨酸的发酵生产

知识链接 赖氨酸学名为 2,6 – 二氨基己酸,分子式为 $C_6H_{14}N_2O_2$,是蛋白质中唯一带有侧链伯氨基的氨基酸。L – 赖氨酸是组成蛋白质的常见 20 种氨基酸中的一种碱性氨基酸,是哺乳动物的必需氨基酸和生酮氨基酸。在蛋白质中的赖氨酸可以被修饰为多种形式的衍生物,它是人体必需氨基酸之一,能促进人体发育、增强免疫功能,并有提高中枢神经组织功能的作用。由于谷物食品中的赖氨酸含量甚低,且在加工过程中易被破坏而缺乏,故称为第一限制性氨基酸。它必须通过日常饮食和营养补品获得。在身体中赖氨酸还有其他功效,如和其他营养一起形成胶原蛋白。胶原蛋白在结缔组织、骨骼、肌肉、肌腱和关节软骨中扮演了重要角色。此外,赖氨酸也有助于身体吸收钙。饮食中缺乏赖氨酸的情况是比较常见的。通常情况下吃素的人发生率较高,一些运动员如果没有采取适当的饮食也会出现赖氨酸缺乏的问题。蛋白质摄入量低(豆类植物、豌豆、小扁豆等)也可能导致赖氨酸摄入量低。

一、生产工艺路线

L-赖氨酸氨酸的生产工艺流程:

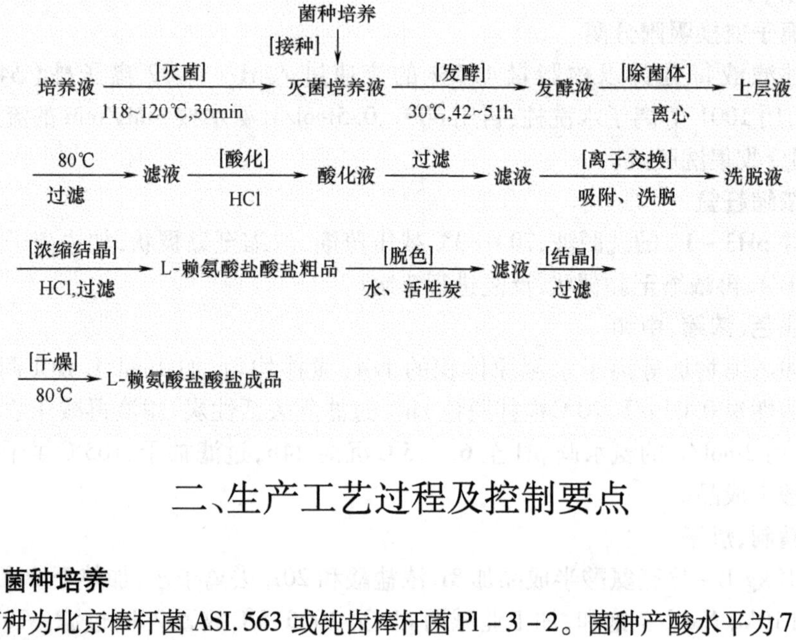

培养液 —[灭菌] 118~120℃,30min→ 灭菌培养液 —[发酵] 30℃,42~51h→ 发酵液 —[除菌体] 离心→ 上层液

菌种培养 [接种]↓

—80℃ 过滤→ 滤液 —[酸化] HCl→ 酸化液 —过滤→ 滤液 —[离子交换] 吸附、洗脱→ 洗脱液

—[浓缩结晶] HCl,过滤→ L-赖氨酸盐酸盐粗品 —[脱色] 水、活性炭→ 滤液 —[结晶] 过滤→

—[干燥] 80℃→ L-赖氨酸盐酸盐成品

二、生产工艺过程及控制要点

1. 菌种培养

菌种为北京棒杆菌 ASI.563 或钝齿棒杆菌 Pl-3-2。菌种产酸水平为 $7~8g/L$,转化率为 $25\%~35\%$,较国外低。

2. 菌种扩大培养

根据接种量及发酵罐规模采用二级或三级种子培养。

(1)斜面种子培养基 牛肉膏 10%、蛋白胨 1%、NaCl 0.5%、葡萄糖 0.5%(保藏斜面不加)、琼脂 2%、pH7.0~7.2,经 0.1MPa 灭菌 30min,在 30℃保温 24h,检查无菌,放冰箱备用。

(2)一级种子培养基 葡萄糖 2.0%、$(NH_4)_2SO_4$ 0.4%、K_2HPO_4 0.1%、玉米浆 1%~2%、豆饼水解液 1%~2%、$MgSO_4 \cdot 7H_2O$ 0.04%~0.05%、尿素 0.1%、

pH7.0～7.2,经0.1MPa灭菌15min,接种量为5%～10%。

（3）培养条件　在1000mL的三角瓶中,装200mL一级种子培养基,高压灭菌,冷却后接种,在30～32℃振荡培养15～16h,转速100～120r/min。

（4）二级种子培养基　除以淀粉水解糖代替葡萄糖外,其余成分与一级种子相同。

（5）培养条件　温度30～32℃,通气量1:0.2m³/(m³·min),搅拌转速200r/min,培养时间8～11h。根据发酵规模,必要时可采用三级培养,其培养基和培养条件基本上与二级种子相同。

（6）控制要点　发酵过程分为两个阶段,发酵前期（0～12h）为菌体生长期,主要是菌体生长繁殖,很少产酸。当菌体生长一定时间后,转入产酸期。要根据两个阶段进行不同的工艺控制。

3.发酵培养基组成

不同菌种的发酵培养基组成不完全相同,如棒杆菌1563的培养基成分为糖蜜10%、玉米浆0.6%、豆饼水解液0.5%、$(NH_4)_2SO_4$ 2.0%、$CaCO_3$ 1%、K_2HPO_4 0.1%、$MgSO_4$ 0.05%、铁20mg、锰20mg,pH7.2。发酵60h产L-赖氨酸盐酸盐26mg/mL。

4.发酵控制工艺要点

（1）温度　在发酵前期提高温度,控制在32℃,中后期30℃。

（2）pH　最适pH为6.5～7.0,范围在6.5～7.5。在整个发酵过程中,应尽量保持pH平稳。

（3）种龄和接种量　一般在采用二级种子扩大培养时,接种量较少,约为2%,种龄为8～12h。当采用三级种子扩大培养时,接种量较大,约为10%,种龄一般为6～8h。总之,以对数期的种子为好。

（4）供氧　当溶解氧的分压为4～5kPa时,磷酸烯醇式丙酮酸羧化酶、异柠檬酸脱氢酶活性最大,赖氨酸的生产量也最大。赖氨酸发酵的耗氧速率因菌种、发酵阶段、发酵工艺、培养基组成等不同而有很大的影响。

（5）生物素　$(NH_4)_2SO_4$及其他因子对赖氨酸产量也有一定的影响。

5.发酵液处理

发酵结束后,离心除菌体,滤液加热至80℃,滤除沉淀,收集滤液,经HCl酸化过滤后,取清液备用。

6.离子交换

上述滤液以10L/min的流速进铵型732离子交换柱（φ60cm×200cm两根,不锈钢柱φ40cm×190cm一根,三柱依次串接）,至流出液pH为5.0,表明L-赖氨酸已吸附至饱和。将三柱分开后分别以去离子水按正反两个方向冲洗至流出液澄清为止,然后用2mol/L的氨水以6L/min的流速洗脱,分步收集洗脱液。

7.浓缩结晶

将含赖氨酸pH8.0～14.0的洗脱液减压浓缩至溶液达到12～14°Bé,用HCl

调 pH 至 4.9,再减压浓缩至浓度为 22~23°Bé,5℃放置结晶过夜,滤取结晶得 L - 赖氨酸盐酸盐。

8. 精制

将上述 L - 赖氨酸盐酸盐粗品加至 1 体积的(质量体积比)去离子水中,于 50℃搅拌溶解,加适量活性炭于 60℃保温脱色 1h,趁热过滤,滤液冷却后于 5℃结晶过夜,滤取结晶于 80℃烘干,得 L - 赖氨酸盐酸盐精品。

9. 检验

应为白色或类白色结晶粉末,无臭,含量应在 98.5%~101.5%之间。

任务 3　天冬酰胺酶的发酵生产

知识链接　L - 天冬酰胺酶的分子式为 $C_{14}H_{17}NO_4S$,相对分子质量为 295.35。天冬酰胺酶是从大肠杆菌中提取分离的酰胺基水解酶,其商品名为 Elspar,可用于治疗白血病。L - 天冬酰胺酶呈白色粉末状,微有吸湿性,溶于水,不溶于丙酮、氯仿、乙醚及甲醇。冻干品在 2~5℃下可稳定存放数月;干品在 50℃下持续 15min,活力降低 30%,60℃下 1h 内失活;20% 水溶液室温下贮存 7d,5℃下贮存 14d 均不减少酶的活力。最适 pH 为 8.5,最适作用温度为 37℃。

L - 天冬酰胺酶是抗肿瘤类药物,它能将血清中的天冬酰胺水解为天冬氨酸和氨,而天冬酰胺是细胞合成蛋白质及增值生长所必需的氨基酸。正常细胞有自身合成天冬酰胺的功能,而急性白血病等肿瘤细胞则无此功能,因而当用天冬酰胺酶使天冬酰胺急剧缺失时,肿瘤细胞既不能从血中取得足够的天冬酰胺,又不能自身合成,其蛋白质合成受障碍,增值受抑制,细胞大量破坏而不能生长、存活。L - 天冬酰胺酶对急性粒细胞型白血病和畸形单核细胞白血病都有一定疗效,对恶性淋巴瘤也有较好的疗效,对急性淋巴细胞白血病缓解率在 50% 以上。目前多与其他药物合并应用于治疗肿瘤。

一、生产工艺路线

L - 天冬酰胺酶的生产工艺流程:

大肠杆菌 →[菌种培养] 肉汤菌种 →[种子培养] 种子液 →[发酵] 发酵液

　　　肉汤培养基　　　玉米浆,37℃,4~8h　　玉米浆,37℃,6~8h

→[压滤/风干] 干菌体 →[提取] 提取液 →乙酸 粗酶 →甘氨酸 酶溶液

丙酮　　　　硼酸缓冲液　　pH 4.2~4.4　60℃,30min

→[精制] 无热原酶液 →[无菌包装] 天冬酰胺酶

PEG,不同 pH

二、生产工艺过程及控制要点

1. 菌种培养

将大肠杆菌 AS1 – 375 接种于肉汤培养基,于 37℃培养 24h,获得肉汤菌种。

2. 种子培养

按 1% ~1.5% 接种量将肉汤菌种接种于 16% 的玉米浆培养基中,37℃通气搅拌培养 4 ~8h。

3. 发酵生产

使用玉米浆培养基,接种量为 8% ,37℃通气搅拌培养 6 ~8h,得发酵液。

4. 预处理

离心分离发酵液得菌体,加 2 倍量丙酮搅拌,压滤,滤饼过筛,自然风干成菌体干粉。

5. 提取、沉淀、热处理

每千克菌体干粉加入 0.01mol/L、pH8.3 的硼酸缓冲液 10L,37℃保温搅拌 1.5h,降温到 30℃以后,用 5mol/L 的乙酸调节 pH 至 4.2 ~4.4,进行压滤,滤液中加入 2 倍体积的丙酮,放置 3 ~4h,过滤,收集沉淀,自然风干,即得干粗制酶。取粗制酶,加入 0.3% 甘氨酸溶液,调节 pH 至 8.8,搅拌 1.5h,离心,收集上清液,加热到 60℃保温 30min 进行热处理后,离心弃去沉淀,上清液中加入 2 倍体积的丙酮,搅匀,析出沉淀,离心,收集酶沉淀。用 0.01mol/L、pH8.0 的磷酸缓冲液溶解沉淀后,再离心弃去不溶物,收集上清液,即得酶溶液。

6. 精制、冻干

将上述酶溶液调节 pH 至 8.8 后,离心收集上清液,将清液 pH 再调节至 7.7,加入 50% 聚乙二醇,使浓度达到 16% 。在 2 ~5℃下放置 4 ~5d,离心得沉淀。用蒸馏水溶解沉淀后,加 4 倍量的丙酮,沉淀,同法重复 1 次,沉淀再用 0.05mol/L、pH6.4 的磷酸缓冲液溶解,50% 聚乙二醇处理,即得无热原的 L – 天冬酰胺酶。将其溶于 0.5mol/L 的磷酸缓冲液中,在无菌环境下用 6 号垂熔漏斗过滤,分装,冷冻干燥,制得注射用 L – 天冬酰胺酶成品,每支 1 万或 2 万单位。

7. L – 天冬酰胺酶的检验

(1)性状 本品为白色结晶状粉末,无臭无味。在水中易溶,在乙醇和醚中不溶。

(2)鉴别

①取本品 5mg,加水 1mL 溶解,加 20% 氢氧化钠溶液 5mL,摇匀,再加 1% 硫酸铜溶液 1 滴,摇匀,溶液呈蓝紫色。

②取效价测定项下的供试品溶液 0.1mL,加 0.33% 天冬酰胺溶液 1.9mL,置 37℃水浴反应 15min,取出,加茚三酮约 3mg,加热,呈蓝紫色。

(3)检查

①酸碱度:取本品,加水制成 1mL 中含 10mg 的溶液,依法测定(《中国药典》 2010 年版二部附录ⅥH),pH 应为 6.5 ~7.5。

②溶液的澄清度与颜色：取本品，加水溶液并制成 1mL 中含 5mg 的溶液，依法测定(《中国药典》2010 年版二部附录ⅨA 和附录ⅨB)，溶液应澄清无色。

③纯度：取本品适量，加流动相溶解并制成 1mL 约含 2mg 的溶液，照分子排阻色谱法(《中国药典》2010 年版二部附录ⅦH)测定，按峰面积归一法计算主峰相对含量，不得低于 97.0%。

④干燥失重：取本品适量，置 105℃ 干燥 3h，失重不得超过 5.0%(《中国药典》2010 年版二部附录ⅧL)。

⑤重金属：取本品 0.5g，依法检测(《中国药典》2010 年版二部附录ⅧH 第二法)，含重金属不得超过百万分之二十。

⑥异常毒性：取本品适量，加氯化钠注射液制成 1mL 中含 44000 单位的溶液。取体重(20±1)g 的雄性小白鼠 5 只，分别自尾静脉注射 0.5mL，给药后 30min 内不得出现呼吸困难、抽搐症状。

⑦降压物质：取本品适量，依法检查(《中国药典》2010 年版二部附录ⅪG)，剂量按猫体重每千克注射 1 万单位，应符合规定。

⑧细菌内毒素：取本品适量，依法检查(《中国药典》2010 年版二部附录ⅪE)，每单位天冬酰胺酶中内毒素的量应小于 0.015EU。

(4)效价测定

①酶活力测定

a. 对照品溶液的制备：取 105℃ 干燥至恒重的硫酸铵适量，精密称定，加水溶解并定量稀释，制成 0.005mol/L 的溶液。

b. 供试品溶液的制备：取本品约 0.1g，精密称定，加入 pH 为 8.0 的磷酸盐缓冲液溶解(取 0.1mol/L 磷酸氢二钠适量，用 0.1mol/L 磷酸氢二钠溶液调节 pH 至 8.0)，并定量稀释成 1mL 约含 5 单位天冬酰胺酶的溶液。

c. 测定方法：取试管 3 支(ϕ1.2cm×14cm)，分别加入用上述磷酸盐缓冲液配制的 0.33% 天冬酰胺溶液 1.9mL，于 37℃ 水浴中预热 3min，分别于第 1 管(t_0)加入 25% 三氯乙酸溶液 0.5mL，第 2、3 管(t)各精密加入供试品溶液 0.1mL，置 37℃ 水浴中准确反应 15min，立即于第 1 管(t_0)精密加入供试品溶液 0.1mL，第 2、3 管(t)各加入 25% 三氯乙酸溶液 0.5mL，摇匀，分别作为空白反应液(t_0)和反应液(t)。精密量取 t_0、t 和对照品溶液各 0.5mL 置于试管中，每份平均做 2 管，各加水 7.0mL 及碘化汞钾溶液(取碘化汞 23g，碘化钾 16g，加水至 100mL，临用前用 20% 氢氧化钠溶液等体积混合)1.0mL，混匀，另取试管一支，加水 7.5mL 及碘化汞钾溶液 1.0mL，作为空白对照管，室温放置 15min。用紫外 - 可见分光光度法(《中国药典》2010 年版二部附录ⅥA)，在 450nm 波长处，分别测定吸收度 A_0、A_t 和 A_s，以 A_t 的平均值，按下式计算：

$$效价(U/mg) = \frac{(A_t - A_0) \times 5 \times 稀释倍数 \times F}{A_s \times 称重量(mg)}$$

式中　5——反应常数

　　　F——对照品溶液浓度的校正值

　　d. 效价单位的定义:在上述条件下,一个 L - 天冬酰胺酶单位相当于每分钟 L - 天冬酰胺产生 1μmol 氨所需的酶量。

　　②蛋白含量测定:取本品约 20mg,精密称定,按氨测定法(《中国药典》2010 年版二部附录ⅧM 第一法)测定,即得。

实训　四环素的发酵生产

一、实训目标

　　(1)了解四环素类抗生素发酵生产的一般过程。
　　(2)掌握四环素类抗生素药物的检验过程。

二、实训原理

　　四环素类药物是由放线菌属产生的或半合成的一类广谱抗生素,包括土霉素、金霉素、四环素及半合成衍生物甲烯土霉素、强力霉素、二甲氨基四环素等。其中四环素应用最为普遍,四环素类抗生素为并四苯衍生物,具有十二氢化并四苯的基本结构。该类药物有共同的 A、B、C 和 D 四个环的母核,通常在 5、6、7 位上有不同的取代基。四环素类抗生素为快速抑菌剂,常规浓度时有抑菌作用,高浓度时对某些细菌有杀灭作用,其抑菌机制为抑制细菌蛋白质的合成。细菌对四环素类抗生素耐药为渐进型,对一种四环素类抗生素耐药的菌株通常对其他四环素也耐药。

　　利用物理、化学等诱变因素,诱发基因突变,然后根据育种的要求、目的,从无定向的突变株中筛选出具有优良性状的突变体。因此诱变育种不仅仅是诱变处理,而且还要从处理过的群体中筛选出所需的突变体。首先要制定筛选方法,筛选方法一般分为初筛与复筛两个阶段,前者以量为主,后者以质为主。筛选步骤如下。

　　初选:原始菌种→菌种纯化→出发菌株→制单细胞悬液→活菌计数→用诱变剂处理→挑取变异菌株→初筛优良菌株。

　　复筛:初筛的菌株→摇瓶发酵→观察测定→平皿培养→挑取优良菌株→测定生产性能→投产试验。

　　菌种保藏主要是根据菌种的生理、生化特性,人工创造条件使孢子或菌体的生长代谢活动尽量降低,以减少其变异。保藏时,一般利用菌种的休眠体(孢子、芽孢等),创造最有利于休眠状态的环境条件,如低温、干燥、隔绝空气或氧气、缺乏营养物质等,以降低菌种的代谢活动,减少菌种变异,使菌种处于休眠状态,抑制其繁殖能力,达到长期保存的目的。一个好的菌种保藏方法,应能保持原菌种的优良特性和较高的存活率,同时也应考虑到方法本身的经济性、简便性。保藏方法有斜面低温保藏法、矿物油中浸没保藏法、固体曲保藏法、砂土管保藏法、普通冷冻保藏法、超低温冷冻保藏法、冷冻干燥法、液氮冷冻保藏法、寄主保藏法等。

四环素生产菌对发酵液中的溶解氧很敏感,尤其在对数期,菌体浓度迅速增加,菌丝的摄氧率达到高峰,发酵液中的溶解氧浓度达到发酵过程中的最低值。在此阶段一旦出现导致溶解氧浓度降低的因素,如搅拌或通气停止、加入的消泡剂量过大、补料过多或提高培养温度,都会影响菌体的呼吸强度,明显改变菌体的代谢活动,影响四环素的生物合成。

四环素发酵液预处理的主要操作是酸化。一般用草酸进行酸化,但草酸会促使四环素的差向异构化、价格高,故酸化时要低温、操作要快、草酸尽量加以回收。为防止发酵液中的有机、无机杂质对过滤和对四环素沉淀法提炼的影响,在发酵液酸化处理时,加入黄雪盐和硫酸锌等纯化剂,除去发酵液中的蛋白质、铁离子,并加入硼砂,提高滤液的质量。为了进一步提高四环素、土霉素的质量,在这两种抗生素发酵液的滤液中加入122－2树脂,可以进一步除去滤液中的色素杂质和某些有机杂质。

三、实训器材

黄豆饼粉、淀粉、蛋白胨、酵母粉、$(NH_4)_2SO_4$、$CaCO_3$、$NaBr$、$MgSO_4$、2－巯基苯丙噻唑、草酸、小型发酵罐、高效液相色谱仪等。

四、实训操作

(一)工艺路线

四环素的生产工艺流程:

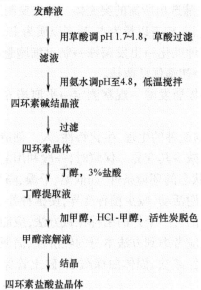

发酵液

↓ 用草酸调 pH 1.7~1.8,草酸过滤

滤液

↓ 用氨水调pH至4.8,低温搅拌

四环素碱结晶液

↓ 过滤

四环素晶体

↓ 丁醇,3%盐酸

丁醇提取液

↓ 加甲醇,HCl-甲醇,活性炭脱色

甲醇溶解液

↓ 结晶

四环素盐酸盐晶体

（二）操作工艺控制要点

1. 培养基的制备

（1）斜面培养基　麸皮 3.6%、琼脂 2.4%，pH 自然。

（2）平板分离培养基　面粉 2%、蛋白胨 0.1%、KH_2PO_4 0.05%、琼脂 2%，pH 自然。

（3）种子培养基　黄豆饼粉 2%、淀粉 4%、蛋白胨 0.5%、酵母粉 0.5%、$CaCO_3$ 0.4%、$(NH_4)_2SO_4$ 0.3%、NaBr 0.2%、$MgSO_4$ 0.025%、KH_2PO_4 0.02%，pH 自然。

（4）发酵培养基　黄豆饼粉 4%、淀粉 10%、蛋白胨 1.5%、酵母粉 0.25%、$(NH_4)_2SO_4$ 0.3%、$CaCO_3$ 0.5%、NaBr 0.2%、$MgSO_4$ 0.025%、2 – 巯基苯丙噻唑 0.0025%，pH 自然。

2. 种子制备

将链霉菌菌种接种于斜面培养基，35℃培养 4～5d，孢子成熟后，配制成浓度为 10^7 个/mL 的孢子悬浮液。取 1mL 接种于种子培养基，31℃、180r/min 振荡培养 16～18h。按 8% 的接种量将种子培养液接入发酵培养基中，于 31℃、260r/min 振荡培养 6d。取样，测定四环素效价。

3. 发酵生产

接种进行发酵培养，通气量为 1:1.0 m³/(m³·min)，发酵温度为 29～31℃，最适生长 pH 为 6.0～6.8，最适生产 pH 为 5.8～6.0，发酵时间中期通常为 8d，得发酵液。

4. 发酵液的预处理

四环素能和钙盐形成不溶性化合物，故发酵液中四环素的浓度不高，仅有 100～300U/mL。预处理时，应尽量使四环素溶解。通常用草酸或草酸和无机酸的混合物将发酵液酸化到 pH1.5～2.0，四环素转入液体中。用草酸的优点是能去除钙离子，析出的草酸钙促使蛋白质凝固，提高过滤速度；缺点是加速四环素差向化和价格较高。为减缓差向化，预处理过程必须在低温条件下短时进行。

5. 产物的提取

发酵滤液调 pH 至 4.8 左右，使其形成四环素沉淀。收集沉淀，以盐酸溶解至 pH2～2.5，加丁醇(1:15，体积比)，过滤得滤液。滤液加氨水调 pH 至 4.6～4.8，降温至 10～15℃，搅拌 2h，静置，四环素以游离碱结晶出来。进风温度控制在 120～130℃，出风温度控制在 70～80℃，即得成品。

6. 精制

可通过四环素与尿素生成复合物而纯化。四环素粗品溶液中加入 1～2 倍尿素，调 pH 至 4.0～4.6，就会沉淀出四环素与尿素的复合物。加丁醇(1:10，质量浓度)，再加盐酸(1:0.27，质量浓度)，溶解过滤，将滤液加热到 36℃，保温 1h，搅拌 5h，得四环素盐酸盐湿晶体。用 2 倍量丙酮洗涤，固定床气流干燥，粉碎，60 目过筛,得四环素盐酸盐成品。

7.鉴别与检查

（1）浓硫酸反应　四环素类抗生素遇硫酸立即产生各种颜色,可据此原理区别各种四环素类抗生素。

（2）三氯化铁反应　本类抗生素分子结构中具有酚羟基,遇三氯化铁试液即显色。

（3）薄层色谱法　采用硅藻土作载体,为了获得较好的分离,在黏合剂中加聚乙二醇400、甘油以及中性的 EDTA 缓冲液。EDTA 可以克服因痕量金属离子存在而引起的斑点拖尾现象。

（4）特殊杂质检验

①有关物质:四环素类抗生素中的有关物质主要指在生产和贮藏过程中易形成的异构杂质、降解杂质等。中国药典和《美国药典25 版》、《英国药典（2000）》均采用高效液相色谱法控制四环素类抗生素的有关物质。

②杂质吸收度:四环素类抗生素多为黄色结晶性粉末,而异构体、降解产物颜色较深,此类杂质的存在均可使四环素类抗生素的色泽变深。因此,中国药典和《英国药典（2000）》均规定了一定溶剂、一定浓度、一定波长下杂质吸光度的限量。

8.含量测定

对于四环素类抗生素的含量测定,目前各国药典多采用高效液相色谱法。测定方法为取本品 30mg,精密称定,置于 50mL 容量瓶中,加 0.01mol/L 盐酸使其溶解并稀释至刻度,摇匀,精密量取 20μL 注入液相色谱仪,记录色谱图;另取盐酸四环素对照品 30mg,同法测定。按外标法以峰面积计算出供试品中盐酸四环素的含量。

五、实训结果

四环素的含量一般按下式计算:

$$P_u = 100\left(\frac{cP_s r_u}{m_u r_s}\right)$$

式中　P_u——样品中盐酸四环素的含量,μg/mg

　　　P_S——标准品中盐酸四环素的含量,μg/mg

　　　c——对照品液中对照品的浓度,mg/mL

　　　m_u——配制供试液所用供试品的质量,mg

　　　r_s——标准液的色谱响应

　　　r_u——供试液的色谱响应

【思考与练习】

（1）四环素的发酵生产应该注意哪些问题?

（2）四环素菌种应该怎样选育?

项目小结

项目引导部分:介绍了发酵中优良菌种的选育、发酵的一般工艺流程和工艺控制、发酵的主要方式及其特点、发酵药物的种类及其生产技术和微生物发酵制药的新技术等知识。

发酵工程又称为微生物工程,是利用微生物制造工业原料与工业产品并提供服务的技术。微生物发酵过程不同于一般的工业过程,它涉及生命体的繁殖、生长、衰老等过程,实质上是一个十分复杂的自催化过程。发酵工程是生物技术的基础工程,用于产品制造的基因工程、细胞工程和酶工程等的实施,几乎都与发酵工程紧密相连。

发酵工程内容涉及:菌种的培养和选育、菌的代谢与调节、培养基灭菌、通气搅拌、溶氧、发酵条件的优化、发酵过程各种参数与动力学、发酵反应器的设计和自动控制、产品的分离纯化和精制等。

发酵工业的生产水平取决于三个要素:生产菌种、发酵工艺和发酵设备。

菌种选育包括自然选育、诱变育种、杂交育种等经验育种方法,还包括控制杂交育种、原生质体融合和基因工程等定向育种方法。

发酵的基本过程为:菌种→种子制备→发酵→发酵液预处理→提取精制。

微生物细胞培养可以分为分批培养、补料分批培养、半连续培养和连续培养等方式。

在项目引导的基础上,本项目安排了三大任务:异亮氨酸的发酵生产、赖氨酸的发酵生产和天冬酰胺酶的发酵生产。

任务1:异亮氨酸的发酵生产　以黄色短杆菌 HL41 为菌种,经过接种——种子培养——发酵——加热、过滤、酸化——离子交换——浓缩赶氨——脱色、过滤——浓缩——中和、沉淀——精制——烘干等工艺过程,可获取 L - 异亮氨酸成品。

该工艺过程的技术要点:①发酵:接种量1%,维持 180r/min 的搅拌速度,升温至 30～31℃,以通气量1:0.2m³/(m³·min)发酵60h,在 24～50h 之间不断补加尿素至 0.6%、氨水至 0.27%。②除菌体、酸化:发酵结束后,加热至100℃并维持10min,冷却过滤,除沉淀,滤液加硫酸和草酸中和至 pH3.5。③离子交换吸附分离:上述滤液每分钟以树脂量 1.5% 的流速进入 H^+ - 732 离子柱(ϕ40cm × 100cm),用 100L 等离子水洗柱,再用 60℃、0.5mol/L 氨水按 3mL/min 的流速进行洗脱,部分收集洗脱液。

任务2:赖氨酸的发酵生产　以北京棒杆菌 ASI.563 或钝齿棒杆菌 Pl - 3 - 2 为菌种,经过接种——发酵——除菌体——酸化——离子交换——浓缩、结晶——脱色——结晶——干燥等工艺过程,可获取 L - 赖氨酸盐酸盐成品。

该工艺过程的技术要点:①温度:在发酵前期提高温度,控制在 32℃,中后期

30℃。②pH:最适 pH 为 6.5～7.0,范围在 6.5～7.5。在整个发酵过程中,应尽量保持 pH 平稳。③种龄和接种量:一般在采用二级种子扩大培养时,接种量较少,约为 2%,种龄为 8～12h。当采用三级种子扩大培养时,接种量较大,约 10%,种龄一般为 6～8h。总之,以对数期的种子为好。④供氧:当溶解氧的分压为 4～5kPa 时,磷酸烯醇式丙酮酸羧化酶、异柠檬酸脱氢酶活性最大,赖氨酸的生产量也最大。赖氨酸发酵的耗氧速率因菌种、发酵阶段、发酵工艺、培养基组成等不同而有很大的影响。⑤生物素:(NH₄)₂SO₄ 及其他因子对赖氨酸产量也有一定的影响。

任务 3:天冬酰胺酶的发酵生产　以大肠杆菌 AS1－375 为菌种,经过菌种培养——种子培养——发酵——压缩、风干——提取——精制——无菌包装等工艺过程,可获取 L－天冬酰胺酶成品。

该工艺过程的技术要点:①发酵生产:使用玉米浆培养基,接种量为 8%,37℃ 通气搅拌培养 6～8h,得发酵液。②预处理:离心分离发酵液得菌体,加 2 倍量丙酮搅拌,压滤,滤饼过筛,自然风干成菌体干粉。③提取、沉淀、热处理:取粗制酶,加入 0.3% 甘氨酸溶液,调节 pH 至 8.8,搅拌 1.5h,离心,收集上清液,加热到 60℃ 保温 30min 进行热处理后,离心弃去沉淀,上清液中加入 2 倍体积的丙酮,搅匀,析出沉淀,离心,收集酶沉淀。用 0.01mol/L、pH8.0 的磷酸缓冲液溶解沉淀后,再离心弃去不溶物,收集上清液,即得酶溶液。

在完成了三大任务的基础上,本项目还安排了实训——以链霉菌为菌种制备四环素,以期对前面已完成的任务进行强化,培养学生综合利用发酵工程制药技术知识和技能的能力和创新能力。

项目思考

一、名词解释

1. 发酵工程

2. 自然选育

3. 染色体畸变

4. 原生质体融合

二、填空题

1. 发酵工业的生产水平取决于(　　)、(　　)和(　　)三个要素。

2. 菌种选育方法包括(　　)、(　　)和(　　)等经验育种方法,除此之外还包括(　　)、(　　)和(　　)等定向育种方法。

3. 发酵的基本过程包括(　　)、(　　)、(　　)、(　　)和(　　)五部分。

4. 微生物细胞培养可以分为(　　)、(　　)、(　　)和(　　)等几种方式。

三、简答题

1. 培养基由哪些成分组成? 各成分有何作用?

2. 微生物细胞培养的方法有哪些?

3.简述发酵的主要方式及其特点？

4.试述发酵的一般工艺流程和工艺控制要点？

5.试述异亮氨酸的生产工艺？

知识窗

发酵工程的发展展望

发酵工程技术近年来的重点发展方向是：①采用基因工程、细胞工程等先进技术，选育菌种，大幅度提高菌种的生产能力；②深入研究发酵过程，如过程中的生物学行为、化学反应、物质变化、发酵动力学、发酵传递力学等，以探索选用菌种的最适生产环境和有效的调控措施；③设计合适于合成目的产物的反应器和分离技术。

发酵工艺的改进在发酵工业中的潜力仍不可忽视。例如，对发酵过程中的一些重要参数进行微机程序控制，单就这一项措施就可能提高发酵的单位产量，但在国内的发酵工业中多数还没有做到。

固定化活细胞连续发酵技术将为发酵工程带来重大变化，这种工艺不仅能降低原材料的消耗、延长细胞合成产物的时间、简化发酵设备，而且有利于产物的分离纯化，在厌氧发酵的乙醇工业中已开始用于工业生产，取得了较好的效果。在需氧发酵中，不同产物、不同菌种中进行了大量研究。如青霉素固定化活细胞发酵已经接近分批发酵的水平，并可连续进行一个月以上。其实用前景十分令人瞩目。

代谢调控技术、连续发酵技术、高密度发酵技术、固定化增殖细胞技术、反应器技术、发酵与分离偶联技术、在线检测技术、自控和计算机控制技术、产物的分离纯化技术的发展，以及工艺、设备和工程等研究的进步，使发酵工程达到了一个新的高度。这些使发酵工业的自动化、连续化成为可能。

项目二　细胞工程制药技术

【知识目标】

了解细胞工程制药技术的基本概念；

熟悉细胞工程制药技术的基本原理及其应用；

掌握细胞培养和融合的基本技术，掌握杂交瘤技术。

【技能目标】

学会细胞工程制药的基本技术和基本操作技能；

能运用植物细胞培养技术等研究、生产和开发药物；

熟练控制细胞、组织培养生产药物的相关参数，并能编制典型的细胞工程制药技术药物的工艺方案。

【素质目标】

培养学生科学研究问题、解决问题的意识；培养学生的创新意识和批判性精神；培养学生的进一步爱国精神；培养学生的正确的价值观。

项目引导

细胞工程制药是细胞工程技术在制药工业方面的应用。细胞工程（cell engineering）是指应用现代细胞生物学、发育生物学、遗传学和分子生物学的理论与方法，按照人们的需要和设计，在细胞水平上进行遗传操作、重组细胞的结构，达到改良或产生新品种的目的，以及使细胞增加或重新获得产生某种特定产物的能力，从而在离体条件下进行大量培养、增殖，并提取出对人类有用的产品的一门应用科学和技术。即主要是通过细胞融合、核质移植、染色体或基因转移以及组织培养和细胞培养等方法，快速繁殖和培养出人们所需要的细胞及其产品的生物工程技术。

一、细胞和细胞培养技术

（一）细胞的生物学基础

1. 植物细胞的形态结构及其生理特性

组成植物体细胞的形状和大小各不相同。植物不同部位的细胞，形状和大小与它们行使的功能密切相关。大多数高等植物细胞的直径通常约在 $10 \sim 200 \mu m$。植物细胞的大小差异很大，一般必须在显微镜下才能看到。在种子植物中，细胞的直径一般在 $10 \sim 100 \mu m$，较大细胞的直径也不过是 $100 \sim 200 \mu m$。少数植物的细胞较大,肉眼可以分辨出来,如番茄果肉、西瓜瓤的细胞,直径可达1mm;苎麻茎中的纤维细胞,最长可达550mm;有的细胞极长,如苎麻纤维细胞可长达55cm;最长的细胞可长达数米至数十米,如橡胶树的乳汁管;但这些细胞在横向直径上仍是很小的。植物细胞的大小是由遗传因素所控制,其中主要是由于细胞核的作用。

植物细胞的形状非常多样,常见的有球形、椭圆形、多面体、纺锤形和柱状体等。植物细胞的形状大小尽管多种多样,但基本结构是一样的,如图2-1(1)所示。例如,一切活细胞都含有原生质和其外面的细胞壁,坚硬的细胞壁保护着原生质体,并且维持着细胞的一定形状,其主要成分是纤维素。细胞壁是植物细胞独有的,动物细胞没有细胞壁。植物细胞还含有质体,是植物细胞生产和贮存营养物质的场所,最常见的质体是叶绿体,它是专门进行光合作用的细胞器。动物细胞中不含有质体。大多数植物细胞都含有一个或几个液泡,液泡中充满了液体。液泡的主要作用是转运和贮藏养分、水分、代谢副产物或代谢废物,即具有仓库和中转站的作用。除此之外,植物细胞中还有线粒体、内质网、高尔基体、核糖体、圆球体、溶酶体、微管、微丝等细胞器。植物细胞中最重要的部分是细胞核,在光学显微镜下,细胞核可明显地分为核膜、核仁和核质三部分。核是遗传物质主要分布中心,同时也是遗传与代谢的控制中心。

植物细胞的生理学特性:

(1)细胞的全能性,即一个细胞具有产生完整生物个体的固有能力。

(2)植物干细胞。植物胚性细胞,即合子。

(3)分化的根茎叶中仍保留少数未分化或分化程度不高的细胞,即遗留的胚性细胞。

(4)细胞的脱分化,特定条件下,分化细胞被诱导,基因活动模式发生变化,改变原有的发育途径,失去原有的分化状态,转变为具分生能力的胚性细胞。

植物体的细胞中,含有该植物所有的遗传信息。在合适的条件下,一个细胞可以独立发育成完整的植物体。利用细胞的这种全能性,生物学家通过组织培养来繁殖名贵花卉、消灭果树上的病毒、产业化生产细胞代谢产物。

2. 动物细胞的结构和生理特性

动物细胞的结构如图2-1(2)所示。动物细胞有细胞核、细胞质和细胞膜,没有细胞壁,液泡不明显,含有溶酶体。动物细胞结构的细胞膜、细胞质、细胞器、细胞核的主要作用是控制细胞的进出、进行物质转换、生命活动的主要场所、控制细胞的生命活动。细胞内部有细胞器、细胞核、双层膜、包含有由DNA和蛋白质构成的染色体。内质网分为粗面的与滑面的,粗面内质网表面附有核糖体,参与蛋白质的合成和加工;光面内质网表面没有核糖体,参与脂类合成。

动物细胞的生理学特性:

(1)动物细胞大,无细胞壁。

(2)动物细胞生长缓慢,倍增时间长,易受污染。

（3）需氧量少,对机械搅拌或剪切力敏感。

（4）动物细胞间主要以聚集体形式存在。

（5）原代细胞一般繁殖50代便退化死亡。

（6）细胞的接触抑制。当贴壁细胞分裂生长到表面相互接触时,细胞就会停止分裂增殖,这种现象称为细胞的接触抑制。

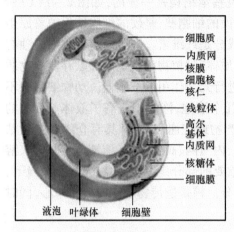

（1）植物细胞   （2）动物细胞

图2-1 动植物细胞的结构

（二）细胞培养技术

1.动物细胞培养技术

（1）动物细胞的类型

①贴壁依赖型细胞

a.成纤维细胞型（mechanocyte type）:这种细胞形态与体内成纤维细胞形态相似故而得名。细胞体呈梭形或不规则三角形,中央有圆形核,原生质向外伸出2～3个长短不同的突起。细胞群常借原生质突起连接成网,生长时呈放射状、旋涡或火焰状走行[图2-2（1）]。除真正的纤维细胞外,凡由中胚层间充质来源的其他组织细胞也多呈成纤维细胞形态,如血管内皮、心肌、平滑肌、成骨细胞等。实际上很多所谓成纤维细胞并无产生纤维的能力,只是一种习惯上概括的称法。

b.上皮细胞型（epithelium cell type）:这种细胞呈扁平的不规则三角形,中央有圆形核,生长时常彼此紧密连接成单层细胞片[图2-2（2）]。起源于外胚层和内胚层组织的细胞培养时皆呈上皮细胞型,如皮肤表皮及衍生物（汗腺、皮脂腺等）、肠管上皮、肝、胰和肺泡上皮细胞。

c.游走细胞型（wondering cell type）:这种细胞需要在支持物上生长培养,一般不连接成片,原生质经常出现伪足或突起,呈活跃的游走和变形运动,速率快而且方向不规则[图2-2(3)]。此型细胞不是很稳定,有时也难和其他型细胞相区别。在一定条件下它也可能变为成纤维细胞型,如培养基化学性质变动等。

d. 多形性细胞型(polymorphic cell type):除上述三种细胞外,还有一些组织和细胞,如神经组织的细胞等,难以确定它们的稳定形态,可统归为多形性细胞型[图2-2(4)]。

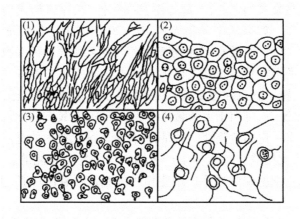

图2-2　动物细胞的形态
1—成纤维细胞型　2—上皮细胞型　3—游走细胞型　4—多形性细胞型

上述这四种细胞形态均属于贴壁依赖型细胞,培养这一类型细胞时,常需贴附在支持物上生长。但由于培养环境的变化,细胞形态常发生改变。

②悬浮型细胞:悬浮型细胞常呈圆形,不贴附在支持物上,呈现悬浮状态生长,如血液细胞、淋巴组织细胞及肿瘤细胞。培养这类型细胞可采用微生物培养的方法进行悬浮培养。

(2)确立细胞株　动物组织经物理切碎、切片,或者经化学法或酶法处理所得的原代细胞,一般经约50代分裂繁殖,便退化死亡。在培养期内,染色体数目和二倍体细胞特性仍保持正常。这类细胞被称为初代培养细胞。细胞在反复分裂的过程中,有时出现繁殖能力突然增强、几乎无限制繁殖的细胞。其形态、病毒敏感性、抗原性、染色体构成等都发生了变化,完全失去原代细胞的特性。我们把这一类通常所说的癌细胞,称之为确立细胞株(或株化细胞、细胞系)。来源于小鼠的L细胞和来源于人子宫颈癌的Hela细胞就是有名的确立细胞株。

绝大部分初代培养细胞只能附着在容器壁上进行繁殖,形成单层状细胞层,因此称为贴壁依赖型细胞。用胰蛋白酶处理这个细胞层,又可分散成单细胞,如果继续培养又可形成单细胞层。我们把这种操作称为移植继代培养。但这类细胞与确立细胞株不一样,不能无限繁殖,人胚胎组织的细胞经过50次分裂便停止繁殖,为区别起见,把这类细胞称为细胞株(或传代细胞)。

这类细胞在繁殖初期也有形态变化,经过几代反复分裂繁殖后,只有一种能继续繁殖的称作成纤维细胞,其他形状的细胞就消失了。通常这些成纤维细胞在50代之内染色体是正常的。成纤维细胞的繁殖过程是开始于初代培养细胞期,随着世代的增加进入对数期,大约经过30～50代的繁殖,生长速度就变缓慢,进入衰减期,这时细胞分裂繁殖就完全停止,继而死亡。在此繁殖过程中可能出现有少部分细胞发生变异的确立细胞株。

成纤维细胞在衰减期之前,大部分不具癌化性,仍保留初代培养细胞的性质,因此非常安全可靠。如果从中采集繁殖10～20代的细胞作种细胞,冷冻保存在－80℃,供作生产疫苗、尿激酶、干扰素等的组织细胞培养的种细胞是可行的。

确立细胞株的根本特点是其染色体为非整倍体或亚二倍体,细胞在培养中不再有接触抑制的特性,属悬浮型细胞,一般都显示非常稳定的繁殖特性,可以无限增殖,在大多数情况下,可用于大量悬浮培养。然而,它具有癌化性质,用来生产疫苗之类物质时带有一定的危险性。可是,近代分离纯化技术的进步,有可能除去夹杂的有害物质,因此用确立细胞株生产有用物质是完全可能的。例如,1982年用来自淋巴瘤的确立细胞株淋巴芽球细胞作种细胞进行悬浮培养,生产出用于临床的人干扰素。

(3)培养基　动物细胞能在体外传代和繁殖,这个发现促使人们找到化学成分更加确定的培养基以维持细胞连续生长以替代天然培养基,如胚胎提取物、蛋白质水解物、淋巴液等。常用的 Eagle 基本培养基和更复杂的 DMEM 培养基、199 培养基、RPMI 1640 培养基和 CMRL 1066 培养基,虽然是化学合成的,但仍添加5%～20%的血清,如表2－1所示。虽然针对特定细胞和培养条件寻找专用培养基已经过多年的不懈研究,但选择培养基仍无章可循。凭经验开发出的培养基并不能满足各种动物细胞更严格的要求。

表 2－1   **动物细胞培养基的组成**

成分	Eagle /(mg/L)	DMEM/ (mg/L)	RPMI 1640 /(mg/L)	成分	Eagle /(mg/L)	DMEM/ (mg/L)	RPMI 1640 /(mg/L)
L－精氨酸	—	—	200	氯化胆碱	1.00	4.00	3.00
L－盐酸精氨酸	126	84.0	—	叶酸	1.00	4.00	1.00
L－天冬氨酸	—	—	20.0	异肌醇	2.00	7.20	35.0
L－胱氨酸	24	48.0	50.0	烟酰胺	1.00	4.00	1.00
L－谷氨酸	—	—	20.0	盐酸吡哆醇	1.00	4.00	—
L－谷氨酰胺	292	534	300	盐酸维生素 B_1	1.00	4.00	1.00
甘氨酸	—	30.0	10.0	维生素 B_{12}	—	—	1.00
L－组氨酸	—	—	15.0	盐酸吡哆醇	—	—	1.00
L－盐酸组氨酸	42.0	42.0	—	对氨基苯甲醇	—	—	1.00

续表

成分	Eagle /(mg/L)	DMEM/ (mg/L)	RPMI 1640 /(mg/L)	成分	Eagle /(mg/L)	DMEM/ (mg/L)	RPMI 1640 /(mg/L)
L-羟脯氨酸	—	—	20.0	$CaCl_2$（无水）	200	200	—
L-异亮氨酸	—	105	50.0	$Fe(NO_3)_3 \cdot 9H_2O$	—	0.10	—
L-亮氨酸	52.0	105	50.0	KCl	400	400	400
L-盐酸赖氨酸	73.1	146	40.0	$MgSO_4 \cdot 7H_2O$	200	200	100
L-甲硫氨酸	15.0	30.0	15.0	NaCl	6800	6400	6000
L-苯丙氨酸	33.0	66.0	15.0	$NaHCO_3$	2200	3700	2200
L-脯氨酸	—	—	20.0	$NaH_2PO_4 \cdot H_2O$	140	125	—
L-丝氨酸	—	42.0	30.0	$Na_2HPO_4 \cdot 7H_2O$	—	—	1512
L-苏氨酸	48.0	95.0	20.0	$Ca(NO_3)_2 \cdot 4H_2O$	—	—	100
L-色氨酸	10.0	16.0	5.00	D-葡萄糖	1000	4500	2000
L-络氨酸	36.0	72.0	20.0	酚红	10.0	15.0	5.00
L-缬氨酸	47.0	94.0	20.0	亚油醇	—	0.084	—
维生素 B_2	0.1	0.40	0.20	谷胱甘肽（还原态）	—	—	1.00
生物素	—	—	0.200	CO_2（气相）	5%	10%	5%
D-泛酸钙	1.00	4.00	0.250				

动物细胞培养基的常用成分有如下几种：

①氨基酸：必需氨基酸是动物细胞本身不能合成的，因此，在制备培养基时需加入必需氨基酸，另外还需加入半胱氨酸和酪氨酸。由于细胞系不同，对各种氨基酸的需要也不同，有时也要加入其他非必需氨基酸。氨基酸浓度常限制可得到的最大细胞密度，其平衡可影响细胞存活和生长速率。在细胞培养中，大多数动物细胞需要谷氨酰胺作为能源和碳源。

②维生素：Eagle 基本培养基中只含 B 族维生素，其他维生素都靠从血清中取得。血清浓度降低时，对其他维生素的需求更加明显。但也有些情况，即使血清存在，一些维生素也必不可少。维生素对细胞培养的限制可从细胞存活和生长速率看出，而不是以最大细胞密度为指标。

③盐：盐中 Na^+、K^+、Mg^{2+}、Ca^{2+}、Cl^-、SO_4^{2-}、PO_4^{3-} 和 HCO_3^- 等金属离子及酸根离子是决定培养基渗透压的主要成分。对于悬浮培养，减少钙离子可使细胞聚集和贴壁减少，碳酸氢钠浓度与气相 CO_2 浓度有关。

④葡萄糖：多数培养基都含有葡萄糖以作能源，它主要经糖酵解作用代谢形成丙酮酸，并可转化成乳酸或乙酰乙酸进入柠檬酸循环形成 CO_2。对于胚胎细胞和

转化细胞,乳酸在培养基中的积累特别明显,即说明不是像体内那样完全由柠檬酸循环发挥作用。

⑤有机添加剂:复杂培养基都含有核苷、柠檬酸循环中间体、丙酮酸、脂类及其他各种化合物。同样,当血清量减少时,必须添加这类化合物,它们对克隆和维持这些特殊动物细胞有益。

⑥血清:组织细胞培养中常用的天然培养基是血清。这是因为血清中含有大量的蛋白质、核酸、激素等丰富的营养物质,对促进细胞生长繁殖、黏附及中和某些物质的毒性起着一定的作用。最常用的是小牛血清、胎牛血清、人血清。

大多数动物细胞培养必须在培养基中添加血清,但在许多情况下,动物细胞可在无血清条件下维持和增殖。

(4)培养条件

①温度:温度是细胞在体外生存的基本条件之一,来源不同的动物细胞,其最适生长温度是不相同的。对温血动物的细胞系,推荐的温度为 36.5℃,接近于正常体温(37.0±0.5)℃。为安全起见,可略低一点。

动物细胞对低温的耐受力比高温强,细胞在 4℃下培养能生存数天,并能在 -196℃下冷冻贮藏,但超过正常温度 2℃(即 39.5℃),只能耐受数小时,在 40℃以上细胞很快死亡。

一般来说,变温动物细胞有较大的温度范围,但应保持在一个恒定值,且在所属动物的正常温度范围内。培养细胞用的生物反应器既能加热,又能冷却,因为培养温度可能要求低于环境温度。培养温度不仅始终一致,而且在反应器各个部位都应恒定,温度波动的范围最大不超过 ±0.5℃,因为在培养中温度的恒定比准确更重要。

②pH:多数细胞系在 pH7.4 下生长得很好。尽管各细胞株之间细胞生长最佳 pH 变化很小,但一些正常的成纤维细胞是以 pH7.4~7.7 最好,转化细胞以 pH7.0~7.4 更合适。据报道,上皮细胞以 pH5.5 合适。为确定最佳 pH,最好做一个简单的生长实验或特殊功能分析。

酚红常用作指示剂,它在 pH7.4 呈红色、pH7.0 呈橙色、pH6.5 呈黄色,而 pH7.6 呈红色中略带蓝色、pH7.8 呈紫色。由于对颜色的观察有很大的主观性,因而必须用无菌平衡盐溶液和同样浓度的酚红配套标准样,放在与制备培养基相同的瓶子中。通过观察培养基的颜色变化,及时掌握其 pH 变动。

③溶氧:各种动物细胞培养对氧的要求不同,大多数培养适合于大气中的氧含量或更低些。据报道,对培养基中硒含量的要求与溶氧浓度有关,硒有助于除去呈自由基状态的氧。在大规模细胞培养中,氧可能成为细胞密度的限制因素。

④渗透压:多数培养细胞对渗透压有很宽的耐受范围,一般常用冰点降低或蒸气压升高现象测定培养基渗透压。如果自己配制培养基,可通过测定其渗透压防止称量和稀释等造成的误差。

⑤黏度:培养基的黏度主要受血清含量的影响,在多数情况下,对细胞生长没有什么影响。在搅拌条件下,用羧甲基纤维素增加培养基的黏度,可减轻对细胞的损害,这对在低血清浓度或无血清条件下培养细胞显得尤为重要。

(5)培养方法　动物细胞无论是贴壁培养还是悬浮培养,均可分为分批式、流加式、半连续式、连续式等几种培养方式。

①分批式培养:分批式培养是指先将细胞和培养液一次性装入反应器内进行培养,细胞不断生长,同时产物也不断生成,经过一段时间的培养后,终止培养。在细胞分批培养过程中,不向培养系统补加营养物质,只向培养基中通入氧,能够控制的参数只有 pH、温度和通气量。因此细胞所处的生长环境随着营养物质的消耗和产物、副产物的积累时刻都在发生变化,不能使细胞自始至终处于最优的条件下,因而分批培养并不是一种理想的培养方式。分批式培养过程的特征如图 2-3 所示。

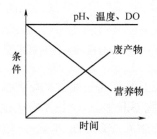

图 2-3　分批式培养过程的特征

细胞分批式培养的生长曲线与微生物细胞的生长曲线基本相同。在分批式培养过程中,可分为延滞期、对数期、减速期、稳定期和衰退期等五个阶段。分批培养过程中的延滞期是指细胞接种后到细胞分裂繁殖所需的时间,延滞期的长短根据环境条件的不同而异,并受原代细胞本身条件的影响。一般认为,细胞延滞期是细胞分裂繁殖前的准备时期,一方面,在此时期内细胞不断适应新的环境条件;另一方面又不断积累细胞分裂繁殖所必需的一些活性物质,并使之达到一定的浓度。因此,一般选用生长比较旺盛的处于对数期的细胞作为种子细胞,以缩短延滞期。细胞经过延滞期后便开始迅速繁殖,进入对数期,在此时期细胞随时间呈指数函数形式增长。细胞通过对数期迅速生长繁殖后,由于营养物质的不断消耗、抑制物等的积累、细胞生长空间的减少等原因导致生长环境条件不断变化。细胞经过减速期后逐渐进入稳定期,此时,细胞的生长、代谢速度减慢,细胞数量基本维持不变。在经过稳定期之后,由于生长环境的恶化,有时也有可能由于细胞遗传特性的改变,细胞逐渐进入衰退期而不断死亡,或由于细胞内某些酶的作用而使细胞发生自溶现象。典型的分批培养随时间的变化曲线如图 2-4 所示。

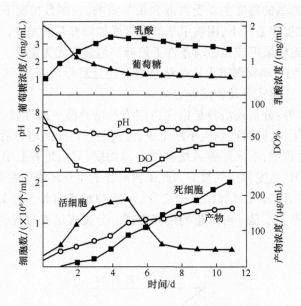

图 2-4 典型的分批培养随时间的变化曲线

②流加式培养:流加式培养是先将一定量的培养液装入反应器,在适宜的条件下接种细胞,进行培养,使细胞不断生长,产物不断生成,而在此过程中随着营养物质的不断消耗,不断地向系统中补充新的营养成分,使细胞进一步生长代谢,直到整个培养结束后取出产物。流加式培养只是向培养系统补加必要的营养成分,以维持营养物质的浓度不变。由于流加式培养能控制更多的环境参数,使得细胞生长和产物生成容易维持在优化状态。

流加式培养过程的特征如图 2-5 所示。流加式培养的特点就是能够调节培养环境中营养物质的浓度,一方面,它可以避免某种营养成分的初始浓度过高时,影响细胞的生长代谢以及产物的形成;另一方面,它还能防止某些限制性营养成分在培养过程中被耗,进而影响细胞的生长和产物的形成。同时在流加式培养过程中,由于新鲜培养液的加入,整个过程的反应体积是变化的。

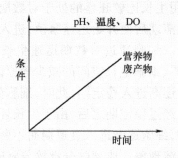

图 2-5 流加式培养过程的特征

　　根据流加控制方式的不同,分为无反馈控制流加和有反馈控制流加两种流加式培养方式。无反馈控制流加包括定流量流加和间断流加等;有反馈控制流加一般是连续或间断地测定系统中限制性营养物质的浓度,并以此为控制指标来调节流加速率或流加液中营养物质的浓度等。

　　③半连续式培养:半连续式培养是在分批式培养的基础上,将分批培养的培养液部分取出,并重新补充等量的新鲜培养基,从而使反应器内培养液的总体积保持不变的培养方式。

　　④连续式培养:连续式培养是将细胞种子和培养液一起加入反应器内进行培养,一方面新鲜培养液不断加入反应器内,另一方面又将反应液连续不断地取出,使反应条件处于一种恒定状态。与分批式培养不同,连续式培养可以保持细胞所处环境条件长时间地稳定,可以使细胞维持在优化的状态下,可以促进细胞的生长和产物的生成。由于连续式培养过程可以连续不断地收获产物,并能提高细胞密度,在生产上已被应用于培养悬浮型细胞。

　　动物细胞的连续培养一般是采用灌注培养。灌注培养是将细胞接种后进行培养,一方面连续往反应器中加入新鲜的培养基,同时又连续不断地取出等量的培养液,但是过程中不取出细胞,细胞仍留在反应器内,使细胞处于一种营养恒定的状态。高密度培养动物细胞时,必须确保补充细胞足够的营养以及除去有毒的代谢物。通过调节添加新鲜培养液的速度,使培养保持在稳定的、代谢副产物低于抑制水平的状态。采用此法,可以大大提高细胞的生长密度,有助于产物的表达和纯化。

　　(6)大规模培养技术　大规模动物细胞培养的工艺流程如图2-6所示。先将组织切成碎片,然后用溶解蛋白质的酶处理得到单个细胞,收集细胞并离心。获得的细胞植入营养培养基中,使之增殖至覆盖瓶壁表面,用酶把细胞消化下来,再接种到若干培养瓶以扩大培养,获得的细胞可作为种子,进行液氮保存。需要时,从液氮中取出一部分细胞解冻,复活培养和扩大培养,之后接入大规模反应器进行产物生产。需要诱导的产物或者病毒感染后才能得到产物的细胞,需在生产过程中加入适量的诱导物或感染病毒,再经分离纯化获得目的产物。

2. 植物细胞培养技术

　　植物细胞培养是在离体条件下培养植物细胞的方法。将愈伤组织或其他易分散的组织置于液体培养基中,进行振荡培养,使组织分散成游离的悬浮细胞,通过继代培养使细胞增殖,获得大量的细胞群体。小规模的悬浮培养在培养瓶中进行,大规模的悬浮培养可利用发酵罐生产。

　　植物细胞培养是在植物组织培养技术的基础上发展起来的。1902年Haberlandt确定了植物的单个细胞内存在其生命体的全部能力,该论断成为植物组织培养的开端。其后,为了实现分裂组织的无限生长,对外植体的选择及培养基等方面进行了探索。20世纪30年代,组织培养取得了飞速的发展,细胞在植物体外生长

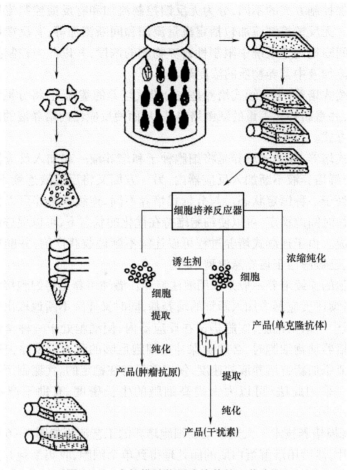

图 2-6　大规模动物细胞培养的工艺流程

成为可能。1939 年 Gautheret、Nobercourt、White 成功地培养了烟草、萝卜的细胞,至此,植物组织培养才真正开始。50 年代,Talecke 和 Nickell 确立了植物细胞能够成功地生长在悬浮培养基中。自 1956 年 Nickell 和 Routin 第一个申请用植物组织细胞培养产生化学物质的专利以来,应用细胞培养生产有用的次生代谢产物(或称次级代谢产物)的研究取得了很大的进展。随着生物技术的发展,细胞原生质体融合技术使植物细胞的人工培养技术进入了一个新的更高的发展阶段。借助于微生物细胞培养的先进技术,大量培养植物细胞的技术日趋完善,并接近或达到工业生产的规模。

　　植物细胞培养能生产一些微生物所不能合成的特有代谢产物,如生物碱类、色素、类黄酮和花色苷、苯酚、皂角苷、固醇类、萜类、某些抗生素和生长控制剂、调味品和香料等。细胞培养用于种苗生产,如兰花等名贵花卉和谷物良种的培育,可不受外界环境的影响。人们期望有一天可以实现将豆科植物的共生固氮基因转移到非豆科作物中去,使原来不能与根瘤菌共生固氮的禾本科植物变成能固氮植物,从而不再需要氮肥供给。表 2 - 2 所示为有工业化前途的植物细胞培养产物。

表 2 - 2 　　　　　　　　　有工业化前途的植物细胞培养产物

名称	价格/(USD/kg)	用途	名称	价格/(USD/kg)	用途
长春新碱	≤1 000 000	抗肿瘤药物	紫草宁	4 000	消炎、抗菌、染料
长春花碱	≤3 500 000	抗肿瘤药物	苦橙花油	1 125	香料
保加利亚玫瑰油	2 000 ~ 3 000	香料、调味品	吗啡	600	麻醉剂、镇痛药
毛地黄毒苷	3 000	心肌功能障碍	当归根油	800	香料、中药
辅酶 Q_{10}	600	强心剂	春黄菊油	500	香料、药物
可待因	650	麻醉剂、镇痛剂	茉莉	500 ~ 2 000	香料

(1)植物细胞培养流程　植物细胞培养与微生物细胞培养类似,可采用液体培养基进行悬浮培养。植物组织细胞的分离,一般采用次亚氯酸盐的稀溶液、福尔马林、酒精等消毒剂对植物体或种子进行灭菌消毒。种子消毒后在无菌状态下发芽,将其组织的一部分在半固体培养基上培养,随着细胞增殖形成不定形细胞团(愈伤组织),将此愈伤组织移入液体培养基振荡培养。如植物体也可采用同样方法将消毒后的组织片愈伤化,再用液体培养基振荡培养,愈伤化时间随植物种类和培养基条件而异,慢的需几周以上,一旦增殖开始,就可用反复继代培养加快细胞增殖。

继代培养可用试管或烧瓶等,大规模的悬浮培养可用传统的机械搅拌发酵罐、气升式发酵罐。其流程见图 2 - 7。植物细胞培养系统可以粗略地分为固体培养方式和液体培养方式,每种培养方式又包括若干种方法,见图 2 - 8。

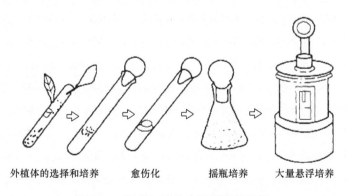

外植体的选择和培养　　愈伤化　　摇瓶培养　　大量悬浮培养

图 2 - 7　植物细胞的大规模培养流程

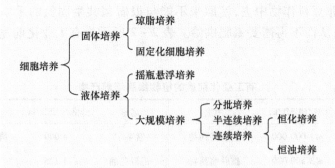

图 2 - 8　植物细胞的培养方式

(2)植物细胞培养基的组成　植物细胞培养与动物细胞培养相比,其最大的优点是植物细胞能在简单的合成培养基上生长。其培养基的成分由碳源、有机氮源、无机盐类、维生素、植物生长激素和有机酸等物质组成。常用的植物细胞培养基的组成见表 2 - 3。

表 2 - 3　　　　　　　　　　常用的植物细胞培养基配比　　　　　　　　单位:mg/L

成分	培养基种类					
	MS	B_5	B_6	N_6	NN	L_2
$(NH_4)_2SO_4$		134		463		
NH_4NO_3	1 650		600		720	1 000
KNO_3	1 900	2 500	2 100	2 830	950	2 100
$NaH_2PO_4 \cdot H_2O$		150				85
$CaCl_{12} \cdot H_2O$	440	150	450	166	166	600
$MgSO_4 \cdot 7H_2O$	370	250	400	185	185	435
KH_2PO_4	170		250	400	68	325
KI	0.83	0.75	0.8	0.8		1
$MnSO_4 \cdot H_2O$	15.6	10	10	33	19	15
$ZnSO_4 \cdot 7H_2O$	8.6	2	2	1.5	10	5
$NaMnO_4 \cdot 2H_2O$	0.25	0.25	0.25	0.25	0.025	0.4
$CuSO_4 \cdot 5H_2O$	0.025	0.025	0.025	0.025	0.025	0.025
$CoCl_2 \cdot 6H_2O$	0.025	0.025	0.025		0.025	
$FeSO_4 \cdot 7H_2O$	27.8			27.8		
$Na_2 - EDTA$	37.5			37.3		
$Na - Fe - EDTA$		40	40		100	25
肌醇	100	100	250		100	250

续表

成分	培养基种类					
	MS	B_5	B_6	N_6	NN	L_2
烟酸	0.5	1	1	0.5	0.5	0.5
维生素 B_1	0.5	10	10	1	0.5	2
维生素 B_5	0.5	1	1	0.5	0.5	0.5
甘氨酸	2			40	5	
蔗糖	30×10^3	20×10^3	25×10^3	50×10^3	20×10^3	25×10^3
调 pH	5.8	5.5	5.5	5.8	5.5	5.8

①碳源:蔗糖或葡萄糖是常用的碳源,果糖比这两种差。其他的碳水化合物不适合作为单一的碳源。通常增加培养基中蔗糖的含量,可增加培养细胞的次生代谢产物量。

②有机氮源:通常采用的有机氮源有蛋白质水解物、谷氨酰胺或氨基酸混合物。有机氮源对细胞初级培养的早期生长阶段有利。L-谷氨酰胺可代替或补充某种蛋白质水解物。

③无机盐类:对于不同的培养形式,无机盐的最佳浓度是不相同的。通常培养基中无机盐的浓度应在 25mmol/L 左右,硝酸盐浓度一般采用 25~40mmol/L,虽然硝酸盐可以单独成为无机氮源,但是加入铵盐对细胞生长有利。如果添加一些琥珀酸或其他有机酸,铵盐也能单独成为氮源。培养基中必须添加钾元素,其浓度为 20mmol/L。磷、镁、钙和硫元素的浓度在 1~3mmol/L 之间。

④植物生长激素:大多数植物细胞培养基中都含有天然或合成的植物生长激素。植物生长激素分成生长素和分裂素两类。生长素在植物细胞和组织培养中可促使根的形成,最有效和最常用的有吲哚丁酸(IBA)、吲哚乙酸和萘乙酸。分裂素通常是腺嘌呤衍生物,使用最多的是 6-苄氨基嘌呤(BA)和玉米素(Z)。分裂素和生长素通常一起使用,促使细胞分裂、生长。其使用量在 0.1~10mg/L 之间,根据不同细胞株而异。

⑤有机酸:加入丙酮酸或者三羧酸循环中间产物如柠檬酸、琥珀酸、苹果酸,能够保证植物细胞在以铵盐作为单一氮源的培养基上生长,并且耐受钾盐的能力至少提高到 10mmol/L。三羧酸循环中间产物,同样能提高低接种量的细胞和原生质体的生长。

⑥复合物质:通常作为细胞的生长调节剂,如酵母抽提液、麦芽抽提液、椰子汁和水果汁。目前这些物质已被已知成分的营养物质所替代。在许多例子中还发现,有些抽提液对细胞有毒性。目前仍在广泛使用的是椰子汁,在培养基中浓度是 1~15mmol/L。

(3)植物细胞培养的方法　植物细胞培养的方法有单倍体培养、原生质体培养、固体培养、液体培养、悬浮培养和固定化培养。

①单倍体细胞培养:主要用花药在人工培养基上进行培养,可以从小孢子(雄性生殖细胞)直接发育成胚状体,然后长成单倍体植株;或者是通过愈伤组织诱导分化出芽和根,最终长成植株。

②原生质体培养:植物的体细胞(二倍体细胞)经过纤维素酶处理后可去掉细胞壁,获得的除去细胞壁的细胞称为原生质体。该原生质体在良好的无菌培养基中可以生长、分裂,最终可以长成植株。实际过程中,也可以用不同植物的原生质体进行融合,达到体细胞杂交的目的,由此可获得细胞杂交的植株。

③固体培养:固体培养是在微生物培养的基础上发展起来的植物细胞培养方法。固体培养基的凝固剂除去特殊研究的外,几乎都使用琼脂,浓度一般为 2% ~ 3%。细胞在培养基表面生长,原生质体的固体培养则需将其混入培养基内进行嵌合培养,或者使原生质体在固体 – 液体之间进行双相培养。

④液体培养:液体培养也是在微生物培养的基础上发展起来的植物细胞培养方法。液体培养可分为静止培养和振荡培养等两类。静止培养不需要任何设备,适合于某些原生质体的培养。振荡培养需要摇床使培养物和培养基保持充分混合,以利于气体交换。

⑤悬浮培养:植物细胞的悬浮培养是一种使组织培养物分离成单细胞并不断扩增的方法。在进行细胞培养时,需要提供容易破裂的愈伤组织进行液体振荡培养,愈伤组织经过悬浮培养可以产生比较纯一的单细胞。用于悬浮培养的愈伤组织应该是易碎的,这样在液体培养条件下才能获得分散的单细胞;而紧密不易碎的愈伤组织就不能达到上述目的。

⑥固定化培养:固定化培养是在微生物和酶的固定化培养基础上发展起来的植物细胞培养方法。该法与固定化酶或微生物细胞类似,应用最广泛的、能够保持细胞活性的固定化方法是将细胞包埋于海藻酸盐或卡拉胶中。

(4)植物细胞的大规模培养技术 目前用于植物细胞大规模培养的技术主要有植物细胞的大规模悬浮培养和植物细胞或原生质体的固定化培养。

①植物细胞的大规模悬浮培养:悬浮培养通常采用水平振荡摇床,该摇床可变转速为 30 ~ 150r/min,振幅为 2 ~ 4cm,温度为 24 ~ 30℃。适合于愈伤组织培养的培养基不一定适合悬浮细胞培养。悬浮培养的关键就是要寻找适合于悬浮培养物快速生长、有利于细胞分散和保持分化再生能力的培养基。

a. 悬浮培养中植物细胞的特性:由于植物细胞有其自身的特性,尽管人们已经在各种微生物反应器中成功进行了植物细胞的培养,但是植物细胞培养过程的操作条件和微生物培养是不同的(表 2 – 4)。与微生物细胞相比,植物细胞要大得多,其平均直径要比微生物细胞大 30 ~ 100 倍。同时植物细胞很少是以单一细胞形式悬浮存在的,而通常是以细胞数在 2 ~ 200 之间、直径为 2mm 左右的非均相集合细胞团的方式存在。根据细胞系来源、培养基和培养时间的不同,这种细胞团通常以如下几种方式存在,分别是在细胞分裂后没有进行细胞分离;在间歇培养过程中细胞处于对数后期时,开始分泌多糖和蛋白质,粘合成细胞团;以其他方式形成黏性表面,从而形成细胞团。当细胞密度高、黏性大时,容易产生混合和循环不良等问题。

表 2 - 4　　　　　　　　　　动物、植物、微生物细胞的培养特征

比较项目	微生物	哺乳动物细胞	植物细胞
大小	$1 \sim 10\mu m$	$10 \sim 100\mu m$	$10 \sim 100\mu m$
悬浮生长	可以	$10 \sim 100\mu m$	可以,但易成团,无单个细胞
营养要求	简单	非常复杂	很复杂
生长速率	快,倍增时间为 $0.5 \sim 5h$	慢,倍增时间为 $15 \sim 100h$	慢,倍增时间为 $24 \sim 74h$
代谢调节	内部	内部,激素	内部,激素
环境敏感	能忍受广泛范围	非常敏感,因无细胞壁,仅忍受很窄范围	能忍受广泛范围
细胞分化	无	有	有
剪切应力敏感	低	非常高	高
传统变异与筛选技术	广泛使用	不常使用	有时使用
细胞或产物浓度	较高	低	低

由于植物细胞的生长速度慢,操作周期就很长,即使间歇操作也要 $2 \sim 3$ 周,半连续或连续操作更是可长达 $2 \sim 3$ 个月。同时由于植物细胞培养基的营养成分丰富而复杂,很适合于真菌的生长。因此,在植物细胞培养过程中,保持无菌是相当重要的。

b. 植物细胞培养液的流变特性:由于植物细胞常常趋于成团,且不少细胞在培养过程中容易产生黏多糖等物质,使氧传递速率降低,影响了细胞的生长。对于植物细胞培养液流变特性的认识目前还不深入,人们常用黏度这一参数来描述培养液的流变学特征。培养过程中培养液的黏度一方面由细胞本身和细胞分泌物等决定,另一方面还依赖于细胞年龄、形态和细胞团的大小。在相同的浓度下,大细胞团培养液的表观黏度明显大于小细胞团培养液的表观黏度。

c. 植物细胞培养过程中的氧传递:所有的植物细胞都是好氧性的,需要连续不断地供氧。由于植物细胞培养时对溶氧的变化非常敏感,太高或太低均会对培养过程产生不良影响,因此,大规模植物细胞培养对供氧和尾气氧的监控十分重要。与微生物培养过程相反,植物细胞培养过程并不需要高的气液传质速率,而是要控制供氧量,以保持较低的溶氧水平。

氧气从气相到细胞表面的传递是植物细胞培养中的一个基本问题。大多数情况下,氧气的传递与通气速率、混合程度、气液界面面积、培养液的流变学特性等有关,而氧的吸收却与反应器的类型、细胞生长速率、pH、温度、营养组成以及细胞的

浓度等有关。通常也用液相体积氧传递系数（$K_L a$）来表示氧的传递,事实证明液相体积氧传递系数能明显地影响植物细胞的生长。

培养液中通气水平和溶氧浓度也能影响到植物细胞的生长。长春花细胞培养时,当通气量从 $1:0.25m^3/(m^3 \cdot min)$ 上升至 $1:0.38m^3/(m^3 \cdot min)$ 时,细胞的相对生长速率可从 $0.34d^{-1}$ 上升至 $0.41d^{-1}$;而当通气量再增加时,细胞的生长速率反而会下降。在不同溶氧浓度下对毛地黄细胞进行了培养,当培养基中氧浓度从 10%饱和度升至 30%饱和度时,细胞的生长速率从 $0.15d^{-1}$ 升至 $0.20d^{-1}$;如果溶氧浓度继续上升至 40%饱和度时,细胞的生长速率却反而降至 $0.17d^{-1}$。这就说明过高的通气量对植物细胞的生长是不利的,会导致生物量的减少,这一现象很可能是高通气量导致反应器内流体动力学发生变化的结果,也可能是由于培养液中溶氧水平较高,以至于代谢活力受阻。

由上述情况可以看出,氧对植物细胞的生长来说是很重要的,但是 CO_2 的含量水平对细胞的生长同样相当重要。研究发现,植物细胞能非光合地固定一定浓度的 CO_2,如在空气中混以 2% ~ 4% 的 CO_2 能够消除高通气量对长春花细胞生长和次级代谢产物产率的影响。因此,对植物细胞培养来说,在要求培养液充分混合的同时,CO_2 和氧气的浓度只有达到某一平衡时,才会很好地生长,所以植物细胞培养有时需要通入一定量的 CO_2 气体。

d. 泡沫和表面黏附性:植物细胞培养与微生物细胞培养过程中产生泡沫的特性是不同的。植物细胞培养过程中产生的气泡比微生物培养系统中的气泡大,且被蛋白质或黏多糖覆盖,因而黏性大,细胞极易被包埋于泡沫中,造成非均相的培养。尽管泡沫对于植物细胞来说,其危害性没有对微生物细胞那么严重,但如果不加以控制,随着泡沫和细胞的积累,也会对培养系统的稳定性产生很大的影响。

e. 悬浮细胞的生长与增殖:由于悬浮培养具有三个基本优点:增加培养细胞与培养液的接触面,改善营养供应;可带走培养物产生的有害代谢产物,避免有害代谢产物局部浓度过高等问题;保证氧的充分供给。因此,悬浮培养细胞的生长条件比固体培养有很大的改善。

悬浮培养时细胞的生长曲线如图 2-9 所示,随时间变化细胞数量曲线呈现 S 形。在细胞接种到培养基中最初的时间内细胞很少分裂,经历一个延滞期后进入对数生长期和细胞迅速增殖的直线生长期,接着是细胞增殖减慢的减慢期和停止生长的静止期。整个周期经历时间的长短因植物种类和起始培养细胞密度的不同而异。在植物细胞培养过程中,一般在静止期或静止期前后进行继代培养,具体时间可根据静止期细胞活力的变化而定。

f. 细胞团和愈伤组织的再形成和植株的再生:悬浮培养的单个细胞在 3~5d 内即可见细胞分裂,经过一星期左右的培养,单个细胞和小的聚集体不断分裂而形成肉眼可见的小细胞团。大约培养两周后,将细胞分裂再形成的小愈伤组织团块及时转移到分化培养基上,连续光照,三星期后可分化成试管苗。

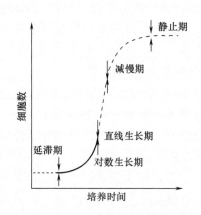

图2-9　悬浮培养时细胞的生长曲线

②植物细胞或原生质体的固定化培养：由于固定化植物细胞比自由细胞悬浮培养有较多的机械性、较高的产率、更长的稳定期等许多优点。因此，通常采用固定化技术进行细胞培养，即植物细胞固定化和原生质体的固定化培养。

植物细胞的固定化常采用海藻酸盐、卡拉胶、琼脂糖和琼脂材料，均采用包埋法，其他方式的固定化植物细胞很少使用。原生质体比完整的细胞更脆弱，因此，只能采用最温和的固定化方法进行固定化，通常也是用海藻酸盐、卡拉胶和琼脂糖进行固定化。

（5）影响植物细胞培养的因素　植物细胞生长和产物合成动力学可分为三种类型：生长偶联型，产物的合成与细胞的生长呈正比；中间型，产物仅在细胞生长一段时间后才能合成，但细胞生长停止时，产物合成也停止；非生长偶联型，产物只有在细胞生长停止时才能合成。

事实上，由于细胞培养过程较复杂，细胞生长和次级代谢产物的合成很少符合以上模式，特别是在较大的细胞群体中。由于各细胞所处的生理阶段不同，细胞生长和产物合成也是群体中部分细胞代谢的结果；此外，不同的环境条件对产物合成的动力学也有很大的影响。

①细胞的遗传特性：从理论上讲，所有的植物细胞都可看作是一个有机体，具有构成一个完整植物的全部遗传信息。在生化特征上，单个细胞也具有产生其亲本所能产生的次生代谢产物的遗传基础和生理功能。但是，这一概念决不能与个别植株的组织部位相混淆，因为某些组织部位所具有的高含量的次生代谢产物并不一定就是该部位合成的，而有可能是在其他部位合成后通过运输在该部位上积累的。有的植物在某一部位合成了某一产物的直接前体而转运到另一部位，通过该部位上的酶或其他因子转化成产物。因此，在进行植物细胞的培养时，必须弄清楚产物的合成部位。同时，在注意到整体植物的遗传性时，还必须考虑到各种不同的细胞。

②培养环境:由于各类代谢产物是在代谢过程的不同阶段产生的,因此通过植物细胞培养进行次生代谢产物生产时所受的限制因子是比较复杂的。各种影响代谢过程的因素都可能对代谢产物的产生发生影响,这些因素主要有温度、pH、营养成分、光、搅拌和通气、前体和生长调节剂等。

a. 温度:植物细胞培养通常是在25℃左右进行的,因此一般来说在进行植物细胞培养时很少考虑温度对培养的影响。但是实际上,无论是细胞培养物的生长还是次生代谢产物的合成和积累,温度都起着一定的作用,需要引起一定的重视。

b. pH:植物细胞培养的最适pH一般在5~6。但由于在培养过程中,培养基的pH可能有很大的变化,对培养物的生长和次生代谢产物的积累十分不利,因此需要不断调节培养液的pH,以满足细胞生长和产物代谢积累的需要。

c. 营养成分:尽管植物细胞能在简单的合成培养基上生长,但营养成分对植物细胞培养和次生代谢产物的生成仍有很大的影响。营养成分一方面要满足植物细胞的生长所需,另一方面要使每个细胞都能合成和积累次生代谢产物。普通的培养基主要是为了促进细胞生长而设计的,它对次生代谢产物的产生并不一定最合适。一般地说增加氮、磷和钾的含量会使细胞的生长加快,增加培养基中的蔗糖含量可以增加细胞培养的次生代谢产物。

d. 光:光照时间的长短、光的强度对次生代谢产物的合成都具有一定的作用。一般来说愈伤组织和细胞生长不需要光照,但是光对细胞代谢产物的合成有很重要的影响。有人研究了光对黄酮化合物形成的影响,结果表明,培养物在光照特别是紫外光下积累黄酮及黄酮类醇糖苷的所有酶活性均有增加。通常光照采用荧光灯,或者荧光灯和白炽灯混合,其光强度是300~10000lx[6~100μmol/(m^2·s)],可以连续光照,也可以每天光照12~18h。

e. 搅拌和通气:植物细胞在培养过程中需要通入无菌空气,适当控制搅拌程度和通气量,在悬浮培养中更要如此。在烟草细胞培养中发现,如果$K_La \leqslant 5h^{-1}$时,对生物产量有明显抑制作用;当$K_La = 5 \sim 10h^{-1}$时,初始的K_La和生物产量之间有线性关系。当然不同的细胞系,对氧的需求量是不相同的。为了加强气-液-固之间的传质,细胞悬浮培养时,需要搅动。植物细胞虽然有较硬的细胞壁,但是细胞壁很脆,对搅拌的剪切力很敏感,在摇瓶培养时,摇床振荡范围在100~150r/min之间。由于摇瓶培养细胞受到的剪切比较小,因此植物细胞很适合在此环境中生长。实验室采用六平叶涡轮搅拌桨反应器培养植物细胞,由于剪切太剧烈,细胞会自溶,次生代谢产物合成会降低。各种植物细胞耐剪切的能力不尽相同,细胞越老遭受的破坏也越大。烟草的细胞和长春花的细胞分别在涡轮搅拌器转速150r/min和300r/min时,一般还能保持生长。培养鸡眼藤的细胞时,涡轮搅拌器的转速应低于20r/min。因此培养植物细胞,气升式反应器更为合适。

f. 前体:在植物细胞的培养过程中,有时培养细胞不能很理想地把所需的代谢产物按所想象的得率进行合成,其中一个可能的原因就是缺少合成这种代谢产物所必需的前体,此时如在培养物中加入外源前体将会使目的产物产量增加。因此,在植物细胞培养过程中,选择适当的前体是相当重要的。对于所选择的前体除了有增加产物产量的要求外,还要求无毒和廉价。但是,寻找能使目的产物含量增加最有效的前体是有一定难度的。

虽然前体的作用在植物细胞培养中未完全清楚,可能是外源前体激发了细胞中特定酶的作用,促使次生代谢产物产量的增加。有人在三角叶薯蓣细胞培养液中加入100mg/L胆固醇,可使次生代谢产物薯蓣皂苷配基产量增加一倍;在紫草细胞培养中加入L-苯丙氨酸使右旋紫草素产量增加三倍;在雷公藤细胞培养中加入萜烯类化合物中的一个中间体,可使雷公藤羟内酯产量增加三倍以上。但同样一种前体,在细胞的不同生长时期加入,对细胞生长和次生代谢产物合成的作用极不相同,有时甚至还起抑制作用。如在洋紫苏细胞的培养中,一开始就加入色胺,无论对细胞生长还是对生物碱的合成都起抑制作用,但在培养的第二星期或第三星期加入色胺却能刺激细胞的生长和生物碱的合成。

g. 生长调节剂:在细胞生长过程中生长调节剂的种类和数量对次生代谢产物的合成起着十分重要的作用。植物生长调节剂不仅会影响到细胞的生长和分化,而且还会影响到次生代谢产物的合成。生长素和分裂素有使细胞分裂保持一致的作用,不同类型的生长素对次生代谢产物的合成有着不同的影响。生长调节剂对次级代谢的影响随着代谢产物种类的不同而有很大的变化,对生长调节剂的应用需要非常慎重。

目前,为了提高生物量和次生代谢产物产量,大规模植物细胞悬浮培养一般采用二阶段法。第一阶段尽可能快地使细胞量增长,可通过采用生长培养基来完成。第二阶段是诱发和保持次生代谢旺盛,可通过采用生产培养基来调节。因此在细胞培养的整个过程中,要更换含有不同品种和浓度的植物生长激素和前体的液体培养基。为了获得能适合大规模悬浮培养和生长快速的细胞系,首先要对细胞进行驯化和筛选,把愈伤组织转移到摇瓶中进行液体培养,待细胞增殖后,再把它们转移到琼脂固体培养基上。经过反复多次驯化筛选得到的细胞株,比未经过驯化、筛选的原始愈伤组织在悬浮培养中生长快得多。

在过去几十年中,植物生物技术方面已取得了相当巨大的进展,大大缩短了向工业化迈进的距离。国内有关单位对药用植物,如人参、三七、紫草、黄连、薯蓣、芦笋等已展开了大规模的细胞悬浮培养,并对植物细胞培养专用反应器进行研制。国外,培养植物细胞用的反应器已从实验规模 1 ~ 30L,放大到工业性试验规模130 ~ 20000L,如希腊毛地黄转化细胞的培养规模为 $2m^3$,烟草细胞培养的规模最大已达到 $20m^3$。

值得注意的是影响植物细胞培养生物量增长和次生代谢产物积累的因素是错综复杂的,往往一个因素的调整会影响到其他因素的变化,因此需要在培养过程中不断加以调整。同时,由于不同的植物有机体有自身的特殊性,因此,对于一种植物细胞或一种次生代谢产物适合的培养条件,不一定对其他的细胞或次生代谢作用适合。

二、原生质体融合技术

(一)植物细胞原生质体的制备与融合

人类对自然界的认识总是不断地经历由表及里、由浅入深的发展过程。面对五彩缤纷的大千世界,人们往往不满足于自然界的种种恩赐。历史上曾有不少有识之士提出,在不同物种间进行杂交,以期获得具有双方优良性状的杂交生物的美好设想。然而常规的杂交育种由于物种间难以逾越的天然屏障而举步维艰。科学家受细胞全能性理论及组织培养成功的启示,逐渐将眼光转向细胞融合,试图用这种崭新的手段冲破自然界的禁锢。1937 年 Michel 率先尝试植物细胞融合的试验。如何去除坚韧的细胞壁成了生物学工作者必须解决的首要难题。起初,科学家采用机械法切除细胞壁,他们先把植物外植体、愈伤组织或悬浮培养细胞、进行糖或盐的高渗处理,引起脱水,细胞质收缩,最后导致质壁分离;随后用组织捣碎机等高速运转的刀具随机切割细胞,最终可能从中获得少量脱壁细胞或亚细胞供细胞融合用。不过经上述随机机械法制取的脱壁细胞往往活力低、数量少,难以进行有效的实验操作。1960 年该领域终于出现了重大突破。由英国诺丁汉大学 Cocking 教授领导的小组率先利用真菌纤维素酶,成功地制备出了大量具有高度活性可再生的番茄幼根细胞原生质体,开辟了原生质体融合研究的新阶段。

植物细胞原生质体是指那些已去除全部细胞壁的细胞。这时细胞外仅由细胞膜包裹,呈圆形,要在高渗液中才能维持细胞的相对稳定。此外在酶解过程中残存少量细胞壁的原生质体叫原生质球或球状体,它们都是进行原生质体融合的好材料。

原生质体融合的一个有效方法是 1973 年 Keller 提出的高钙高 pH 法。第二年加拿大籍华人高国楠首创 PEG 法诱导原生质体融合;1977 年他又把 PEG 法与高钙高 pH 法结合,显著提高了原生质体的融合率。次年,Melchers 用此法获得了番茄与马铃薯细胞融合的杂交物种。1979 年 Senda 发明了以电激法提高原生质体融合率的新方法。由于这一系列方法的提出和建立,促使原生质体融合实验蓬勃开展起来。

1. 原生质体的制备

(1)取材与除菌 原则上植物任何部位的外植体都可成为制备原生质体的材料。但人们往往对活跃生长的器官和组织更感兴趣,因为由此制得的原生质体一般都生活力较强,再生与分生比例较高。常用的外植体包括种子根、子叶、下胚轴、胚细胞、花粉母细胞、悬浮培养细胞和嫩叶。

对外植体的除菌要因材而异。悬浮培养细胞一般无需除菌。对较脏的外植体往往要先用肥皂水清洗再以清水洗 2~3 次,然后浸入 70% 酒精消毒,再放进 3% 次氯酸钠处理,最后用无菌水漂洗数次,并用无菌滤纸吸干。

(2)酶解 植物细胞的细胞壁含纤维素、半纤维素、木质素以及果胶质等成分,因此市售的纤维素酶实际上大多是含多种成分的复合酶。如中科院上海植物生理研究所生产的纤维素酶 EA3 - 867 和日本产的 Onozuka R - 10 就含有纤维素酶、纤维二糖酶以及果胶酶等。此外,直接从蜗牛消化道提取的蜗牛酶也有相当好的降解植物细胞壁的功能。

现以叶片为例说明如何制备植物原生质体。①配制酶解反应液:反应液应是一种 pH 在 5.5~5.8 之间的缓冲液,内含 0.3%~3.0% 的纤维素酶以及渗透压稳定剂、细胞膜保护剂和表面活性剂等。②酶解:除菌后的叶片撕去下表皮,切块放入反应液中,25~30℃、2~4h 不时轻摇,直至反应液转绿。

反应液转绿是酶解成功的一项重要指针,说明已有不少原生质体游离在反应液中。经镜检确认后应及时终止反应,避免脆弱的原生质体受到更多的损害。

(3)分离 在反应液中除了有大量的原生质体外,尚有一些残留的组织块和破碎的细胞。为了取得高纯度的原生质体就必须进行原生质体的分离。可选取 200~400 目的不锈钢网或尼龙布进行过滤除渣,也可采用低速离心法或比重漂浮法直接获取原生质体。

(4)洗涤 刚分离得到的原生质体往往还含有酶及其他不利于原生质体培养、再生的试剂,应用新的渗透压稳定剂或原生质体培养液离心洗涤 2~4 次。

(5)鉴定 只有经过鉴定确认已获得原生质体后才能进行下阶段的细胞融合工作。由于已去除全部或大部分细胞壁,此时植物细胞呈圆形。如果把它放入低渗溶液中,则很容易胀破。也可用荧光增白剂染色后置荧光显微镜下观察,残留的细胞壁呈现明显荧光。通过以上观测,基本上可判别是否原生质体及其百分率。此外,尚可借助台盼蓝活细胞染色、胞质环流观察以及测定光合作用、呼吸作用等参数定量检测原生质体的活力。

2. 原生质体的融合

(1)化学法诱导融合 化学法诱导融合无需贵重仪器,试剂易于得到,因此一直是细胞融合的主要方法。尤其是 PEG 结合高钙高 pH 诱导融合法已成为化学法诱导细胞融合的主流,简介如下:在无菌条件下按比例混合双亲原生质体→滴加 PEG 溶液,摇匀,静置→滴加高钙高 pH 溶液,摇匀,静置→滴加原生质体培养液洗涤数次→离心获得原生质体细胞团→筛选、再生杂合细胞。

通常,在 PEG 处理阶段,原生质体间只发生凝集现象。加入高钙高 pH 溶液稀释后,紧挨着的原生质体间才出现大量的细胞融合,其融合率可达到 10%~50%。这是一种非选择性的融合,既可发生于同种细胞之间,也可能在异种细胞中出现。有些融合是两个原生质体的融合,但也经常可见两个以上的原生质体聚合成团,不过此类融合往往不大可能成功。应当指出,高浓度的 PEG 结合高钙高 pH 溶液对原生质体具有一定毒性,因此诱导融合的时间要适中。处理时间过短,融合频率降低;处理时间过长,则将因原生质体活力明显下降而导致融合失败。Jelodar 近年介绍以丙酸钙取代氯化钙作为助融合剂,细胞融合频率和植板率都有明显提高,甚至超过了电激融合法。

(2)物理法诱导融合 1979 年 Senda 等发明了微电极法诱导细胞融合。1981 年 Zimmermann 等提出了改进的平行电极法,现简介如下:将双亲本原生质体以适当的溶液悬浮混合后,插入微电极,接通一定的交变电场,原生质体极化后顺着电场排列成紧密接触的珍珠串状。此时瞬间施以适当强度的电脉冲,则使原生质体质膜被击穿而发生融合。电激融合不使用有毒害作用的试剂,作用条件比较温和,而且基本上是同步发生融合的。只要条件摸索适当,亦可获得较高的融合率。

上述操作实际上是供体与受体原生质体对等融合的方法。由于双方各具几万对基因,要筛选得到符合需要且能稳定传代的杂合细胞是相当困难的。最近,有人提出以紫外线、X 射线、伽马射线、纺锤体毒素或染色体浓缩剂等对供体原生质体进行前处理。小剂量处理可造成染色体不同程度的丢失、失活、断裂和损伤,融合后实现仅有少数染色体甚至是 DNA 片段的转移;致死量处理后融合则可能产生没有供体方染色体的细胞质杂种。利用这种所谓的不对称融合方法,大大提高了融合体的生存率和可利用率。

经过上述融合处理后再生的细胞株将可能出现以下几种类型:①亲本双方的细胞和细胞质能融合为一体,发育成为完全的杂合植株。这种例子不多。②融合细胞由一方细胞核与另一方细胞质构成,可能发育为核质异源的植株。亲缘关系越远的物种,某个亲本的染色体被丢失的现象就越严重。③融合细胞由双方胞质及一方核或再附加少量它方染色体或 DNA 片段构成。④原生质体融合后两个细胞核尚未融合时,就过早地被新出现的细胞壁分开,以后它们各自分裂生长成嵌合植株。

3. 杂合体的鉴别与筛选

双亲本原生质体经融合处理后产生的杂合细胞,一般要经含有渗透压稳定剂的原生质体培养基培养,生出细胞壁后再转移到合适的培养基中,待长出愈伤组织再按常规方法诱导其长芽、生根、成苗。在此过程中可对是否为杂合细胞或植株进行鉴别与筛选。

(1)杂合细胞的显微镜鉴别 根据以下特征可以在显微镜下直接识别杂合细胞,若一方细胞大,另一方细胞小,则大、小细胞融合的就是杂合细胞;若一方细胞基本无色,另一方为绿色,则白绿色结合的细胞是杂合细胞;如果双方原生质体在特殊显微镜下或双方经不同染料着色后可见不同的特征,则可作为识别杂合细胞的标志。发现上述杂合细胞后可借助显微操作仪在显微镜下直接取出,移置再生培养基培养。

（2）互补法筛选杂合细胞　显微鉴别法虽然比较可信，但实验者有时会受到仪器的限制，工作进度慢且未知其能否存活与生长。遗传互补法则可弥补以上不足。

遗传互补法的前提是获得各种遗传突变细胞株系。如不同基因型的白化突变株 aaBBXAAbb，可互补为绿色细胞株 AaBb，这叫做白化互补。再如，甲细胞株缺外源激素 A 不能生长，乙细胞株需要提供外源激素 B 才能生长，则甲株与乙株融合，杂合细胞在不含激素 A、B 的选择培养基上可以生长，这种选择类型称生长互补。假如某个细胞株具某种抗性，另一个细胞株具另一种抗性，则它们的杂合株可在含上述两种抗生素的培养基上再生与分裂，这种筛选方式即所谓的抗性互补筛选。此外，根据碘代乙酰胺能抑制细胞代谢的特点，用它处理受体原生质体，只有融合后的供体细胞质才能使细胞活性得到恢复，这就是代谢互补筛选。

（3）采用细胞与分子生物学的方法鉴别杂合体　经细胞融合后长出的愈伤组织或植株，可进行染色体核型分析、染色体显带分析、同工酶分析以及更为精细的核酸分子杂交、限制性内切酶片段长度多态性和随机扩增多态性 DNA 分析，以确定其是否结合了双亲本的遗传素质。

（4）根据融合处理后再生长出的植株形态特征进行鉴别　自从 1960 年 Cocking 取得制备植物原生质体的重大突破以来，科学家在植物细胞融合，甚至植物细胞与动物细胞融合等方面进行了不懈的努力，已在种内、种间、属间乃至科间细胞融合后得到了 200 多例再生株。最突出的成就当推番茄与马铃薯的属间细胞融合，已经获得的番茄－马铃薯杂交株，基本像马铃薯那样的蔓生，能开花，并长出 2~11cm 的果实，成熟时果实黄色，具番茄气味，但高度不育。综上所述，虽然细胞融合研究至今尚面临种种难题和挑战，但该领域在理论及实践两方面的重大意义，仍然吸引了不少科学家为之忘我奋斗，更为激动人心的研究成果一定会不断涌现出来。

（二）动物细胞融合

原生质是有组织的活物质，是细胞生命活动的物质基础。所有的原生质体有相似的基本组成成分和特性。由原生质分化而来的各种结构统称为原生质体。因此，可以说一个动物细胞就是一个原生质体，动物细胞融合是研究细胞间遗传信息转移，基因在染色体上的定位以及创造新细胞株的有效途径。动物细胞融合的途径有以下三条。

1. 病毒诱导融合

自从 1958 年冈田善雄偶然发现已灭活的仙台病毒可诱发艾氏腹水瘤细胞相互融合形成多核体细胞以来，科学家已证实，其他的副黏液病毒、天花病毒和疱疹病毒也能诱导细胞融合。仙台病毒诱导细胞融合的方法如下所示。

弃上清　　　　　　灭活仙台病毒悬液

双亲本细胞→分别制成细胞悬液→混合离心→双亲细胞沉淀——→混匀————冰浴20min————→细胞凝集

间歇摇动

37℃水浴30min

————————————→细胞融合→选择培养基培养

间歇摇动

如果双亲本细胞都呈单层贴壁生长,则将它们混合培养后直接加入灭活的仙台病毒诱导融合即可。

本方法虽然较早建立,但由于病毒的致病性与寄生性,制备比较困难,以及本方法诱导产生的细胞融合率还比较低,重复性不够高,所以近年来已不多用。

2. 化学诱导融合

1974 年高国楠用 PEG 成功诱导植物细胞原生质体融合后,次年 Potecrvo 用该法成功融合动物细胞。近三十年过去了,PEG 诱导融合一直成为动植物细胞融合的主要手段。对动物细胞而言,由于它们不具刚硬的细胞壁,它们的融合更加简便,关键在于亲本双方要有较明显可识别的筛选标志。

动物细胞的 PEG 融合方法可参照前述植物细胞融合的 PEG 悬浮混合法进行,但由于动物细胞质的 pH 多为中性至弱碱性,PEG 溶液的 pH 应调至 7.4 ~ 8.0 为宜。此外,尚可将细胞 - PEG 悬浮液进行适当离心处理,迫使细胞更紧密接触,提高融合率。不过此时 PEG 的相对分子质量不宜过大,以 1000 ~ 2000 为宜;浓度不能过高,达 30% ~ 40% 即可,否则细胞难以离心沉降。加入 5% ~ 15% 的二甲基亚砜效果更好。

3. 电激诱导融合

方法参见植物原生质体电激融合,在科学高度发达的今天,细胞融合已经比较容易做到,但这种融合的结果如何,一要经筛选,二要经检测才能清楚。与植物杂合细胞筛选的模式类似,动物杂合细胞筛选也可采用抗药互补性筛选和营养缺陷性筛选方法,此外也有人采用温度敏感突变等特征进行筛选。总之,细胞株具备越多可识别的突变性状,以它为亲本进行细胞融合和筛选也就越容易做到。

(三)微生物细胞原生质体融合技术

微生物是一个相当笼统的概念,既包括细菌、放线菌这样微小的原核生物,又涵盖菇类、霉菌等真核生物。由于微生物细胞结构简单,生长迅速,实验操作方便,有些微生物的遗传背景已经研究得相当深入,因此它已在国民经济的不少领域发挥了非常重要的作用,如抗生素以及其他发酵工业、防污染与环境保护、灭虫害与农林发展、深开采与贫矿利用、资源保护与能源再生、种菇蕈造福大众等方面。本节仅从细胞工程的角度,概述通过原生质体融合的手段改造微生物种性、创造新品系的途径与方法。

1. 原核细胞的原生质体融合

细菌是最典型的原核生物,它们都是单细胞生物。细菌细胞外有一层成分不同、结构各异的坚韧细胞壁,形成抵抗不良环境因素的天然屏障。根据细胞壁成分的差异一般将细菌分成革兰阳性细菌和革兰阴性细菌两大类。前者肽聚糖约占细胞壁成分的90%,而后者的细胞壁上除了部分肽聚糖外还有大量的脂多糖等有机大分子,由此决定了它们对溶菌酶的敏感性有很大的差异。

溶菌酶广泛存在于动植物、微生物细胞及其分泌物中。它能特异性地切开肽聚糖中 N - 乙酰胞壁酸与 N - 乙酰葡萄糖胺之间的 β - 1,4 - 糖苷键,从而使革兰阳性菌的细胞壁溶解。但由于革兰阴性细菌细胞壁组成成分的差异,处理革兰阴性菌时,除了溶菌酶外,一般还要添加适量的 EDTA,才能除去它们的细胞壁制得原生质体或原生质球。革兰阳性菌细胞融合的主要过程如下:①分别培养带遗传标志的双亲本菌株至对数中期,此时细胞壁最易被降解;②分别离心收集菌体,用高渗培养基制成菌悬液,以防止下阶段原生质体破裂;③混合双亲本,加入适量溶菌酶,作用 $20 \sim 30\text{min}$;④离心后得原生质体,用少量高渗培养基制成菌悬液;⑤加入 10 倍体积的 40% PEG 促使原生质体凝集、融合;⑥数分钟后,加入适量高渗培养基稀释;⑦涂接于高渗选择培养基上进行筛选。长出的菌落很可能已结合双方的遗传因子,要经数代筛选及鉴定才能确认已获得能稳定遗传的杂合菌株。

对革兰阴性细菌而言,在加入溶菌酶数分钟后,应添加 0.1mol/L 的 EDTA - 2Na 共同作用 $15 \sim 20\text{min}$,则可使 90% 以上的革兰阴性细菌转变为可供细胞融合用的球状体。尽管细菌间细胞融合的检出率仅在 $10^{-5} \sim 10^{-2}$ 之间,但由于菌数总量十分巨大,检出数仍是相当可观的。

2. 真菌细胞的原生质体融合

真菌主要包括单细胞的酵母类和多细胞的菌丝类。同样的,降解它们的细胞壁、制备原生质体是细胞融合的关键。

真菌的细胞壁成分比较复杂,主要由几丁质及各类葡聚糖构成纤维网状结构,其中夹杂着少量的甘露糖、蛋白质和脂类。因此可在含有渗透压稳定剂的反应介质中加入消解酶进行酶解,也可用取自蜗牛消化道的蜗牛酶(复合酶)进行处理,原生质体的得率都在 90% 以上。此外还有纤维素酶、几丁质酶、新酶等。

真菌原生质体融合的要点与前述细胞融合类似,一般都以 PEG 为融合剂,在特异的选择培养基上筛选融合子。但由于真菌一般都是单倍体,融合后,只有那些形成真正单倍重组体的融合子才能稳定传代。具有杂合双倍体和异核体的融合子遗传特性不稳定,尚需经多代考证才能最后断定是否为真正的杂合细胞。至今国内外已成功地进行过数十例真菌的种内、种间、属间的原生质体融合,大多是大型的食用真菌,如蘑菇、香菇、木耳、凤尾菇、平菇等,取得了相当可观的经济效益。福建省轻工业研究所通过细胞融合获得了耐高温的蘑菇新品种。

三、动物细胞工程制药技术

(一)细胞杂交瘤技术制备单克隆抗体

1975 年 Kohler 和 Milstein 创立了生产单克隆抗体(简称单抗)的淋巴细胞杂交瘤技术,这项技术的诞生推动了整个生物医学领域的迅速发展。单抗作为抗原物质的分子识别工具除在生物医学基础研究、免疫和治疗方面得到广泛应用外,在疫病诊断和检疫中正在并将继续发挥重要作用。

1. 基本原理

作为抗体生成理论的克隆选择学说是杂交瘤技术产生的理论依据,细胞融合技术和杂交细胞的选择方法是杂交瘤技术产生的技术基础。

(1)克隆选择学说 1957 年 Burnet 提出的克隆选择学说认为每一个 B 淋巴细胞有一个独特的受体(现在认为一个 B 淋巴细胞有结构相同的 10 万个受体),抗原进入机体后只刺激具有相应受体的 B 淋巴细胞,产生与受体特异性相同的抗体分子。一个淋巴细胞只产生一种抗体分子,因此,根据克隆选择学说,一个 B 淋巴细胞克隆只能产生一种抗体分子。这就是生产单克隆抗体的理论依据。

(2)抗体多样性的分子基础 抗体分子生物学的研究为克隆选择学说提出了新的依据。抗体分子是对称的,由两条完全相同的糖基化重链(H)和两条完全相同的非糖基化轻链(L)组成。根据重链稳定区(C_H)的不同,免疫球蛋白(Ig)可分为 IgM、IgD、IgG、IgE 和 IgA 五类,它们分别带有 μ、δ、γ、ε 和 α 重链,又可进一步分为不同的亚类。重链和轻链均有一个可变区,分别用 V_H 和 V_L 表示。轻链有 κ 链和 λ 链两种,每一抗体分子只有一种轻链。重链和轻链可变区具有抗原结合部,决定抗体的特异性。每个抗体分子都有两个相同的抗原结合部。对抗体基因的研究表明重链和 κ 链 V 区基因的数目分别为 250 个左右,任意一个 V_κ 基因片段可以与任意一个 J_κ 基因片段结合(J 基因为连接基因),J_κ 有 4 个片段,故可产生 $250 \times 4 = 1\ 000$(个)不同的 V_κ 区编码基因;同样,任意一个 V_H 基因片段可以与任意一个 D 基因片段(D 基因为多样性基因,在 V_H 和 J_H 基因之间,约有 12 个)及 J_H 基因片段结合,这样可产生 $250 \times 10 \times 4 = 10\ 000$(个)不同的重链 V 区编码基因。重链与轻链的联合是随机的,因此可产生 $1000 \times 10000 = 10^7$(个)特异性抗体。此外,轻链和重链基因重排时的移码、重链 D 基因 5′端和 3′端的修剪及随机延伸,还可产生多样性,因此特异性抗体的数目多得几乎是无限的。

(3)细胞融合、筛选和杂交瘤技术的建立 肿瘤细胞 DNA 生物合成有两条途径,一条由糖、氨基酸合成核苷酸,进而合成 DNA,这是主要途径。这条途径可被叶酸的拮抗物氨喋呤 A 阻断。但如果培养基中含核苷酸前体次黄嘌呤和胸腺嘧啶核苷,即便有 A 存在,细胞通过另一途径(称替代途径或应急途径)也可合成核苷酸,但后一途径需次黄嘌呤–鸟嘌呤磷酸核糖转化酶(HGPRT)和胸腺嘧啶核苷激酶(TK)存在。

　　一些骨髓瘤细胞系在体外培养过程中常失去生产重链的能力,甚至既不生产重链,也不生产轻链,有的还丧失合成次黄嘌呤–鸟嘌呤磷酸核糖转移酶的能力。但在自然变异中,这种HGPRT(−)细胞在群体中只有百万分之几。如果在培养基中加入8–氮鸟嘌呤(8–AG)或6–硫鸟嘌呤(6–TG),HGPRT(＋)细胞便死亡,以此可较容易地筛选出HGPRT(−)细胞。骨髓瘤细胞系SP2/0、NS–1和X63/Ag–8都是人工筛选的抗8–AG细胞。动物细胞经某些病毒(如仙台病毒)或高浓度聚乙二醇处理,可发生细胞融合。如参与杂交的一个亲本是HGPRT(−)细胞,则在含氨基喋呤的选择培养基中因DNA所有生物合成途径被阻断而死亡,但杂交细胞得到另一亲本的HGPRT,则可通过那条应急途径利用次黄嘌呤和胸腺嘧啶核苷合成DNA而得以生存下来。由此,可将杂交瘤细胞筛选出来。

　　Kohler和Milstein将HGPRT(−)骨髓瘤细胞与经绵羊红细胞免疫的BALB/c小鼠脾细胞通过仙台病毒介导进行融合,在含次黄嘌呤(H)、氨基喋呤(A)和胸腺嘧啶核苷(T)的选择培养基(HAT)中进行培养。结果未融合的骨髓瘤细胞因无HGPRT和A的阻断而死亡,未融合的脾细胞因不具备连续培养特性也死亡,只有骨髓瘤细胞与脾淋巴细胞形成的杂交瘤细胞因得到HGPRT并具备连续培养特性而生存下来。所获得的杂交瘤细胞经过克隆纯化后,具有能稳定分泌抗绵羊红细胞抗体的能力,注射小鼠能产生肿瘤,其腹水和血清含有高效价的同质抗体。由于该项技术的创立对生物医学做出了重大贡献,作者荣获1984年度诺贝尔生理学和医学奖。

　　(4)单克隆抗体与多克隆抗体的本质区别　　如上所述,单克隆抗体是源于一个B淋巴细胞的杂交瘤细胞系所分泌的、针对抗原的、同一表位的抗体;而多克隆抗体(简称多抗)是由免疫动物的无数不同的B淋巴细胞分泌的、针对抗原不同表位的、性质各异的混合抗体。单抗是同质的,多抗是异质的。把握好单抗与多抗的这些重要区别,对于正确应用这两类抗体是十分重要的。

2. 基本程序

　　用淋巴细胞杂交瘤技术制备单克隆抗体的基本程序如图2–10所示。简而言之,用抗原免疫动物,取免疫动物的脾细胞与HGPRT(−)骨髓瘤细胞,按一定比例混合,在PEG介导下进行细胞融合,将融合细胞混合物分配到含HAT培养基的96孔板中。培养一定时间后,通过抗体测定,确定分泌抗体的阳性细胞孔,然后进行杂交瘤细胞的克隆化,将纯化后的目的细胞冻存待用。对单抗的性质鉴定后,按需要生产特异性单抗。

3. 操作方法

　　(1)动物的选择与免疫

　　①动物的选择:纯种BALB/c小鼠,较温顺,离窝的活动范围小,体弱,食量及

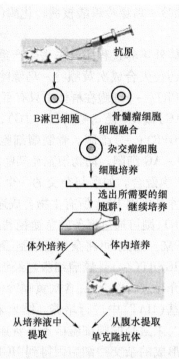

图 2 - 10 B 细胞杂交瘤技术制备单克隆抗体的主要过程

排污较小,一般环境洁净的实验室均能饲养成活。目前开展杂交瘤技术的实验室多选用纯种 BALA/c 小鼠。

②免疫方案:选择合适的免疫方案对于细胞融合杂交的成功、获得高质量的单克隆抗体(McAb)至关重要。一般在融合前两个月左右根据确立免疫方案开始初次免疫,免疫方案应根据抗原的特性不同而定。

a. 可溶性抗原免疫原性较弱,一般要加佐剂,半抗原应先制备免疫原,再加佐剂。常用佐剂为福氏完全佐剂和福氏不完全佐剂。

初次免疫抗原 1 ~ 50μg,加福氏完全佐剂,皮下多点注射或脾内注射

(一般 0.8 ~ 1mL,0.2mL/点)

↓3 周后

第二次免疫剂量同上,加福氏不完全佐剂,皮下或腹腔内(ip)注射(ip 剂量不宜超过 0.5mL)

↓3 周后

第三次免疫剂量同上,不加佐剂,ip(5 ~ 7d 后采血测其效价)

↓2 ~ 3 周

加强免疫,剂量 50 ~ 500μg 为宜,ip 或静脉内(iv)注射

↓3d 后

取脾融合

目前,用于可溶性抗原的免疫方案也不断有所更新,例如,将可溶性抗原颗粒化或固相化,一方面增强了抗原的免疫原性,另一方面可降低抗原的使用量;改变

抗原注入的途径,基础免疫可直接采用脾内注射;使用细胞因子作为佐剂,提高机体的免疫应答水平,增强免疫细胞对抗原的反应性。

b. 颗粒抗原免疫性强,不加佐剂就可获得很好的免疫效果。以细胞性抗原为例,免疫时要求抗原量为$(1 \sim 2) \times 10^7$个细胞。

初次免疫 1×10^7,0.5mL ip

↓2 ~ 3 周后

第二次免疫 1×10^7,0.5mL ip

↓3 周后

加强免疫(融合前三天)1×10^7,0.5mL ip 或 iv

↓

取脾融合

(2)细胞融合

①细胞融合前准备

a. 骨髓瘤细胞系的选择:骨髓瘤细胞应和免疫动物属于同一品系,这样杂交融合率高,也便于接种杂交瘤在同一品系小鼠腹腔内产生大量 McAb。

b. 饲养细胞:在组织培养中,单个或少数分散的细胞不易生长繁殖,若加入其他活细胞,则可促进这些细胞生长繁殖,所加入的这种细胞被称为饲养细胞。在制备 McAb 的过程中,许多环节需要加饲养细胞,如在杂交瘤细胞筛选、克隆化和扩大培养过程中,加入饲养细胞是十分必要的。常用的饲养细胞有小鼠腹腔巨噬细胞、小鼠脾脏细胞或胸腺细胞,也有人用小鼠成纤维细胞系 3T3 经放射线照射后作为饲养细胞。饲养细胞的量一般为 2×10^4 或 10^5 个/孔。

②细胞融合的步骤

a. 制备饲养细胞层:一般选用小鼠腹腔巨噬细胞。

与免疫小鼠相同品系的小鼠,常用 BALB/c 小鼠,6 ~ 10 周

↓

拉颈处死,浸泡在 75% 酒精内,3 ~ 5min

↓

用无菌剪刀剪开皮肤,暴露腹膜

↓

用无菌注射器注入 5 ~ 6mL 预冷的培养液(严禁刺破肠管)

↓

反复冲洗,吸出冲洗液

↓

冲洗液放入 10mL 离心管,1200r/min 分离 5 ~ 6min

↓

用 20% 小牛血清(NCS)或胎牛血清(FCS)的培养液重悬,调整细胞数至 1×10^5 个/mL

↓

加入 96 孔板,100μL/孔

$$\downarrow$$

放入 37℃、CO_2 培养箱培养

b. 制备免疫脾细胞

最后一次加强免疫 3d 后,拉颈处死小鼠

$$\downarrow$$

无菌取脾脏,培养液洗一次

$$\downarrow$$

脾脏研碎,过细胞筛

$$\downarrow$$

离心,细胞用培养液洗 2 次

$$\downarrow$$

计数

$$\downarrow$$

取 $\times 10^8$ 脾淋巴细胞悬液备用

c. 制备骨髓瘤细胞

取对数期骨髓瘤细胞离心

$$\downarrow$$

用无血清培养液洗 2 次

$$\downarrow$$

计数,取得 $\times 10^7$ 细胞备用

d. 融合

● 将骨髓瘤细胞与脾细胞按 1∶10 或 1∶5 的比例混合在一起,在 50mL 离心管中用无血清不完全培养液洗 1 次,1200r/mm 离心 8min,弃上清,用吸管吸净残留液体,以免影响 PEG 的浓度。轻轻弹击离心管底,使细胞沉淀略松动。

● 90s 内加入 37℃ 预温的 1mL 45% PEG(相对分子质量 4000)溶液,边加边轻微摇动,37℃ 水浴作用 90s。

● 加 37℃ 预温的不完全培养液以终止 PEG 作用,每隔 2min 分别加入 1mL、2mL、3mL、4mL、5mL 和 6mL。

● 800r/min 离心 6min。

● 弃上清,用含 20% 小牛血清的 HAT 选择培养液重悬。

● 将上述细胞,加到已有饲养细胞层的 96 孔板内,每孔加 100μL。一般一个免疫脾脏可接种 4 块 96 孔板。

● 将培养板置 37℃、5% CO_2 培养箱中培养。

(3)选择杂交瘤细胞及抗体检测

①HAT 选择杂交瘤细胞:脾细胞和骨髓瘤细胞经 PEG 处理后,形成多种细胞的混合体,只有脾细胞与骨髓瘤细胞形成的杂交瘤细胞才有意义。在 HAT 选择培养液中培养时,由于骨髓瘤细胞缺乏胸苷激酶或次黄嘌呤鸟嘌呤核糖转移酶,故不能生长繁殖,而杂交瘤细胞具有上述两种酶,在 HAT 选择培养液中可以生长繁殖。

在用 HAT 选择培养 1～2d 内,将有大量瘤细胞死亡,3～4d 后瘤细胞消失,杂交细胞形成小集落,HAT 选择培养液维持 7～10d 后应换用 HT 培养液,再维持 2 周,改用一般培养液。在上述选择培养期间,杂交瘤细胞布满孔底 1/10 面积时,即可开始检测特异性抗体,筛选出所需要的杂交瘤细胞系。在选择培养期间,一般每 2～3d 换一半培养液。

②抗体的检测:检测抗体的方法应根据抗原的性质、抗体的类型不同,选择不同的筛选方法,一般以快速、简便、特异、敏感为原则。

常用的方法有放射免疫测定(RIA)可用于可溶性抗原、细胞 McAb 的检测;酶联免疫吸附试验(ELISA)可用于可溶性抗原、细胞和病毒等 McAb 的检测;免疫荧光试验适合于细胞表面抗原的 McAb 的检测;其他方法还有间接血凝试验、细胞毒性试验、旋转黏附双层吸附试验等。

(4)杂交瘤的克隆化　杂交瘤克隆化一般是指将抗体阳性孔进行克隆化。因为经过 HAT 筛选后的杂交瘤克隆不能保证一个孔内只有一个克隆。在实际工作中,可能会有数个甚至更多的克隆,可能包括抗体分泌细胞、抗体非分泌细胞、所需要的抗体(特异性抗体)分泌细胞和其他无关抗体的分泌细胞,要想将这些细胞彼此分开就需要克隆化。克隆化的原则是对于检测抗体阳性的杂交克隆尽早进行克隆化,否则抗体分泌的细胞会被抗体非分泌的细胞所抑制,因为抗体非分泌细胞的生长速度比抗体分泌的细胞生长速度快,两者竞争的结果会使抗体分泌的细胞丢失。即使克隆化过的杂交瘤细胞也需要定期的再克隆,以防止杂交瘤细胞的突变或染色体丢失,从而丧失产生抗体的能力。

克隆化的方法很多,最常用的是有限稀释法,其基本步骤为:

①克隆前 1d 制备饲养细胞层(同细胞融合)。

②将要克隆的杂交瘤细胞从培养孔内轻轻吹干,计数。

③调整细胞为 3～10 个/mL。

④取头天准备的饲养细胞层的细胞培养板,每孔加入稀释细胞 100μl,于 37℃、5% CO_2 培养箱中培养。

⑤在第 7d 换液,以后每 2～3d 换液 1 次。

⑥8～9d 可见细胞克隆形成,及时检测抗体活性。

⑦将阳性孔的细胞移至 24 孔板中扩大培养。

⑧每个克隆应尽快冻存。

(5)杂交瘤细胞的冻存与复苏

①杂交瘤细胞的冻存:冻存液最好预冷,操作动作轻柔、迅速。冻存时从室温可立即降至 0℃后放入 -70℃ 超低温冰箱,次日转入液氮中。细胞冻存液的成分为 50% 小牛血清、40% 不完全培养液、10% 二甲基亚砜。

②细胞复苏方法:将玻璃安瓿自液氮中小心取出,放入 37℃ 水浴中,在 1min 内使冻存的细胞解冻,将细胞用完全培养液洗涤两次,然后移入头天已制备好的饲养

层细胞的培养瓶内,置 37℃、5% CO_2 培养箱中培养,当细胞形成集落时,检测抗体活性。

（6）单克隆抗体的大量生产　大量生产单克隆抗体的方法主要有以下两种。

①体外使用旋转培养管大量培养杂交瘤细胞,从清液中获取单克隆抗体。但此方法产量低,一般培养液内抗体含量为 $10\sim60\mu g/mL$,如果大量生产,费用较高。

②体内接种杂交瘤细胞,制备腹水或血清。

a. 实体瘤法:对数期的杂交瘤细胞按 $(1\sim3)\times10^7$ 个/mL 接种于小鼠背部皮下,每处注射 0.2mL,共 $2\sim4$ 点。待肿瘤达到一定大小后(一般 $10\sim20$ d)则可采血,从血清中获得单克隆抗体的含量可达到 $1\sim10$ mg/mL。但采血量有限。

b. 腹水的制备:常规是腹腔先注射 0.5mL 降植烷或液体石蜡于 BALB/c 鼠,$1\sim2$ 周后腹腔再注射 1×10^6 个杂交瘤细胞,接种细胞 $7\sim10$ d 后可产生腹水。

（二）核移植及动物克隆技术

近年来,动物细胞核,尤其是哺乳动物体细胞核经移植到卵细胞后重新发育成一个幼体的研究正在不少国家争相开展。以下就这方面的工作做一简单介绍(图 $2-11$)。

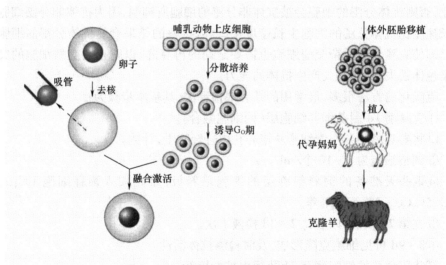

图 2-11　核移植细胞融合实验示意图

1. 细胞核移植

异种细胞核质之间遗传相互关系研究的杰出代表是被誉为中国"克隆先驱"的童第周教授和美籍华人牛满江教授,他们早在 20 世纪 60 年代就开展了鱼类核移植工作。他们取出鲤鱼囊胚期胚胎的细胞核,放入鲫鱼的去核受精卵中,结果有部分异核卵发育成鱼。经检查,这些鱼确为杂交鱼,它们的口须和咽区像鲤鱼,而脊椎骨的数目却像鲫鱼,侧线鳞片数为中间类型,血清及血蛋白的电泳分析都支持杂交鱼的结论。此外他们还进行了草鱼与团头鲂等组合的细胞核移植实验,均得到杂交鱼,它们有的为中间性状鱼,有的则偏像某一亲本。杂交鱼的性状与供核亲本鱼类似,这种现象无可非议。

2. 脊椎动物克隆——细胞核遗传全能性研究

几乎所有的真核生物细胞都有细胞核(个别种类已分化的细胞,除外如人红细胞)。那么,处于个体发育各个时期的细胞,履行不同职责的细胞,它们细胞核的遗传潜能是否一样? 是否还具有遗传全能性?

Bhggs 是研究细胞核遗传全能性的第一人。1952 年他将豹纹蛙囊胚期细胞的细胞核取出,送入去核同种蛙卵中,结果部分卵发育成个体;而他从胚胎发育后期、蝌蚪期、成蛙细胞中取出的细胞核进行类似的实验却都以失败告终。从此知道,胚胎早期(囊胚期)的细胞是一些尚未分化的细胞,其细胞核具有发育成完整个体的遗传全能性;而胚胎后期乃至成体的细胞已出现明显分化,其细胞核难以重演胚胎发育的过程。然而 1964 年南非科学家 Gurdon 的实验却取得了突破,他首次将非洲爪蟾体细胞(小肠上皮细胞)的细胞核取出,植入到经紫外线辐射去核的同种卵中,竟然有 1.5% 的卵发育至蝌蚪期。虽然实验没有取得完全的成功,但至少提示了体细胞核仍具有遗传全能性,是可能去分化而重新发育的。不过由于科学技术发展水平的限制,利用体细胞核发育成个体这条途径屡遭挫折,多数生物学家转向以未成熟胚胎细胞克隆动物的领域,并很快取得成效。1981 年 Illmenses 率先报道用小鼠幼胚细胞核克隆出正常小鼠。随后,1986 年英国 Willadsen 等用未发育成熟的羊胚细胞的细胞核克隆出一头羊。至此,利用幼胚细胞核克隆哺乳动物的技术几近成熟。世界许多国家和地区,如美国、英国、新西兰、中国、日本、中国台湾等纷纷报道克隆成功猴、猪、绵羊、牛、鼠、山羊和兔等。其中,我国在 20 世纪 80 年代末克隆出一只兔;1991 年西北农业大学发育研究所与江苏农学院合作克隆羊成功;1993 年中国科学院发育生物研究所与扬州大学农学院共同克隆出一批山羊;1995 年华南师范大学和广西农业大学合作克隆出牛;1996 年中国农科院畜牧研究所克隆牛获得成功。

3. 体细胞克隆

英国 PPL 生物技术公司和罗斯林研究所的 Wilmut 博士等人,用乳腺细胞的细胞核克隆出一只绵羊"多莉"。"多莉"的诞生,既说明了体细胞核的遗传全能性,也翻开了人类以体细胞核竞相克隆哺乳动物的新篇章。此项技术因而荣登美国《科学》周刊评出的 1997 年十大科学发现的榜首。那么,"多莉"绵羊是如何克隆诞生的呢? 现简介如图 2 - 12 所示。

克隆过程看似简单,其实仅将乳腺细胞的细胞核植入已去核绵羊卵就重复了277 次;而在体外培养异核卵时,仅有约十分之一(29 个)具有活力,能生长至胚胎发育的桑椹期或囊胚期。把这 29 个早期绵羊胚分别植入 13 只代孕苏格兰黑脸羊母羊子宫中,最终仅产下羊羔"多莉"。如此低的成功率,既说明了实验的艰难,更

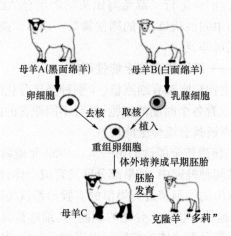

图 2－12　"多莉"克隆的示意图

反映出技术上的不成熟。后来由日、美、英、意四国科学家组成的小组就放弃了电刺激法而采用化学刺激法，即所谓的"檀香山技术"，促进外源细胞核与卵细胞质的融合，将克隆成功率提高到 2% 左右。

（三）干细胞技术

　　早在 20 世纪 50 年代，科学家在畸形胎瘤中首次发现了胚胎干细胞（ES 细胞），从此开创了干细胞生物学研究的历程。1970 年，Evans 分离出小鼠胚胎干细胞并在体外进行培养。接着，科学家直接从病人的身上提取某种特殊的细胞使之长成皮肤、骨骼和软骨，甚至是重要器官的一部分，这些特殊的细胞就是干细胞。1997 年人的胚胎干细胞被首次培养成功，从而科学家开始了尝试"定制"器官救助生命的干细胞工程，即非繁殖性克隆或治疗性克隆研究。干细胞是动物（包括人）胚胎及某些器官中具有自我复制和多向分化潜能的原始细胞，是重建、修复病损或衰老组织、器官功能的理想种子细胞。

　　按分化潜能的大小，干细胞基本上可分为三种类型：一类是全能性干细胞，即胚胎干细胞，是最原始的干细胞，具有自我更新、高度增殖和多向分化发育成为人体全部 206 种组织和细胞，甚至形成完整个体的分化潜能。当受精卵分裂发育成囊胚时，内层细胞团的细胞即为胚胎干细胞。另一类是多能性干细胞，这种干细胞具有分化出多种细胞、组织的潜能，但却失去了发育成完整个体的能力，发育潜能受到一定的限制，如骨髓造血干细胞可分化成至少十二种血细胞，但一般不能分化出造血系统以外的其他细胞。还有一类干细胞为专一性干细胞，这类干细胞只能分化成一种类型或功能密切相关的两种类型的细胞，如上皮组织基底层的干细胞、肌肉中的成肌细胞等。不过，随着干细胞研究日新月异的飞速发展，最近也有科学家报道专一性干细胞也可能分化为其他类型的细胞和组织。

干细胞有以下显著的特点:具有分裂成其他细胞的可能性;具有无限增殖分裂的潜能;可连续分裂几代,也可在较长时间内处于静止状态;以对称或不对称两种方式进行生长。开展干细胞研究一般要经过三个阶段,①获得干细胞系,这是本研究最重要的第一步。可以从动物或人的早期胚胎或各器官、组织中分离并经鉴定,且能在体外长期保持干细胞特性(一般应稳定传25代以上)。②建立干细胞诱导分化模型,可利用基因工程手段引入外源目的基因,探索诱导干细胞向特定组织、器官分化的化学或物理条件。③将上述干细胞或干细胞培育体系植入动物或人的相应器官或组织,考察其效果。

上述干细胞研究不仅操作烦琐,而且对实验者的实验技能要求很高。我国徐荣祥教授等另辟蹊径,在皮肤干细胞原位再生方面取得了原创性的重大突破。他们对被烧伤的皮肤进行适当处理后,成功地直接诱导上皮组织基底层的干细胞分化生成皮肤细胞,使受伤的皮肤得以迅速康复。该技术显示了我国干细胞研究已率先进入组织和器官的原位干细胞修复和复制阶段。

四、植物细胞工程制药技术

(一)植物组织培养

组织培养是在无菌和人为控制外因的条件下,培养、研究植物组织、器官,进而从中分化、发育出整体植株的技术。现在已有600多种植物能够借助组织培养的手段进行快速繁殖,多种具有重要经济价值的粮食作物、蔬菜、花卉、果树、药用植物等实现了大规模的工业化、商品化生产。虽然从总体上看我国的植物组织培养工作起步较迟,但凭着中国人特有的勤劳与智慧,短短二十几年间,已经在多个方面取得巨大成绩。

进行植物组织培养,一般要经历以下五个阶段。

1. 预备阶段

(1)选择合适的外植体是本阶段的首要问题 外植体是能被诱发产生无增殖系的器官或组织切段,如一个芽、一节茎。选择外植体,要综合考虑以下几因素:①大小适宜,外植体的组织块要达到2万个细胞(即5～10mg)以上才容易存活。②同一植物不同部位的外植体的分化能力、分化条件及分化类型有相当大的差别。③植物胚与幼龄组织、器官比老化组织、器官更容易去分化,产生大量愈伤组织。愈伤组织原指植物因受创伤而在伤口附近产生的薄壁组织,现已泛指经细胞与组织培养产生的可传代的未分化细胞团。④不同物种相同部位的外植细胞分化能力可能大不一样。总之,外植体的选择,一般以幼嫩的组织或器官为宜。此外,外植体的去分化及再分化的最适条件都需进行摸索,他人成功的经验可供借鉴,并无快捷方式可循。

（2）除去病原菌及杂菌　选择外观健康的外植体,尽可能除净外植体表面的各种微生物是成功进行植物组织培养的前提。消毒剂的选择和处理时间的长短与外植体对所用试剂的敏感性密切相关,如表3-6所示。通常幼嫩材料处理的时间比成熟材料要短些。

表2-5　　　　　　　　　　　　常用消毒剂的使用和效果

消毒剂	使用浓度/%	消除难易	消毒时间/min	灭菌效果
次氯酸钠	2	易	5~30	很好
次氯酸钙	9~10	易	5~30	很好
漂白粉	饱和溶液	易	5~30	很好
升汞	0.1~1	较难	2~10	很好
酒精	70~75	易	0.2~2	好
过氧化氢	10~12	最易	5~15	好
溴水	1~2	易	2~10	很好
硝酸银	1	较难	5~30	好
抗生素	4~50mg/L	中等	30~60	较好

对外植体除菌的一般程序为:外植体→自来水多次漂洗→消毒剂处理→无菌水反复冲洗→无菌滤纸吸干。

（3）配制适宜的培养基　虽然由于物种的不同以及外植体的差异,组织培养的培养基多种多样,但它们通常都包括以下三大类组分:①含量丰富的基本成分,如蔗糖或葡萄糖高达每升30g,以及氮、磷、钾、镁等;②微量无机物,如铁、锰、硼酸等;③微量有机物,如吲哚乙酸、激动素、肌醇等。

各培养基中,吲哚乙酸和激动素的变动幅度很大,这主要因培养目的而异。一般生长素（吲哚乙酸）对细胞分裂素（激动素）的比值较高有利于诱导外植体产生愈伤组织,反之则促进胚芽和胚根的分化。

2. 诱导去分化阶段

外植体是已分化成各种器官的切段。组织培养的第一步就是让外植体去分化,使各细胞重新处于旺盛有丝分裂的分生状态,因此培养基中一般应添加较高浓度的生长素类激素。诱导外植体去分化可以采用固体培养基,这种方法简便易行、占地面积小、可在培养室中多层培养。外植体表面除菌后,切成小片段插入或贴放在培养基上即可。但外植体营养吸收不均、气体及有害物质排换不畅,愈伤组织易出现极化现象是本方法的主要缺点。如把外植体浸没于液态培养基中,营养吸收及物质交换便捷,但需提供振荡器等设备,投资较大,且一旦染菌则难以挽回。

3. 继代增殖阶段

愈伤组织长出后经过4~6周的迅速细胞分裂,原有培养基中的水分及营养成分多已耗失,细胞的有害代谢物已在培养基中积累,因此必须进行移植,即继代增殖。同时,通过移植愈伤组织的细胞数大大扩增,有利于下阶段收获更多的胚状体或小苗。

4. 生根发芽阶段

愈伤组织只有经过重新分化才能形成胚状体,继而长成小植株。胚状体是在组织培养中分化产生的具有芽端和根端类似合子胚的构造。通常要将愈伤组织移置于含适量细胞分裂素、没有或仅有少量生长素的分化培养基中,才能诱导胚状体的生成。光照是本阶段的必备外因。根据实验工作的需要,有时也可不经愈伤组织阶段而直接诱导外植体分生、分化长成一定数量的丛生芽,然后再诱导其生成根。

5. 移栽成活阶段

生长于人工照明玻璃瓶中的小苗,要适时移栽室外以利生长。此时的小苗还十分幼嫩,移植应在能保证适度的光、温、湿条件下进行。在人工气候室中锻炼一段时间能大大提高幼苗的成活率,此阶段称为炼苗。

(二)植物细胞培养和次生代谢物的生产

植物中含有数量极为可观的次生代谢物质。据保守的估计,目前已发现的植物天然代谢物已超过 2 万种,而且还在以每年新发现 1600 种的速度递增。人类祖先在与疾病的抗争中已积累了丰富的利用植物中的生物活性物质治病强身的经验。李时珍编纂的巨著《本草纲目》中所列的 1892 种药物绝大多数是植物。目前仍有约 25% 的法定药品来自植物。然而植物生长缓慢,自然灾害频繁,即使是大规模人工栽培仍然不能从根本上满足人类对经济植物日益增长的需求。因此在1956 年,Routier 和 Nickell 就提出工业化培养植物细胞以提取其天然产物的大胆设想。

工业化植物细胞培养系统主要有悬浮细胞培养系统和固定化细胞培养系统两大类。前者适于大量快速地增殖细胞,但往往不利于次生代谢物的积累;后者则相反,细胞生长缓慢,但次生代谢物含量相对较高。

1. 悬浮培养系统

1953 年 Muir 成功地对烟草和直立万寿菊的愈伤组织进行了悬浮培养。1959年 Tulecke 等推出了一个 20L 的植物细胞封闭式悬浮培养系统,该系统由培养罐及四根导管连通辅助设备构成,经蒸气灭菌后接入目的培养物,以无菌压缩空气进行搅拌。当营养耗尽,细胞数目不再增加,且次生代谢物达一定浓度时,收获细胞,提取产物。他们用此系统成功地培养了银杏、冬青、黑麦草和蔷薇等细胞。本系统的突出优点是结构简单,易于操作。但它的生产效率不够高,次生代谢物累积的量也较少。后人在此基础上进行了改进,包括:①半连续培养方法,即每隔一定时间收获部分培养物,再加入等量培养基的方法;②连续培养方法,即培养若干天后在连续收获细胞的同时不断补充培养液的方法。这两个系统较明显地提高了细胞的生产率,但由于收获的是快速生长的细胞,其中的次生代谢物含量依然很低。看来有必要控制不同的参数分阶段培养细胞。如前阶段营养充足,加大通气,促进细胞大量生长;后阶段由于营养短缺、溶解氧供应不足导致细胞代谢途径改变,转而累积较高浓度的次生代谢物质。

2. 固定化细胞培养系统

针对上述细胞悬浮培养的缺点,Brodelius 等人在 1979 年首次报道用藻酸钙成功地固定化培养了橘叶鸡眼藤、长春花、希腊毛地黄细胞。实验证明,细胞分化和次生代谢物积累之间存在正相关性。细胞固定化后密集而缓慢的生长有利于细胞的分化和组织化,从而有利于次生代谢物的合成。此外,细胞固定化后不仅便于对环境因子的参数进行调控,而且有利于在细胞团间形成各种化学物质和物理因素的梯度,这可能是调控高产次生代谢物的关键。

细胞固定化是将细胞包埋在惰性支持物的内部或贴附在它的表面。其前提就是通过悬浮培养获得足够数量的细胞。常见的固定化细胞培养系统有以下两大类。

(1)平床培养系统　本系统由培养床、贮液罐和蠕动泵等构成(图 2 - 13)。新鲜的细胞被固定在床底部,由聚丙烯等材料编织成的无菌平垫上。无菌贮液罐被紧固在培养床的上方,通过管道向下滴培养液。培养床上的营养液再通过蠕动泵循环送回贮液罐中。本系统设备较简单,比悬浮培养体系能更有效地合成次生代谢物(表 2 - 6)。不过它占地面积较大,累积次生代谢物较多的滴液区所占比例不高,此外在这密闭的体系中氧气的供应时常成为限制因子,经常还得附加提供无菌空气的设备。

(2)立柱培养系统　本方法将植物细胞与琼脂或褐藻酸钠混合,制成一个个 $1 \sim 2cm^3$ 的细胞团块,并将它们集中于无菌立柱中(图 2 - 14)。这样,贮液罐中下滴的营养液能流经大部分细胞,滴液区比例大大提高,次生代谢物的合成大幅度增强,同时占地面积大幅度减小。

表 2 - 6　　　　　悬浮培养与平床培养的龙葵细胞特性比较

培养方式及时间	鲜重增加/%	细胞生活力/%	生物碱/(mg/g)[1]
悬浮培养 18d	866	73.9	10
平床培养 7d	7	71.6	12

①每克细胞干重所含毫克数。

褐藻酸钙固定植物细胞的技术路线:

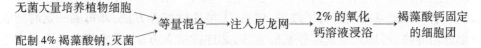

无菌大量培养植物细胞
配制4%褐藻酸钠,灭菌 ——→ 等量混合 ——→ 注入尼龙网 ——→ 2%的氧化钙溶液浸浴 ——→ 褐藻酸钙固定的细胞团

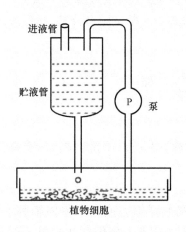

图 2-13 植物细胞平床培养系统

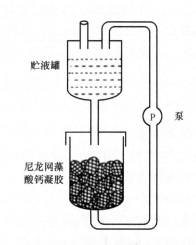

图 2-14 系统植物细胞立柱培养

在立柱培养系统中,细胞被固定化,因此应尽可能选择那些次生代谢物能自然地或经诱导后能泌出细胞外的细胞株系。此外,为了提高次生代谢物的产量,还应注意:①要选用高产细胞株系;②在营养液中加入目的产物的直接或近直接前体物质,往往对增产目的产物有特效;③对各类细胞的培养都应反复摸索碳源、氮源和生长调节物质的配比,找出最佳方案;④适量光照及通气在多数情况下有利于产物的生成。

任务1 猴肾细胞脊髓灰质炎活疫苗的生产

知识链接 脊髓灰质炎又称小儿麻痹症,是由于小孩的脊髓、脊神经受病毒感染而引起的疾病,是一种严重的传染性疾病。部分小孩得病后可自行痊愈,但多数小孩患病后会出现下肢肌肉萎缩、畸形,引起终身残疾,多为跛行甚至根本不能站立、行走。

目前对这种疾病还没有有效的治疗方法,但可通过使用疫苗进行预防。脊髓灰质炎疫苗就是用于预防小儿麻痹的疫苗。现在有两种疫苗可以使用,一种是我国目前正在使用的脊髓灰质炎减毒活疫苗,也就是大家熟悉的"糖丸",它是由活的、但致病力降低的病毒制成的;而另一种名为灭活脊髓灰质炎病毒疫苗,是一种用死病毒制成的疫苗。

一、生产工艺路线

猴肾细胞培养→接种病毒(测正常细胞对照)→收获病毒,合并,加 $MgCl_2$→猴病毒检查(猴肾细胞)(SV40),无菌试验→病毒效价滴定,B 病毒检查(兔肾细胞)→合并,过滤加 $MgCl_2$→无菌试验→柯萨奇病毒检查(乳鼠)→分亚批,型特异性检查,病毒滴定→T特征试验,B病毒复检(家兔)→猴体残余致麻痹力试验(安全试验),病理切片→分装,病毒滴定→结核杆菌检查→无菌试验→分装,病毒滴定→保存于－20℃待检定合格后→加工糖丸。

二、生产工艺过程

1. 毒种准备

(1)毒种来源　可用Sabin株,Sabin纯化株,中Ⅱ17,中Ⅲ2株。所有疫苗生产用毒株均须经卫生部批准。

(2)毒种批

①毒种批制备与保存:毒种批用原毒株在猴肾细胞或人二倍体细胞上制备。从原毒株算起,Sabin Ⅰ型、Sabin Ⅱ型、中Ⅱ17及中Ⅲ2型传代次数均不得超过3代,Sabin Ⅲ型不超过2代。所有毒种均应于－60℃以下保存。

②毒种批检定:每一毒种批均按A3项分批检定(滴度不得低于6.5 Log PFU/1.0mL)。

2. 疫苗制备

生产用房应为独立的单元,不得携人或操作强毒株或其他病毒、致病菌。生产前,应对生产区进行消毒。

工作人员必须经过专业培训,身体健康,并服用脊髓灰质炎活疫苗。每年生产前应进行体检。传染性肝炎、痢疾、活动性肺结核患者不得进入生产部门。在猴区工作的人员不得患有肺结核。

(1)猴肾细胞制备

①动物选择和检疫:用未做过其他试验或做过本疫苗检定的健康猕猴制备细胞培养物。所用动物隔离检疫应不少于6周,应无结核、B病毒感染及其他急性传染病。凡有严重化脓灶、赘生物以及明显的肝、肾病理改变者不得用于制备疫苗。

②细胞消化与培养:采用电磁搅拌或灌注法以胰蛋白酶或其他分散剂消化猴肾细胞。细胞培养瓶置(37±0.5)℃培养,应于9d内长成单层。每只猴所获细胞为一个细胞批。可把原代猴肾细胞连续传5代后,用于接种病毒。

(2)病毒接种、培育与收集　细胞维持液含3.0～5.0g/L碳酸氢钠(pH7.6～7.8)。病毒接种量为0.01～0.5MOI,种毒后置(33±0.5)℃培养,出现完全病变时间应在40～96h。病毒液按细胞批收集于大瓶中,澄清过滤。

(3)病毒液合并或浓缩　病毒液合并或浓缩时可用0.2μm的滤膜过滤。

(4)加氯化镁与分批　病毒液加氯化镁,最终浓度为1mol/L(pH6.8～7.2)即为液体疫苗。同日制备的病毒液为一个亚批,数个亚批组成一个疫苗批,批量一般不超过$40×10^5$mL。

(5)分装　半成品经检定合格后分装,即为液体疫苗成品。

3. 检定

（1）猴肾细胞外源因子检查

①对照细胞检查：于接种病毒当天（0天），每批猴肾细胞留取10% ~25%换维持液，作为正常细胞对照，以检查外源因子。该细胞瓶置33~35℃培育，观察14d，期间检查细胞病变。有疑似病毒存在者，用猴肾细胞传代，传代后仍有类似现象，该细胞批所制疫苗应废弃。用于传代的猴肾细胞应设细胞对照。

②血吸附检查：种毒后7d，检查对照细胞中血吸附病毒。通常用0.2% ~ 0.5%鸡、豚鼠红细胞（贮存于2~8℃不超过7d），分别放4~8℃、20~25℃，30min观察结果，应为阴性。如血吸附可疑阳性，在同种细胞上继续盲传，如传出病毒，该批细胞制备的疫苗应予废弃。

③SV40及其他外源因子检查：当日生产猴肾细胞批，同时接种小方瓶数个用于外源因子检查。于种毒0~2d，将细胞上清混合液接种于对SV40病毒敏感的Vero细胞瓶中，混合液在培养液中的含量应不少于20%，同种细胞最少留一瓶以上不接种，作为细胞对照，观察14d。于接种后5~8d，再把上述细胞培养的上清液盲传一代，传代后观察14d。

（2）病毒液检查

①外源因子检查：样品以脊髓灰质炎病毒型特异性抗体或单克隆抗体中和，该抗体不能用猴制备，免疫用抗原必须用非灵长类细胞制备。中和物（可稀释，但稀释度不应超过1∶4）接种猴肾细胞或其他已知对SV40敏感的细胞，并留取正常细胞对照，37℃培养观察4周。观察到2周时，用同样细胞再传一代，并观察2周。观察期满因其他原因剔除不能观察的细胞瓶数不大于20%，则本试验成立。如培养物发生病变，应查清原因。如证实该病变是由于未中和的脊髓灰质炎病毒引起的则须重试。如证实病变确系SV40或其他外源因子污染所致，并证明与病毒液有关，则该批病毒液应废弃。

②无菌试验及支原体检查　按《生物制品无菌试验规程》进行。支原体检查使用已证实支持固醇和非需固醇支原体生长的液体和固体两种培养基。

③病毒滴定　用微量细胞病变法或空斑法在猴肾或Hep-2或其他敏感细胞上进行，培养温度为35~36℃，病变法7d判定结果，空斑法4d判定结果。病毒滴定时应设病毒参考品。

④型特异性检定　取Ⅰ型、Ⅱ型、Ⅲ型单价或三价脊髓灰质炎病毒抗血清与等量样品混合，置37℃中和1h，接种猴肾、Hep-2或其他敏感细胞，7d判定结果。样品应为单价病毒液，型别正确无误。

⑤家兔试验　经以上4项检定合格的样品，每瓶等量取样合并。如果不立即进行检定，样品应保存于-20℃以下。

样品应进行猕猴疱疹病毒（B病毒）和其他病毒检查。用体重为1.5~2.5kg的健康家兔，最少5只，每只家兔注射的样品量不少于10mL，用其中1mL进行皮内多点注射,其余的进行皮下注射,观察时间不少于 3 周。到期动物死亡数不得超过 20% ,无 B 病毒和其他病毒感染判为合格。

家兔在试验 24h 以后死亡、疑有 B 病毒感染时,做尸体解剖检查,取部分神经组织及脏器标本冻存待查。同时用脑细胞制成 10% 悬液,以同样方法接种 5 只家兔,证实有 B 病毒感染时,应终止生产并报告国家检定当局,未采取措施防止再感染之前,不得继续生产。

⑥猴体试验 猴体神经毒力试验可采用脊髓注射或脑内注射方法。应使用健康猕猴,体重在 1.5kg 以上并应隔离检疫不少于 6 周,无结核、B 病毒感染及其他急性传染病。猴血清经 1: 4 稀释后应证明不含同型病毒中和抗体。

a.脊髓法

● 猴的数量:疫苗猴体试验必须设立参考制品。评价 I 型、II 型疫苗及其参考制品最少应各有 11 只有效猴,评价 III 型疫苗应至少有 18 只有效猴。数个亚批疫苗可合并作一个疫苗批进行猴体试验,疫苗量一般不超过 4×10^5 mL。猴子的大小和性别应随机分配各组。同型参考制品可用于测试一批以上疫苗。有效猴指在中枢神经系统看到脊髓灰质炎病毒引起的特异性神经元损伤的猴子。有效猴数不足时,允许补足,但也应同时设有参考猴数。如试验需要 2 个工作日,则每一个工作日用疫苗和同型参考制品接种的猴子数应相等。为了得到 11 只和 18 只有效猴,通常要相应地增加接种猴数。

● 疫苗和参考制品的病毒滴度:疫苗和同型参考制品的病毒含量应调整到尽可能接近,每只猴注射 6.5 ~ 7.5 Log PFU 50/1.0mL,但只用一个病毒浓度接种动物。

● 试验观察:全部猴子应观察 17 ~ 22d。在接种 24h 后死亡猴应做尸体解剖,检查是否因脊髓灰质炎引起的死亡,因其他原因死亡的猴子在判定时可以剔除。在观察期内死亡的猴数不超过 20% 时,则试验成立。呈濒死状态或严重麻痹的猴子应处死进行尸检。

● 检查切片数:每只猴子取中枢神经系统进行组织学检查。切片厚度为 10 ~ 15μm,没食子蓝染色检查切片数为腰膨大 12 个切面、颈膨大 10 个切面、延髓 2 个切面、桥脑和小脑各 1 个切面、中脑 1 个切面、大脑皮层左右侧和丘脑各 1 个切面。

● 病毒活性的计分:为了评价脑和脊髓半个切面的病毒活性,由同一人员统一采用 4 级计分法判断其病变严重程度,仅有细胞浸润(这不足以认为是有效猴)、细胞浸润伴有少量的神经元损害、细胞浸润伴有广泛的神经元损害、大量的神经元损害伴有或无细胞浸润。切片中有神经元损害,但未见针迹者应视为有效猴;切片中由外伤引起的损害,而又无特异的病理改变则不视为有效猴。

严重程度的分值是由腰髓、颈髓和脑组织切片的整个切片的计分累计而成的。每只有效猴的病变分值为:

Ls =(腰髓分值总和/半个切片数 + 颈髓分值总和/半个切片数 + 脑分值总和/半个切片数)/3

式中 Ls——每只有效猴的病变分值

再计算每组有效猴的平均分值。

●神经毒力试验的评价:参考制品的平均病变分值在上限与下限之间时,各生产单位才能根据每组有效猴的平均病变分值 $C1$、$C2$、$C3$ 值判定疫苗合格与否,判定标准如下。

疫苗的平均病变分值(X_{test})与参考制品的平均病变分值(X_{ref})相比较。

合格:$X_{\text{test}} - X_{\text{ref}} < C1$

不合格:$X_{\text{test}} - X_{\text{ref}} > C2$

重试:有以下两种情况。

第一种:$C1 < X_{\text{rest}} - X_{\text{ref}} < C2$(仅限一次)

第二种:同一次试验中,疫苗组平均分值与参考组平均分值之差小于 $C1$ 时,而疫苗组中单只猴最高分值不小于 2.5,并大于疫苗参考组单只猴最高分值的两倍时,本批疫苗应重试。

重试合格:$[X_{(\text{test1}+\text{test2})} - X_{(\text{ref1}+\text{ref2})}]/2 < C3$

重试不合格:$[X_{(\text{test1}+\text{test2})} - X_{(\text{ref1}+\text{ref2})}]/2 > C3$

b.脑内法:取健康猴 20 只,麻醉后在两侧视丘分别注入 0.5mL 样品,不低于 7.0 Log PFU/1.0mL 及 10.0Log PFU/1.0mL 各 10 只,观察 21d。到期动物死亡数和未命中数不得超过 20%,否则应补足。注射后 48h 内死亡或出现非特异性麻痹症状者剔除不计。中途死亡及到期处死动物,做中枢神经系统病理组织学检查,判定标准如下。

●合格标准:凡符合下列情况之一判为合格,中枢神经系统无脊髓灰质炎病理组织学改变、有 2 只猴发生轻度及其以下病变、1 只猴发生中度及其以下病变。

●不合格标准:一只猴有中度病变,同时一只猴有轻度以上病变者;一只猴有重度以上病变者。

●重试标准:2 个亚批疫苗合并试验结果不合格者,可以分批重试,并按上述标准判定。

●RCT 特征试验　将单价病毒液分别在 36℃ 及 40℃ 温度条件下进行病毒滴定,培养温度差不超过 ±0.1℃,试验设 t_+ 和 t_- 样品(生产毒种或已知对人安全的疫苗)为对照。如果被试病毒液和参考病毒在 36℃ 的繁殖滴度比 40℃ 的滴度高 5.0Log PFU/1.0mL,则 RCT 特征试验合格。此外,也可进行非随机对照试验(d 特征试验),以弥补 RCT 特征试验的不足。

(3)成品检定

①外观检查:疫苗应为橘红色液体,澄清无异物。

②无菌试验:按《生物制品无菌试验规程》进行。

③病毒滴定:与病毒液检查中的相应项相同。每人份三价疫苗病毒含量(Log PFU/1.0mL)应不小于 6.15,Ⅰ型 6.0,Ⅱ型 5.0,Ⅲ型 5.5。单价应不小于 5.0。

④热稳定性试验:疫苗批样品于 37℃ 放置 48h,病毒滴度降低不得超过 0.5Log

PFU/1.0mL。

4. 保存与有效期

于 −20℃ 以下保存,自病毒滴定合格之日起效期为 2 年。2~8℃ 保存效期为 1 年。

任务 2　西洋参细胞培养法生产人参皂苷

知识链接　西洋参(图 2−15)原产于美国和加拿大,传入中国后,为与中国本土或朝鲜出产的人参及日本出产的东洋参相区别,乃命名为西洋参或洋参,香港人取美国国旗之意称之为花旗参。由于野生西洋参数量很少,在美国与加拿大有大量人工栽培的移种参。我国应用西洋参已有近 300 年的历史,但引种栽培却始于70 年代中后期,80 年代初引种获得成功。现已发展成为继加拿大、美国之后的第三大西洋参生产国。近几年,西洋参在补品中备受青睐,且成品繁多,如洋参冲剂、洋参丸、西洋参蜂皇浆等。西洋参的药性与人参有相似之处,但并不相同。人参提气助火,西洋参滋阴降火。

图 2−15　西洋参

一、生产工艺路线

西洋参细胞培养法生产人参皂苷的工艺路线:

西洋参细胞种质选择与处理

↓70% 乙醇,30s

↓5% 安替福林溶液或 10% 漂白粉或 0.1% 升汞溶液,10~20min

愈伤组织诱导

↓25~26℃,20d

↓继代 20~30 次

西洋参细胞悬浮培养

↓27~29℃摇床培养 20~25d

西洋参细胞工业化大量培养

　　↓搅拌式反应器,接种量为 1～2g/L

　　↓27～29℃摇床培养 18～20d

细胞收获与干燥

　　↓热水 80～90℃,1h

　　↓大孔树脂柱、70%乙醇

人参皂苷的提取

二、生产工艺过程

1. 西洋参细胞种质选择与处理

（1）取人工栽培的西洋参根,在自来水中充分洗刷,然后将其切成 50～100mm 厚的片断。

（2）浸入 70% 的乙醇溶液中 30s。

（3）取出浸于 5% 安替福林溶液、或者 10% 漂白粉、或者 0.1% 升汞溶液,10～20min。

（4）取出之后用无菌水充分洗去消毒液,备用。

2. 愈伤组织诱导

（1）培养基为添加 2.5mg/L 的 2,4－D、0.8mg/L 的细胞激动素（KT）和0.7g/L 的酪蛋白水解物的 MS 培养基,50mL 三角烧瓶培养基装量为 20mL,琼脂浓度为 0.8%,灭菌后备用。

（2）取已经消毒的西洋参根片断,切成 1mm 厚、16～25mm² 见方的立方小块组织,再向每个培养瓶中接种 1g 左右的小组织块,于 25～26℃培养 20d,就会长出愈伤组织。

（3）再在同样的培养基条件下进行移植继代培养,每隔 20d 继代一次。移植操作时要注意,分别取同一愈伤组织进行切割和接种,避免使其混杂。如此循环进行 20～30 次移植继代培养,即可获得多个西洋参愈伤组织无性系(图 2－16)。

图 2－16　细胞培养的人参愈伤组织

3.西洋参细胞悬浮培养

(1)培养基为添加 1.25mg/L 的 2,4 - D、0.4mg/L 的 KT 和 0.7g/L 的酪蛋白水解物的 MS 培养基,500mL 三角烧瓶培养基装量为 100mL,pH 为 5.8,在 $9.9 \times 10^4 \sim 1 \times 10^5 Pa$ 的压力下灭菌 $15 \sim 20min$。冷却至室温备用。

(2)在无菌条件下,用 50mL 培养基将西洋参愈伤组织无性系冲洗下来,并通过筛网之后流入无菌量筒之中,沉淀 $10 \sim 15min$,倾去上清液,然后将下层细胞倾入 100mL/瓶的培养瓶中,接种量为 $1 \sim 2g/L$。然后于 $27 \sim 29℃$ 摇床中以 120r/min 振荡,振幅为 2.5cm,培养 $20 \sim 25d$,即得西洋参悬浮细胞培养物。

4.西洋参细胞工业化大量培养

(1)培养基与西洋参细胞悬浮培养基相同,反应器为 10L 的通气培养罐,培养基充满 $70\% \sim 80\%$。

(2)将上述西洋参细胞悬浮培养物直接接种于搅拌式反应器中,细胞接种量为 $1 \sim 2g/L$。然后于 $27 \sim 29℃$ 摇床中以 $50 \sim 70r/min$ 进行搅拌,通气速度为 $0.6 \sim 0.8m^3/(m^3 \cdot min)$。

(3)培养 $18 \sim 20d$,即得西洋参细胞培养物。

5.细胞收获与干燥

(1)细胞大量培养结束后,离心或者过滤收集细胞,用去离子水洗涤 $3 \sim 5$ 次,洗涤后抽干。

(2)于 50℃ 低温下真空干燥或者冻干,即得西洋参培养细胞成品。收率一般为 $3 \sim 5g/L$ 干重。

6.人参皂苷的提取

取西洋参培养细胞成品 20g,放入烧杯用 $80 \sim 90℃$ 的热水提取 1h,然后用棉花粗滤,在所得滤液中加入 0.6g 水石灰乳除杂并调 pH9 ~ 10 放置 10min 左右,过滤,再将滤液用少量浓硫酸调 pH7,放置 10min 左右,回收提取液至少 $5 \sim 10mL$,再上大孔树脂柱,先用蒸馏水洗至无色,再用 70% 的乙醇洗至无色,分别用小瓶接收。回收乙醇,便得到了黄白色人参皂苷。

三、技术要点

1.材料选择

优良品种多年生的根做外植体提高质量,根据人参根部的形态可把人参分为不同的类型,不同类型的人参中人参皂苷的含量有很大差别,一般含量高的可达 6.5%,低的在 4% 以下。因此,在选择组织培养用的材料时应选用含药用成分高的品种,以提高生产效率。

2.培养基的筛选

实验表明,用 MS 培养基并作一些改良效果较好。主要是对 MS 培养基中的

NH_4^+ 进行改良,去掉 NH_4NO_3,增加 KNO_3,即去掉铵盐,换上硝酸盐,因为铵盐对人参细胞的生长和分裂有抑制作用。添加诱导子优质丰产,试验证实在改良的 MS 培养基中加入 10% 椰乳或 0.4% 椰渣汁作诱导子,有利于人参细胞的生长和人参皂苷的合成。

3. 优良细胞系的筛选

筛选和建立外源激素非依赖性细胞系,目前可通过农杆菌介导法、γ 射线照射培养愈伤组织、用细胞融合的方法筛选等方法完成。

4. 愈伤组织与细胞悬浮培养

扩大繁殖,回收有效成分,诱导愈伤组织的培养基也可选用以下几种配方:
①MS和 2,4 - D 2 ~ 2.5mg/L;②MS、KT 0.5 ~ 1mg/L 和 NAA 0.1 ~ 0.2mg/L;③MS基本培养基去掉 NH_4NO_3,增加 KNO_3 的用量至 900mg/L、2,4 - D 2 ~ 2.5mg/L、葡萄糖 0.5% 和蔗糖 2% ;④MS、NAA 0.1 ~ 0.3mg/L、KT 0.1mg/L 和椰乳 10% 或椰渣汁 0.4% 或大豆芽、麦芽、玉米芽的提取液。

实训　小鼠原代细胞培养

一、实训目标

(1)掌握原代细胞培养的一般方法和步骤及培养过程中的无菌操作技术。
(2)熟悉原代培养细胞的观察方法。

二、实训原理

直接从生物体内获取组织细胞进行的首次培养称为原代细胞培养。原代培养是建立各种细胞系的第一步,是从事培养工作人员应熟悉和掌握的最基本的技术。根据培养方法不同分为组织块培养法和单层细胞培养法。

三、实训器材

仪器:培养箱、培养瓶、青霉素瓶、小玻璃漏斗、平皿、吸管、移液管、纱布、手术器械、血球计数板、离心机、水浴箱。

材料:胎鼠或新生鼠。

试剂:1640 培养液(含 10% 小牛血清),0.25% 胰蛋白酶,Hank's 液,碘酒,酒精。

四、实训操作

1. 胰酶消化法

(1)将胎鼠或新生鼠引颈处死,置75%酒精泡2~3s(时间不能过长,以免酒精从口和肛门浸入体内),再用碘酒消毒腹部,取胎鼠或新生鼠带入超净台内,解剖取肝脏,置平皿中。

(2)用Hank's液洗涤三次,并剔除脂肪、结缔组织、血液等杂物。

(3)用手术剪将肝脏剪成小块($1mm^2$),再用Hank's液洗三次,转移至离心管中。

(4)视组织块量加入5~10倍的0.25%胰酶液,37℃水浴中消化20~40min,每隔5min振荡一次,使细胞分离。

(5)待组织变得疏松,颜色略为发白时,加入3~5mL 1640培养液以终止胰蛋白酶消化作用。

(6)1000r/min离心10min,弃上清液。

(7)加入Hank's液5mL,冲散细胞,再离心一次,弃上清液。

(8)加入培养液1~2mL(视细胞量),血球计数板计数。

(9)将细胞调整到5×10^5个/mL左右,转移至25mL细胞培养瓶中,在37℃下培养。

上述消化分离的方法是最基本的方法。在该方法的基础上,可进一步分离不同细胞。细胞分离的方法各实验室不同,所采用的消化酶也不相同,如胶原酶、透明质酸酶等。

2. 组织块直接培养法

自上述方法第三步后,将组织块转移到培养瓶,贴附于瓶底面。翻转瓶底朝上,将培养液加至瓶中,培养液勿接触组织块,置37℃培养箱静置3~5h,轻轻翻转培养瓶,使组织浸入培养液中(勿使组织漂起),37℃继续培养。

五、注意事项

(1)自取材开始,保持所有组织细胞处于无菌状态。细胞计数可在有菌环境中进行。

(2)在超净台中,组织细胞、培养液等不能暴露过久,以免溶液蒸发。

(3)凡在超净台外操作的步骤,各器皿需用盖子或橡皮塞,以防止细菌落入。

(4)操作前要洗手,进入超净工作台后,手要用75%酒精或0.2%新洁尔灭擦拭,试剂等瓶口也要擦拭。

(5)点燃酒精灯,操作在火焰附近进行,耐热物品要经常在火焰上烧灼,金属器械烧灼时间不能太长以免退火,并冷却后才能夹取组织,吸取过营养液的用具不能再烧灼,以免烧焦形成碳膜。

(6)操作动作要准确敏捷,但又不能太快,以防空气流动,增加污染机会。

(7)不能用手触已消毒器皿的工作部分,工作台面上用品要布局合理。

(8)瓶子开口后要尽量保持45°斜位。

(9)吸溶液的吸管等不能混用。

附 Hank's 液配方:KH_2PO_4 0.06g,NaCl 8.0g,$NaHCO_3$ 0.35g,KCl 0.4g,葡萄糖 1.0g,$Na_2HPO_4 \cdot H_2O$ 0.06g、酚红 0.02g,加 H_2O 至1000mL。Hank's 液可以高压灭菌,4℃下保存。

六、实验报告

记录实验过程和细胞生长情况。

【思考与练习】

在细胞培养中如何防止污染?

项目小结

项目引导部分:介绍了细胞和细胞培养技术、原生质体融合技术、动物细胞工程制药技术和植物细胞工程制药技术等方面的内容。

动物和植物细胞各具有其特有的形态结构及生理特性,动植物细胞培养必须根据这些特性提供特定的培养基和适宜的条件,动物细胞包括贴壁培养和悬浮培养两种形式。成纤维细胞型、上皮细胞型、游走细胞型、多形性细胞型细胞有贴壁依赖性,需进行贴壁培养。血液细胞、淋巴组织细胞及肿瘤细胞等不贴附在支持物上,呈现悬浮状态生长,这类型细胞可采用微生物培养的方法进行悬浮培养。动物细胞培养的过程包括原代培养和传代培养。

植物细胞培养是指在离体条件下培养植物细胞的方法。将愈伤组织或其他易分散的组织置于液体培养基中,进行振荡培养,使组织分散成游离的悬浮细胞,通过继代培养使细胞增殖,获得大量的细胞群体。小规模的悬浮培养在培养瓶中进行,大规模的悬浮培养可利用发酵罐生产。植物细胞培养的方法有单倍体培养、原生质体培养、固体培养、液体培养、悬浮培养和固定化培养等。

原生质体融合技术包括植物细胞原生质体融合技术、动物细胞融合技术和微生物细胞原生质体融合技术。

植物体细胞杂交又称原生质体融合,是将植物不同种、属、科间的原生质体通过人工方法诱导融合,然后进行离体培养,使其再生杂交植株的技术。植物细胞具有细胞壁,未脱壁的两个细胞是很难融合的,植物细胞只有在脱去细胞壁成为原生质体后才能融合,所以植物的细胞融合也称为原生质体融合。包括的内容有植物原生质体分离和融合的方法。

动物细胞融合技术的内容主要是细胞融合的方法和基本过程,包括病毒诱导融合、化学诱导融合和电激诱导融合。

微生物细胞原生质体融合技术的主要内容包括原核细胞的原生质体融合和真菌细胞的原生质体融合。

动物细胞工程制药技术的主要内容包括细胞杂交瘤技术制备单克隆抗体的基本原理、基本程序、操作方法等;核移植及动物克隆技术;干细胞技术。

植物细胞工程制药技术的主要内容包括植物组织培养技术、植物细胞培养和次生代谢物的生产。

在项目引导的基础上,安排了两大任务:猴肾细胞脊髓灰质炎活疫苗的生产、西洋参细胞培养法生产人参皂苷。

任务 1　生产工艺路线　猴肾细胞培养→接种病毒(测正常细胞对照)→收获病毒,合并,加 $MgCl_2$→猴病毒检查(猴肾细胞)(SV40),无菌试验→病毒效价滴定,B 病毒检查(兔肾细胞)→合并,过滤加 $MgCl_2$→无菌试验→柯萨奇病毒检查(乳鼠)→分亚批,型特异性检查,病毒滴定→T 特征试验,B 病毒复检(家兔)→猴体残余致麻痹力试验(安全试验),病理切片→分装,病毒滴定→结核杆菌检查→无菌试验→分装,病毒滴定→保存于 -20℃待检定合格后→加工糖丸。

其生产工艺过程包括:毒种准备、疫苗制备、检定和保存与有效期四大步。

任务 2:生产工艺路线　西洋参细胞种质选择与处理(70% 乙醇,30s;5% 安替福林溶液或 10% 漂白粉或 0.1% 升汞溶液,10 ~ 20min)→愈伤组织诱导(25 ~ 26℃,20d;继代20 ~ 30次)→西洋参细胞悬浮培养(27 ~ 29℃摇床培养 20 ~ 25d)→西洋参细胞工业化大量培养(搅拌式反应器,接种量为 1 ~ 2g/L;27 ~ 29℃摇床培养 18 ~ 20d)→细胞收获与干燥(热水 80℃ ~ 90℃,1h;大孔树脂柱、70% 乙醇)→人参皂苷的提取。

其生产工艺过程包括:西洋参细胞种质选择与处理、愈伤组织诱导、西洋参细胞悬浮培养、西洋参细胞工业化大量培养、细胞收获干燥和人参皂甙的提取六大步。

在完成了两大任务的基础上,本项目还安排了实训——小鼠原代细胞培养,以期对前面已完成的任务进行强化,培养学生综合利用细胞工程技术制药知识和技能的能力和创新能力。

项目思考

一、名词解释

1. 细胞工程技术

2. 细胞培养技术

3. 干细胞技术

4. 原生质体融合技术

5. 植物组织培养

6. 细胞杂交瘤技术

二、简答题

1. 怎样进行小鼠原代细胞培养？

2. 何谓体细胞克隆技术？在生物制药中有哪些重要应用？

三、简述题

1. 简述猴肾细胞脊髓灰质炎活疫苗的生产工艺流程。

2. 简述西洋参细胞培养法生产人参皂苷的生产工艺流程。

四、知识与技能探究

1. 细胞工程技术制药有何优势？

2. 细胞工程技术制药的发展前景如何？

知识窗

植物细胞工程在制药工业中的应用

1. 在天然药物生产中的应用

人类从植物中得到药物已有很长的历史。随着植物细胞培养、植物基因工程等生物技术的发展,它被赋予了新的内容和广阔的发展前景。我国的中药材是一个具有数千年历史的医药宝库,至今仍在中国和许多国家及地区广为使用。传统药材中,80% 为野生资源,但由于盲目挖掘,不仅使野生资源日益减少,还严重破坏了自然界的生态平衡。人工种植又面临品质退化、农药污染和种子带病等问题。而且,人工种植的药材,活性成分的种类和数量往往因地区及气候不同而异,给品质控制带来许多困难。这些问题,严重影响了我国传统药材的生产和供应。据了解,在 400 余种经常使用的中药材中,每年短缺 20% 左右。因此除了要尽快制定政策法规保护我国不断减少的野生资源以外,更加重要的是必须找到彻底改变这种局面的有效途径。生物技术的兴起为保存和发展我国传统中药材提供了这种机会和方法。

近年来植物细胞培养技术主要致力于高产细胞株选育方法、悬浮培养技术、多级培养和固定化细胞技术、培养工艺化控制、生物反应器研制、下游纯化技术等方面,并取得了较大进展。有些药用植物种类已实现工业化生产,如从希腊毛地黄细胞培养物通过生物转化生产地高辛、从黄连细胞培养物中生产黄连碱、从人参根细胞中生产人参皂苷等。相当种类的药用植物细胞大量培养已达到中试水平,如长春花生产吲哚生物碱、丹参生产丹参酮、青蒿生产青蒿素、红豆杉生产紫杉醇、紫草生产萘醌、三七生产皂苷等。

(1)人参细胞培养　人参皂苷(GS)是人参(图 2-17)的主要有效成分,现已明确知道的 GS 单体约有 40 余种,在人参中的含量在 4% 左右。其中研究最多且与肿瘤细胞凋亡最为相关的为 Rg3 与 Rh2。众多研究表明,它具有较高的抗肿瘤活性,对正常细胞无毒副作用,与其他化疗药物联合应用有协同作用。人参皂苷通过调控肿瘤细胞增殖周期、诱导细胞分化和凋亡来发挥抗肿瘤作用。将肿瘤细胞诱导分化成正常细胞有利于控制肿瘤发展,诱导肿瘤细胞凋亡使细胞解体后形成凋亡小体,不引起周围组织炎症反应。Popovich 等研究认为,人参皂苷可以促进人白血病细胞的凋亡,其途径与地塞米松相似,均为受体依赖性。目前我国对人参皂苷的提取分离方法、制剂工艺、抗肿瘤作用机制以及临床应用等方面做了大量研究,而且已经有人参皂苷的新产品推向市场。

图 2-17　人参

图 2-18　红豆杉

(2)红豆杉细胞培养　紫杉醇是二萜类化合物、抗癌药、有丝分裂抑制剂,可阻止微管正常生理聚集,抑制癌细胞的有丝分裂和纺锤体的形成,从而使癌细胞的复制受到阻断而凋亡。

1967 年美国化学家 Wall 和 Wani 首先从太平洋紫杉(短叶红豆杉)树皮中提取出紫杉醇。该药 1992 年底获美国 FDA 批准上市。紫杉醇存在于红豆杉(图 2-18)属植物的树皮、叶及茎中,其中树皮中的含量最高。12000 株成年红豆杉中才能提取 1kg 的紫杉醇,而且红豆杉的生长周期很长,在世界分布很少。紫杉醇的国际市场价格为 450 美元/g 以上。

(3)丹参细胞培养　丹参(图 2-19)别名血生根(辽宁)、大红袍(河北)、红丹参(湖北)、赤参(四川)、血参(河南)、红根(江苏)、紫丹参(山东、江苏、四川),功效为活血化淤、通经止痛。丹参中含有脂溶性二萜醌类化合物和水溶性酚酸类化合物两类活性成分,具有抑制血小板聚集、耐缺氧、改善冠状动脉供血等药理作用,是治疗心血管系统疾病的重要药物。

丹参的有效成分在原植物根中含量低、生长周期长,加之近年产地环境污染和为防病虫喷施农药等原因,使得原料药的供应在数量和质量上都不能满足临床应用的需要。有研究表明,用植物组织培养反应器(10L规模)进行丹参发根培养,丹参发根在50d内鲜重增殖倍数可高达240倍左右,丹参酮、丹酚酸A的含量也相当高,非常适合于丹参发根的生长及丹参酮的积累,而且利用此系统生产出的丹参及其有效成分由于不受农药等污染物的影响,具有广阔的市场前景。丹参发根生物反应器培养的中试已达100L规模。

图2－19　丹参　　　　　　　　　图2－20　紫草

　　(4)紫草细胞培养　紫草(图2－20)化学成分含乙酰紫草素、β－羟基异戊酰紫草素、紫草素、β,β'－二甲基丙烯酰紫草素等,功效为凉血、活血、解毒透疹。紫草主要用于治疗血热毒盛、斑疹紫黑、麻疹不透、疮疡、湿疹、水火烫伤、麻疹、热病癍疹、湿疹、尿血、血淋、血痢、疮疡、丹毒、烧伤、热结便秘等。性味性寒,味甘、咸。

　　紫草细胞的培养一般采用两步培养法。培养时使用两个生物反应器,第一个用于细胞生物量的累积(适合细胞生长的培养基,营养丰富),第二个用于次级代谢产物的生产(较低含量的硝酸盐和磷酸盐,并含有较低的糖分或少量的碳源)。

2. 在转基因植物药物生产中的应用

　　利用基因工程技术,把目的基因导入待改造的受体植物细胞,进而培育出获得目的基因性状的植物,就是转基因植物。

　　利用转基因植物生产重组蛋白具有以下优点。

　　(1)与动物细胞培养相比,植物细胞培养条件简单且易于成活,有利于遗传操作;

　　(2)植物培养细胞具有全能性,能够再生植株;

　　(3)转基因植物中的外源基因可通过植物杂交的方法进行基因重组,进而在植物体内积累多基因;

（4）转化植株系的种子易于贮存，有利于重组蛋白的生产和运输；

（5）用动物细胞生产重组蛋白，可能污染动物病毒，这对人类可能造成潜在危险，而植物病毒不感染人类，所以用植物细胞生产重组蛋白更为安全；

（6）植物细胞有与动物细胞相似的结构和功能，有利于重组蛋白的正确装配和表达。

3. 利用转基因植物生产抗体

表达抗体的关键是抗体片段正确组装和糖基化等后修饰。在植物和动物的内膜系统中蛋白质折叠机制相当类似，植物能够表达全长的抗体重链、轻链并能高效组装构成完整的抗体。植物中的糖基化同时包括 N 及 O 糖基化，和动物稍有不同，植物的糖基化更具有异质性，不同植物产生的糖基化末端不相同，即使是同一株植物不同时期产生的糖基末端仍有不同。糖基化不会对抗体与抗原的结合能力及特异性产生影响，但可能会影响抗体构型或体内的清除。目前研究发现苜蓿可产生单一糖型的抗体，它有望成为更为合适的表达系统。许多 IgG 单抗已能在植物中表达，且在治疗中有应用价值。第一个在植物中表达的抗体是 IgG1，通过杂交繁殖的烟草表达其重链及轻链构成完整的抗体。

目前，表达的类型有分泌抗体和抗体片段。分泌抗体，如 sIgA – G 植物抗体，在美国已经运用于临床试验。多数在 *E. coli* 中能表达的抗体片段在转基因植物中也被成功表达，包括烟草中表达的单个结构域抗体、单链抗体分子。

4. 利用转基因植物生产基因工程疫苗

利用转基因植物生产基因工程疫苗是当前的一大热点，研究主要集中在烟草、马铃薯、番茄、香蕉等植物。转基因植物将打破传统的疫苗或功能蛋白的生产方式，以大田栽培的方式取而代之。免疫途径也将采用直接食用或加工后口服植物，即出现可食性疫苗和口服疫苗。至今已获得成功的有乙型肝炎表面抗原（HBsAg）、不耐热的肠毒素 B 亚单位（LT – B）、链球菌属突变株表面蛋白（spaA）等 10 多种疫苗。

5. 其他

转基因植物除了可用于生产抗体、疫苗以外，还可以用来生产其他蛋白或多肽类制品如激素等。1995 年赵倩等就成功地把牛生长激素基因导入马铃薯，得到了转基因植株，从而为从植物中大量获得动物生长激素奠定了基础。随后，在人体内含有甚微但具有重要临床价值的蛋白或多肽也在植物系统中表达，如人生长激素、人血清蛋白、人干扰素、人蛋白 C、人表皮生长因子、红细胞生长素、脂肪酶、乳铁蛋白、水蛭素、胶原蛋白等。

尽管利用转基因植物生产人源蛋白或多肽已取得了很大的进展，但在生产实践中仍然面临的主要问题是外源基因的表达水平低。一般来说，在临床应用中需要纯化的重组蛋白表达量应占转化细胞总可溶性蛋白的 1% 以上时才具有商业价值。因此，真正用于生产还需要做大量工作。转基因植物目前仍存在着一定的问题。

项目三　酶工程制药技术

【知识目标】

了解酶工程制药技术的基础知识。

熟悉酶工程制药生产的基本技术和方法。

掌握典型 L－天冬氨酸和 5′－复合单核苷酸生产的工艺流程、操作要点及相关参数的控制。

【技能目标】

学会酶工程制药生产的操作技术、方法和基本操作技能。

能够操作典型 6－氨基青霉烷酸的制备工艺。

能熟练进行典型酶工程制药生产相关参数的控制,并能编制生产的工艺方案。

【素质目标】

具有团结协作、勇于创新的精神和诚实守信的优良品质,树立"安全第一、质量首位、成本最低、效益最高"的意识,并贯彻到发酵制药生产的各个环节;培养学生具有良好的职业道德。

项目引导

酶是由生物活细胞分泌产生的、具有特殊催化能力的、化学本质大部分为蛋白质的物质。由于酶是生物体产生出来的具有催化作用的物质,所以也称为生物催化剂。生物体在一定条件下都可以合成多种多样的酶。生物体内的各种生化反应,几乎都是在酶的催化作用下进行的,所以酶对生物体的新陈代谢是至关重要的。一旦酶的正常生物合成受到影响或酶的活力受到抑制,生物体的代谢将受到阻碍而出现各种疾病。此时若从体外补充所需的酶,将使代谢障碍得以解除而医治和预防疾病,这种酶称之为药用酶。

酶在生物体外,只要条件适宜,也可催化各种生化反应。酶作为生物催化剂,具备一般催化剂的特性,即参与化学反应过程时能加快反应速度;降低反应的活化能力;不改变反应性质即不改变反应的平衡点;反应前后其数量和性质不变。酶除具有一般催化剂的共性外,还具有其独特的特点:催化效率高;专一性强;反应条件温和;酶的催化活性受到调节和控制等显著特点。因此酶在医药、食品、轻工、化工、能源、环保等领域受到广泛应用。其中通过酶的催化作用而制造药物的技术称为酶工程制药。

酶工程是酶的生产和应用的技术过程,即酶学和工程学相互渗透结合。应用酶的特异性催化功能并通过工程化,将相应原料转化成有用物质,为人类生产有用产品和提供服务。

酶工程主要有以下几个方面的研究内容。

①酶的分离、提纯、大批量生产及新酶和酶的应用开发；

②酶和细胞的固定化及酶反应器的研究；

③酶生产中基因工程技术的应用及遗传修饰酶的研究；

④酶的分子改造与化学修饰以及酶的结构与功能之间关系的研究；

⑤有机相中酶反应的研究；

⑥酶的抑制剂、激活剂的开发及应用研究；

⑦抗体酶、核酸酶的研究；

⑧模拟酶、合成酶及酶分子的人工设计、合成的研究。

酶工程的主要任务：通过预先设计，经过人工操作控制而获得大量的酶，并通过酶工程技术和应用研究的深入，使其在工业、农业、医药和食品等方面发挥极其重要的作用。

一、酶的来源和生产

（一）酶的来源

酶作为生物催化剂普遍存在于动物、植物和微生物中，可以直接从生物体中分离提纯。从理论上讲，酶与其他蛋白质一样，也可以通过化学合成法来制得。但从实际应用上讲，由于试剂、设备和经济条件等多种因素的限制，通过人工合成的方法来进行酶的生产还需要相当长的一段时间，因此酶的生产只适宜直接从生物体中抽提分离。过去的酶制品多数来源于动植物，有些酶的生产至今还应用此法，如从猪额下腺中提取激肽释放酶，从木瓜汁液中提取木瓜蛋白酶，从菠萝中提取菠萝蛋白酶等。但随着酶制剂应用范围的日益扩大，单纯从依赖动植物来源的酶已不能满足要求，而且动植物原料的生产周期长，来源有限，又受地理、季节、气候、品种、运输和贮存等因素的影响，不适于大规模生产。近10多年来，动植物组织和细胞培养技术取得了较大的进步，但因其周期长、成本高，因而还有一系列问题正待解决。所有从微生物来源的酶克服了以上的缺点，并有产量大、品种多、成本低又可综合利用等优点。近年来，世界各国争相用基因工程方法研究和开发新的酶类药物，使其更加利于产业化。此外，正在开发利用的海洋生物资源也具有广泛的前景。

1. 动物来源酶类

此类治疗酶多数来源于动物的组织器官，如胃黏膜可制备胃蛋白酶，以胰脏为原料制备胰酶、胰蛋白酶、糜蛋白酶及弹性蛋白酶等。还可用动物的肺制备抑肽酶，用动物的睾丸制备透明质酸等。从人的尿液中也可制得尿激酶，从蛇毒、蝎毒中得到透明质酸,以及由蚯蚓内脏可提取到蚓激酶等。

2. 植物来源酶类

从植物来源的治疗酶最早是从植物刀豆中提取的脲酶,后来又相继从无花果中得到无花果蛋白酶,从木瓜中提取到木瓜蛋白酶以及从菠萝中得到菠萝蛋白酶等。

3. 微生物来源酶类

目前,工业上大多是从微生物中制备酶制剂。这是因为生物种类繁多,几乎所有的酶都能从中找到,而且微生物结构简单,生长繁殖快,易于控制,可通过选育菌种提高酶的产量,以充实产业化,是制备治疗酶类的广阔资源。采用微生物发酵方法获得的治疗酶主要有淀粉酶、枯草杆菌蛋白酶、纤维素酶、溶血链球菌蛋白酶、灰色链霉菌蛋白酶及青霉素酶等。

利用微生物生产酶制剂,主要是因为微生物具有如下突出的优点。

①微生物种类繁多,酶的品种齐全,可以说一切动植物体内的酶几乎都能从微生物中得到。

②微生物生长繁殖快、生产周期短、产量高。

③培养方法简单,原料来源丰富,价格低廉,经济效益高,并可以通过控制培养条件来提高酶的产量。

④微生物具有较强的适应性和应变能力,可以通过各种遗传变异的手段,培育出新的高产菌株。

所以,目前工业上应用的酶大多数应用微生物发酵法来生产。

4. 基因工程治疗酶

近年来,基因工程技术在制药工业得到了迅速发展。通过研究酶的一级结构,并在分子水平上对酶的结构与功能进行深入了解,就可以用重组 DNA 技术生产这一类药物,为治疗酶的临床应用开辟了广阔的前景。目前利用基因工程获得的治疗酶主要有尿激酶、链激酶、葡激酶、天冬酰胺酶和超氧化物歧化酶等。

另外,对酶进行化学修饰能大大提高酶的稳定性。例如,用精氨酸酶经聚乙二醇修饰超氧化物歧化酶(SOD),酶的热稳定性、pH 稳定性、半衰期及抗炎活性都可得到不同程度的提高。也有采用将酶用脂质体包裹或制成微胶囊的,这不仅能保护酶的活性,还能大大提高其生物利用度。

(二)酶的生产菌

所有的生物体在一定的条件下都能产生多种多样的酶。酶在生物体内产生的过程,称为酶的生物合成。经过预先设计,通过人工操作控制,利用细胞的生命活动,产生人们所需要的酶的过程,称为酶的发酵生产。

1. 对菌种的要求

酶制剂的生产前提之一,是根据生产酶的需要,首先要选育性能优良的产酶菌种,然后用适当的方法进行培养和扩大繁殖,并积累大量的酶。虽然同一种酶往往可以从多种微生物中得到,但菌种性能的优劣、产量的高低,会直接影响到微生物发酵生产酶的成本。所以优良的产酶微生物应具备下列几个条件:①产酶量高,酶的性质应符合使用要求,而且最好是产生胞外酶的菌;②不是致病菌,在系统发育上与病原体无关,也不产生毒素;③稳定,不易变异退化,不易感染噬菌体;④能利用廉价的原料,发酵周期短,易于培养。

2. 生产菌的来源

生产菌种可以从菌种保藏机构和有关研究部门获得,但大量的工作应该是从自然界中分离筛选。自然界是产酶菌种的主要来源,如土壤、深海、温泉、森林和火山等都是菌种采集地。筛选产酶菌的方法与其他发酵微生物的筛选方法基本一致,主要包括菌种采集、菌种的分离初筛、纯化、复筛和生产性能鉴定等步骤。为了提高酶的产量,在酶的生产过程中应不断改良生产菌,主要应用遗传学原理进行改良。其基本途径有基因突变、基因转移和基因克隆。

3. 目前常用的产酶微生物

大肠杆菌是应用最广泛的产酶菌,一般分泌胞内菌,需经细胞破碎才能分离得到。由于其遗传背景清楚,还可被广泛用于遗传工程改造成为外来基因的宿主,而成为优良性状的工程菌。如工业上常用大肠杆菌生产谷氨酸脱羧酶、青霉素酰化酶、天冬酰胺酶和 β – 半乳糖苷酶等。枯草杆菌是工业上应用最广泛的产生菌之一,主要用于发酵生产 α – 淀粉酶、β – 葡萄糖氧化酶、碱性磷酸酯酶等。啤酒酵母是工业上广泛应用的酵母,主要用于生产啤酒、乙醇、饮料和面包,也可用于生产转化酶、乙醇脱氢酶和丙酮酸脱羧酶等。曲霉(黑曲霉和黄曲霉)可用于生产多种酶而在工业上被广泛应用,如蛋白酶、淀粉酶、糖化酶、果胶酶、葡萄糖氧化酶和脂肪酶等的生产。

其他常用的产酶菌还有:主要用于生产葡萄糖氧化酶、青霉素酰化酶、5′ – 磷酸二酯酶、脂肪酶等的青霉,主要用于生产纤维素酶的木霉,主要用于生产淀粉酶、蛋白酶、纤维素酶的根霉,主要用于生产葡萄糖异构酶的链霉。微生物发酵法生产酶制剂是一个十分复杂的过程,由于具体的生产菌和目的菌不同,菌种的设备、发酵方法条件、酶的分离提纯方法也各不相同。

(三)酶的生产

1. 酶的生产方法

酶的生产是各种生物技术优化与组合的过程,可分为生物提取法、生物合成(转化)法和化学合成法三种。其中生物提取法是最早采用而沿用至今的方法,生物合成法是 20 世纪 60 年代以来酶生产的主要方法,而化学合成法至今仍处在实验室研究的阶段。

(1)生物提取法 生物提取法是采用各种提取、分离、纯化技术从动物、植物、器官、细胞或微生物细胞中将酶提取出来。酶的提取是在一定的条件下,用适当的溶剂处理含酶原料,使酶充分溶解到溶剂中的过程。主要的提取方法有盐溶液提取、酸溶液提取、碱溶液提取和有机溶剂提取等。在酶的提取时,首先应当根据酶的结构和性质,选择适当的溶剂。一般来说,亲水性的酶要采用水溶液提取,疏水性的酶或者被疏水物包裹的酶采用碱溶液提取,等电点偏于碱性的酶应采用酸性溶液提取,等电点偏于酸性的酶应采用碱性溶液提取。在提取过程中,应当控制好温度、pH、离子强度等各种提取条件,以提高提取率并防止酶的变性失活。

酶的分离纯化是采用各种生化分离技术,如离心分离、萃取分离、沉淀分离、层析分离、电泳分离以及浓缩、结晶和干燥等,使酶与各种杂质分离,达到所需的纯度,以满足使用的要求。

酶的分离纯化技术多种多样,选用的时候要认真考虑以下问题:目标酶分子特性及其物理性质;酶与杂质的主要性质差异;酶的使用目的和要求;技术实施的难易程度;分离成本的高低;是否会造成环境污染等。

(2)生物合成法 生物合成法,又称生物转化法,它是利用微生物细胞、植物细胞或动物细胞的生命活动而获得人们所需酶的技术过程。

自从 1949 年细菌淀粉酶发酵成功以来,生物合成法就成为酶的主要生产方法。生物合成法生产酶首先要经过筛选、诱变、细胞融合、基因重组等方法获得优良的产物工程菌。然后在生物反应器中进行细胞培养,通过细胞反应条件优化,再经过分离纯化得到人们所需的酶。

利用微生物细胞的生命活动所需的方法又称为发酵法。根据细胞培养方式的不同,发酵法可以分为液体深层发酵、固体培养发酵、固定化细胞发酵、固定化原生质体发酵等。现在普遍使用的是液体深层发酵技术。例如,利用黑曲霉生产糖化酶、果胶酶,利用大肠杆菌生产谷氨酸脱羧酶、多核苷酸聚合酶,利用枯草杆菌生产淀粉酶、蛋白酶等。其中固定化酶(细胞)技术也已广泛应用于酶的生产,例如,利用固定化枯草杆菌细胞生产淀粉酶,利用固定化黑曲霉生产糖化酶、果胶酶等。固定化原生质体则适合于生产原料存在于细胞内的酶和其他胞内产物。例如,固定化枯草杆菌原生质体生产碱性磷酸酶,固定化黑曲霉原生质体生产葡萄糖氧化酶等。

生物合成法具有生产周期短,酶的产率高,不受生物资源、气候条件等影响的特点,但是它对发酵设备和工艺条件的要求较高。

(3)化学合成法 由于酶的化学合成要求单体达到很高的纯度、化学合成的成本高,而且只能合成那些已经弄清楚其化学结构的酶,这就使化学合成法受到限制、难以工业化生产。然而利用化学合成法进行酶的人工模拟和化学修饰,对认识和阐明生物体的行为和规律,设计和合成具有酶的催化特点又克服酶的弱点的高效非酶催化剂等方面,具有重要的理论意义和应用前景。

模拟酶是在分子水平上模拟酶活性中心的结构特征和催化作用机制,设计并合成的仿酶体系。现在研究较多的小分子仿酶体系有环状糊精模型、冠醚模型、卟啉模型、环芳烃模型等大环化合物模型。例如,利用环状糊精模型,已经获得了酯酶、转氨酶、氧化还原酶、核糖核酸酶等多种酶的模拟酶,取得可喜进展。大分子仿酶体系有分子印迹酶模型和胶束酶模型等。例如,利用印迹酶模型已经得到合成酯酶、过氧化物酶等多种酶的模拟酶。随着科学的发展和技术的进步,酶的生产技术将进一步发展和完善。人们将可以根据需要生产得到更多更好的酶,以满足世界科技和经济发展的要求。

2. 酶生产的工艺过程

(1)以动植物为材料的酶的生产工艺过程:选取符合要求的动植物材料→生物材料的预处理→提取→纯化。

①原料选择应注意的问题:生物材料和体液中虽普遍含有酶,但在数量和种类上不同材料却有很大的差别,组织中酶的总量虽然不少,但各种酶的含量却非常少。从已有的资料看,个别酶的含量在 0.0001% ~1%,如表 3-1 所示。因此在提取酶时应根据各种酶的分布特点和存在特性选择适宜的生物材料。

表 3-1　　　　　　　　　　　某些酶在组织中的含量

酶	来源	含量/%	酶	来源	含量/%
胰蛋白酶	牛胰脏	0.55	细胞色素 C	肝脏	0.015
3-磷酸甘油醛脱氢酶	兔骨骼肌	0.40	柠檬酸酶	猪心肌	0.07
过氧化氢酶	辣根	0.02	脱氧核糖核酸酶	胰脏	0.0005

了解目的酶在生物材料中的分布特点,选择适宜的生物材料。如乙酰氧化酶在鸽子肝脏中含量高,提取此酶时宜选用鸽子肝脏为原料;溶菌酶选用鸡蛋清;凝血酶提取选用牛血液;透明质酸酶选用羊睾丸;超氧化物歧化酶选用血液和肝脏等。用微生物生产酶时,需根据酶活力测定,来决定取酶时间。考虑生物在不同发育阶段及营养状况时酶含量的差别及杂质干扰的情况。如从鸽子肝脏提取乙酰氧化酶时,在饥饿状态下取材,可排除杂质肝糖原对提取过程的影响;凝乳酶只能用哺乳期的小牛胃作材料。用动物组织作原料,应在动物组织宰杀后立即取材。考虑生化制备的综合成本,选材时应注意原料来源要丰富,能综合利用一种资源获得多种产品,还应考虑纯化条件的经济性。

②生物材料的预处理:生物材料中酶多存在于组织或细胞中,因此提取前需将组织或细胞破碎,以便酶从其中释放出来,利于提取。由于酶活性与其空间构象有关,所以预处理时一般应避免剧烈条件;但如是结合酶,则必须进行剧烈处理,以利于酶的释放。生物材料的预处理方法有以下几种。

a. 机械处理:用绞肉机将事先切成小块的组织绞碎。当绞成组织糜后,许多酶都能从颗粒较粗的组织糜中提取出来,但组织糜颗粒不能太粗,这就要选择好绞肉机板孔径,若使用不当,会对产率有很大的影响。通常可先用粗孔径的机板绞,有时其至要反复多绞几次。如是速冻的组织也可在冰冻状态下直接切块绞碎。采用绞肉机,一般不能破碎细胞,而有的酶必须在细胞破碎后才能有效地提取,对此则需采用特殊的匀浆工艺才行。实验室常用的是玻璃匀浆器和组织捣碎器,工业上可用高压匀浆机。对于用机械处理仍不能有效提取的酶,可用下述方法处理。

b. 反复冻融处理:将材料冷冻到 -10℃ 左右,再缓慢溶解至室温,如此反复多次。由于细胞中冰晶的形成及剩余液体中盐浓度的增高,可使细胞中颗粒及整个细胞破碎,从而使酶释放出来。

c. 制备丙酮粉:组织经丙酮迅速脱水干燥制成丙酮粉,不仅可减少酶的变性,同时因细胞结构的破坏使蛋白质与脂质结合的某些化学键打开,促使某些结合酶释放到溶液中,如鸽子肝脏乙酰氧化酶就是用此法处理。常用的方法是将组织糜或匀浆悬浮于 0.01mol/L、pH6.5 的磷酸缓冲液中,再在 0℃ 下将其一边搅拌,一边慢慢倒入 10 倍体积的 -15℃ 无水丙酮内,10min 后,离心过滤取其沉淀物,反复用冷丙酮洗几次,真空干燥即得丙酮粉。丙酮粉在低温下可保存数年。

d. 微生物细胞的预处理:若是胞外酶,则除去菌体后就可直接从发酵液中提取;若是胞内酶,则需将菌体细胞破壁后再进行提取。通常用离心或压滤法取得菌体,用生理盐水洗涤除去培养基后,冷冻保存。

③酶的提取:酶的提取方法主要有水溶液法、有机溶剂法和表面活性剂法三种。

a. 水溶液法:常用稀盐溶液或缓冲液提取。经过预处理的原料,包括组织糜、匀浆、细胞颗粒以及丙酮粉等,都可用水溶液抽提。为了防止提取过程中酶活力降低,一般在低温下操作;但对温度耐受性较高的酶,却应提高温度,以使杂蛋白变性,利于酶的提取和纯化。水溶液的 pH 选择对提取液也很重要,应考虑的因素有酶的稳定性、酶的溶解度、酶与其他物质结合的性质。选择 pH 的总原则是在酶稳定的 pH 范围内,选择偏离等电点的适当 pH。

应注意的是,许多酶在蒸馏水中不溶解,而在低盐浓度下易溶解,所以提取时加入少量盐可提高酶的溶解度。盐浓度一般以等渗为好,相当于 0.15mol/L NaCl 的离子强度最适宜于酶的提取。

b. 有机溶剂法:某些结合酶,如微粒体和线粒体膜的酶,由于和脂质牢固结合,用水溶液很难提取,为此必须除去结合的脂质,且不能使酶变性,最常用的有机溶剂是丁醇。丁醇具有亲脂性强,特别是亲磷脂的能力较强;兼具亲水性,0℃ 时在水中的溶解度为 10.5%;在脂与水分子间能起表面活性剂的桥梁作用。

用丁醇提取方法有两种。一种是均相法,用丁醇提取组织的匀浆然后离心,取下相层,但许多酶在与脂质分离后极不稳定,需加注意。另一种是二相法,在每克组织或菌体的干粉中加 5mL 丁醇,搅拌 20min,离心,取沉淀(注意:均相法是取液相,二相法是取沉淀),接着用丙酮洗去沉淀上的丁醇,再在真空中除去溶剂,所得干粉可进一步用水提取。

c. 表面活性剂法:表面活性剂分子具有亲水或疏水性的基团。表面活性剂能与酶结合使之分散在溶液中,故可用于提取结合酶,但此法用得较少。

④酶的纯化:酶的纯化是一个复杂的过程,不同的酶,因性质不同,其纯化工艺有很大的不同。评价一个纯化工艺的好坏,主要看两个指标,一是酶比活,二是总活力回收率。设计纯化工艺时应综合考虑上述两项指标。目前,国内外纯化酶的方法很多,如盐析法、有机溶剂沉淀法、选择性变性法、柱层析法、电泳法和超滤法等,类同于蛋白质的纯化方法。在此重点讨论酶在纯化过程中可能遇到的技术难点。

a. 杂质的除去:酶提取液中,除所需酶外,还含有大量的杂蛋白、多糖、脂类和核酸等,为了进一步纯化,可用下列方法除去。

● 调 pH 和加热沉淀法:利用蛋白质在酸碱条件下的变性性质,可以通过调节 pH 除去某些杂蛋白;也可利用不同蛋白质对热稳定的差异,将酶液加热到一定温度,使杂蛋白变性而沉淀。超氧化物歧化酶就是利用这个特点,在 65℃ 加热 10min,除去大量的杂蛋白。

● 蛋白质表面变性法:利用蛋白质表面变性性质的差别,也可除去杂蛋白。如制备过氧化氢酶时,加入氯仿和乙醇进行振荡,可以除去杂蛋白。

● 选择性变性法:利用蛋白质稳定性的不同,除去杂蛋白。如对胰蛋白酶、细胞色素 C 等少数特别稳定的酶,甚至可用 2.5% 三氯乙酸处理,这时其他杂蛋白都变性而沉淀,而胰蛋白酶和细胞色素 C 仍留在溶液中。

● 降解或沉淀核酸法:在用微生物制备酶时,常含有较多的核酸,为此,可用核酸酶将核酸降解成核苷酸,使黏度下降便于离心分离。也可采用一些核酸沉淀剂,如三甲基十六烷基溴化铵、硫酸链霉素、聚乙烯亚胺、鱼精蛋白和二氯化锰等。

● 结合底物保护法:近年来发现,酶与底物结合或与竞争性抑制剂结合后,稳定性大大提高,这样就可用加热法除去杂蛋白。

b. 脱盐:酶的提纯以及酶的性质研究中,常常需要脱盐。最常用的脱盐方法是透析和凝胶过滤。

● 透析:最广泛使用的是玻璃纸袋,由于它有固定的尺寸、稳定的孔径,故已有商品出售。由于透析主要是扩散过程,如果袋内外的盐浓度相等,扩散就会停止,因此需经常更换溶剂。如在冷处透析,则溶剂也要预先冷却,避免样品变性。透析时的盐是否去净,可用化学试剂或电导仪进行检查。

● 凝胶过滤:这是目前最常用的方法,不仅可除去小分子的盐,而且也可除去其他相对分子质量较小的物质。用于脱盐的凝胶主要有 SephadexG－10、SephadexG－15、SephadexG－25 以及 Bio－Gel－P－2、Bio－Gel－P－4、Bio－Gel－P－6 和 Bio－Gel－P－10。

c. 浓缩:酶的浓缩方法很多,有冷冻干燥、离子交换、超滤、凝胶吸水和聚乙二醇吸水等。

● 冷冻干燥法:最有效的方法,它可将酶液制成干粉。采用这种方法既能使酶浓缩,酶又不易变性,便于长期保存。需要干燥的样品最好是水溶液,如溶液中混有有机溶剂,就会降低水的冰点,在冷冻干燥时样品会融化起泡而导致酶活性部分丧失。另外,低沸点的有机溶剂在低温时仍有较高的蒸气压,逸出水汽冷凝在真空轴里,会使真空轴失效。

● 离子交换法:此法常用的交换剂有 DEAE – SephadxA – 50 等。当需要浓缩的酶液通过交换柱时,几乎全部的酶蛋白都会被吸收,然后用改变洗脱液 pH 或离子强度等洗脱,即可以达到浓缩的目的。

● 超滤法:超滤的优点在于操作简单,快速且温和,操作中不产生相的变化。影响超滤的因素很多,如膜的渗透性,溶质形状、大小及其扩散性,压力,溶质浓度,离子环境和温度等。

● 凝胶吸水法:由于 Sephadex、Bio – Gel 都具有吸水及吸收相对分子质量较小化合物的性能,因此用这些凝胶干燥粉末和需要浓缩的酶液混在一起后,干燥粉末就会吸收溶剂,再用离心或过滤的方法除去凝胶,酶液就得到了浓缩。这些凝胶的吸水量,每克为 1 ~ 3.7mL。在实验室为了浓缩小体积的酶液,可将样品装入透析袋内,然后用风扇吹透析袋,使水分逐渐挥发而使酶液浓缩。

d. 酶的结晶:把酶提纯到一定纯度以后(通常纯度应达 50% 以上),可进行结晶,伴随着结晶的形成,酶的纯度经常有一定程度的提高。从这个意义上讲,结晶既是提纯的结果,又是提纯的手段,酶结晶的明显特征在于有顺序,蛋白质分子在结晶中均是对称型排列,并具有周期性的重复结构。形成结晶的条件是设法降低酶分子的自由能,从而建立起一个有利于结晶形成的平衡状态。

● 酶的结晶方法:酶的结晶方法主要是缓慢地改变酶蛋白的溶解度,使其略处于过饱和状态。常用改变酶溶解度的方法有以下几种。

盐析法:即在适当的 pH、温度等条件下,保持酶的稳定,慢慢改变盐浓度进行结晶。结晶时采用的盐有硫酸铵、柠檬酸钠、乙酸铵、硫酸镁和甲酸钠等。利用硫酸铵结晶时一般是将盐加入到一个比较浓的酶溶液中,并使溶液微呈混浊为止,然后放置并且非常缓慢地增加盐浓度。操作要在低温下进行,缓冲液 pH 要接近酶的等电点。我国利用此法已得到羊胰蛋白酶原、羊胰蛋白酶和猪胰蛋白酶的结晶。

有机溶剂法:酶液中添加有机溶剂,有时也能使酶形成结晶。这种方法的优点是结晶悬液中含盐少。结晶中的有机溶剂有乙醇、丙醇、丁醇、乙腈、异丙醇、二甲基亚砜和二氧杂环乙烷等。与盐析法相比,用有机溶剂法易引起酶失活。一般在含少量无机盐的情况下,选择使酶稳定的 pH,缓慢地滴加有机溶剂,并不断搅拌,当酶液微呈混浊时,在冰箱中放置 1 ~ 2h,然后离心去掉无定形物,取上清液在冰箱中放置使其结晶。加有机溶剂时,应注意不能使酶液中所含的盐析出,而要用氯化物或己酸盐。用这种方法已获得不少酶结晶,如天冬酰胺酶。

复合结晶法:可以利用有些酶和有机化合物或金属离子形成复合物或盐的性

质来结晶。

透析平衡法:利用透析平衡进行结晶也是常用方法之一。它既可进行大量样品的结晶,又可进行微量样品的结晶。大量样品的透析平衡结晶是将样品装在透析袋中,对一定的盐溶液或有机溶剂进行透析平衡,这时酶液可缓慢地达到饱和而析出晶体。这个方法的优点是透析膜内外的浓度差减少时,平衡的速度也变慢。利用这种方法获得了过氧化氢酶、己糖激酶和羊胰蛋白酶等结晶。

等电点法:一定条件下,酶的溶解度明显地受 pH 影响。这是由酶所具有的两性离子性质决定的。一般地说,在等电点附近酶的溶解度很小,这一特征为酶的结晶条件提供了理论依据。如在透析平衡时,可改变透析外液的氢离子浓度,从而到达结晶的 pH。

● 结晶条件的选择:在进行酶的结晶时,要选择一定的条件与相应的结晶方法配合。这不仅为了能够得到结晶,也是为了保证不引起酶活性丧失。影响酶活性的因素很多,下列几个条件尤为重要。

酶液的浓度:酶只有到相当纯后才能进行结晶。总的来说酶的纯度越高,结晶越容易,生成大的单晶的可能性越大。杂质的存在是影响单晶长大的主要障碍,甚至也会影响微晶的形成。在早期的酶结晶研究工作中,大都是由天然酶混合物直接结晶的,如由鸡蛋清中可获得溶菌酶结晶,在这种情况下,结晶对酶有明显的纯化作用。

酶的浓度:结晶母液应保持尽可能高的浓度。酶的浓度越高越有利于溶液中溶质分子间的相互碰撞聚合,形成结晶的机会越大。对大多数酶来说,蛋白质浓度在 5~10mg/mL 为好。

温度:结晶的温度通常在 4℃ 下或室温 25℃ 下,低温条件下酶不仅溶解度低,而且不易变性。

时间:结晶形成的时间长短不一,从数小时到几个月都有,有的甚至需要 1 年或更长时间。一般来说,较大而性能好的结晶是在生长慢的情况下得到的。一般希望使微晶的形成快些,可以慢慢地改变结晶条件,使微晶慢慢长大。

pH:除沉淀剂的浓度外,在结晶条件方面最重要的因素是 pH。有时 pH 只差 0.2 就只得到沉淀而不能形成微晶体或单晶。调整 pH 可使晶体长到最适大小,也可以改变晶体。结晶溶液 pH 一般选择在被结晶酶的等电点附近。

金属离子:许多金属离子能引起或有助于酶的结晶,如羧肽酶、超氧化物歧化酶、碳酸酐酶。在二价金属离子存在下,有促进晶体长大的作用。在酶的结晶过程中常用的金属离子有 Ga^{2+}、Co^{2+}、Cu^{2+}、Mg^{2+}、Mn^{2+}、Ni^{2+} 等。

晶种:不易结晶的蛋白质和酶,有的需加入微量的晶种才能结晶,例如,在胰凝乳蛋白酶结晶母液中加入微量胰凝乳蛋白酶结晶可导致大量晶体的形成。要生成大的晶体时,也可引入晶种。加晶种以前,酶液要调到适于结晶的条件,然后加入晶种,在显微镜下观察,如果晶种开始溶解,就要追加更多的沉淀直到晶种不溶解为止。当达到晶种不溶解、有无定形物形成时,将此溶液静置,使晶体慢慢长大。超氧化物歧化酶就是用此法制备大单晶的。

⑤酶分离和纯化中应注意的问题:提纯过程中,酶纯度越高,稳定性越差,因此在酶分离和纯化时尤其要注意以下几点。

a.防止酶蛋白变性:为防止酶蛋白变性,保持其生物活性,应避免高温,避免pH过高或过低,一般要在低温(4℃左右)和中性pH下操作。为防止蛋白酶的表面变性,不可激烈搅拌,避免产生泡沫,应避免酶与重金属或其他蛋白变性剂接触。如要用有机溶剂处理,操作必须在低温下短时间内进行。

b.防止辅助因子流失:有些酶除酶蛋白外,还含有辅酶、辅基和金属等辅助因子。在进行超滤、透析等操作时,要防止这些辅助因子的流失,影响总产品的活性。

c.防止酶被蛋白水解酶降解:在提取液尤其是微生物培养液中,除目的酶外,还常存在一些蛋白水解酶,要及时采取有效措施将它们除去。如果操作时间长还要防止杂菌污染酶液,造成目的酶的失活。

从动物或植物中提取酶受到原料的限制,随着酶应用的日益广泛和需求量的增加,工业生产的重点已逐渐向用微生物发酵法生产过渡。

(2)药用酶的微生物发酵法 利用发酵法生产药用酶的工艺过程,同其他发酵产品相似。下面简要讨论发酵法生产药用酶的技术关键。

①高产菌株的选育:菌种是工业发酵生产酶制剂的重要条件。优良菌种不仅能提高酶制剂产量和发酵原料的利用率,而且还与增加品种、缩短生产周期、改进发酵和提炼工艺条件等密切相关。目前,优良菌种可从自然界分离筛选;用物理或化学方法处理、诱变和用基因重组与细胞融合技术,构建性能优良的工程菌三条途径获得。

②发酵工艺的优化:优良的生产菌株只是酶生产的先决条件,要有效地进行生产还必须探索菌株产酶的最适培养基和培养条件。首先要合理选择培养方法、培养基、培养温度、pH和通气量等。在工业生产中还要摸索一系列工程和工艺条件,如培养基的灭菌方式、种子培养条件、发酵罐的形式、通气条件、搅拌速度、温度和pH的调节控制等。还要研究酶的分离、纯化技术和制备工艺,这些条件的综合结果将决定酶生产本身的经济效益。

③培养方法:目前药用酶生产的培养方法主要有固体培养法和液体培养法。

a.固体培养法:固体培养法也称麸曲培养法。该法是利用麸皮或米糠为主要原料,另外还需要添加谷糠、豆饼等,加水拌成含水适度的固态物料作为培养基。目前我国酿造业用的糖化曲普遍采用固体培养法。固体培养法根据所用设备和通气方法又可分为浅盘法、厚层通气法等。固体培养法,设备简陋、劳动强度大、麸皮的传导性差,导致微生物大量繁殖时放出的热量不能迅速散发,造成培养基温度过高,抑制微生物繁殖。此外,培养过程中对温度、pH的变化、细胞增殖、培养基原料消耗和成分变化等的检测十分困难,不能进行有效调节,这些都是固体培养法的不足之处。

b. 液体培养法:液体培养法是利用液体培养使微生物生长繁殖和产酶。根据通气方法的不同,又分为液体表面培养和液体深层培养两种,其中液体深层通气培养是目前应用最广的方法。

④影响酶产量的因素:菌种的产酶性能是决定发酵产量的重要因素,但是发酵工艺条件对产酶量的影响也是十分明显的。除培养基组成外,其他如温度、pH、通气、搅拌、泡沫、湿度、诱导剂和抑制剂等必须配合恰当,才能得到良好的效果。

a. 温度:发酵温度不但影响微生物生长繁殖和产酶,也会影响已形成酶的稳定性,要严格控制。一般发酵温度比种子培养时略高些,对产酶有利。

b. pH:如果 pH 不适,不但妨碍菌体生长,而且还会改变微生物代谢途径和产物性质。控制发酵液的 pH,通常可通过调节培养基原始 pH,掌握原料的配比,保持一定的 C/N,添加缓冲剂使发酵液有一定的缓冲能力,或者调节通气量等方法来实现。

c. 通气与搅拌:迄今为止,用于酶制剂生产的微生物,基本上都是好氧微生物,不同的菌种在培养时,对通气量的要求也各不相同。为了精确测定,现在普遍采用溶氧仪来精确测定培养液中的溶解氧。好氧微生物在深层发酵中除需不断通气外,还需搅拌。搅拌能将气泡打碎,增加气液接触面积,加快氧的溶解速度。由于搅拌使液体形成湍流,延长了气泡在培养液中的停留时间,减少了液膜厚度,提高了空气的利用率;搅拌还可加强液体的湍流作用,有利于热交换和营养物质与菌体细胞的均匀接触,同时稀释细胞周围的代谢产物,有利于促进细胞的新陈代谢。

d. 泡沫与消泡剂:发酵过程中,泡沫的存在会阻碍 CO_2 排除,直接影响氧的溶解,因而将影响微生物的生长和产物的形成。同时泡沫层过高,往往造成发酵液随泡沫溢出罐外,不但浪费原料,还易引起染菌。又因泡沫上升,发酵罐装料量受到限制,降低了发酵罐的利用率。因此,必须采取消泡措施,进行有效控制。常用消泡剂有天然油类、醇类、脂肪酸类、胺类、酰胺类、磷酸酯类和聚硅氧烷类等,其中以聚二甲硅氧烷为最理想的消泡剂。我国酶制剂工业中常用的消泡剂为甘油聚醚或泡敌。

e. 诱导剂和抑制剂:某些诱导酶,在培养基中不存在诱导物质时,酶的合成便受到阻碍,而当有底物或类似物存在时,酶的合成就顺利进行。在有蛋白胨、葡萄糖和少量无机盐组成的培养基中加入橄榄油能产生脂肪酶,有趣的是油脂与菌的生长毫无关系,能诱导脂肪酶产生的物质并不是所有的油脂,而是该酶的作用底物或者与其类似的脂肪酸。另外添加诱导剂的时间与菌龄有关。白地霉菌合成脂肪时,在培养 8h 时添加诱导剂最为理想,而在 23h 几乎不产生酶。用一种酶的抑制剂促进另一种酶的形成也是目前研究的课题之一。据报道,在多黏芽孢杆菌的培养过程中添加淀粉酶抑制剂,能增加 β – 淀粉酶的产量。此外,在某些酶的生产中有时加入适量表面活性剂,也能提高酶制剂的产量,用的较多的是 Tween – 80 和

Triton – X。

二、酶工程制药的基本技术

酶反应几乎都是在水溶液中进行的,属于均相反应。均相酶反应系统虽然简便,但也有许多缺点,如溶液中的游离酶只能一次性地使用,不仅造成酶的浪费,而且会增加产品分离的难度和费用,影响产品的质量,另外溶液酶很不稳定,容易变性和失活。如能将酶制剂制成既能保持其原有的催化活性、性能稳定,又不溶于水的固形物,即固定化酶,就可以像一般固相催化剂那样使用和处理,大大提高酶的利用率。与固定化酶类似,细胞也能固定化,生物细胞虽属固相催化剂,但因其颗粒微小难于截留或定位,也需固定化。固定化细胞既具有细胞特性和生物催化的功能,又具有固相催化剂的特点。

(一)固定化酶和固定化细胞制药技术

1. 固定化酶的制备

(1)固定化酶的定义　固定化酶是 20 世纪 50 年代开始发展起来的一项新技术。所谓固定化酶,是限制或固定于特定空间位置的酶。具体来说,是经物理或化学方法处理,使酶变成不易随水流失,即运动受到限制,但又能发挥催化作用的酶制剂。制备固定化酶的过程称为酶的固定化。固定化所采用的酶,可以是经提取分离后得到的有一定纯度的酶,也可以是结合在菌体(死细胞)或细胞碎片上的酶或酶系。

(2)固定化酶的特点　与天然酶相比,固定化酶具有下列优点:①可以在较长时间内多次使用。而且在多数情况下,酶的稳定性提高。如固定化的葡萄糖异构酶,可以在 60 ~ 65℃连续使用超过 1000h;固定化黄色短杆菌中的延胡索酸酶用于生产 L – 苹果酸,连续反应一年,其活力仍保持不变。②反应后,酶与底物和产物易于分开,产物中无残留酶,易于纯化,产品质量高。③反应条件易于控制,可实现转化反应的连续化和自动控制。④酶的利用效率高,单位酶催化的底物量增加,用酶量减少。⑤比水溶性酶更适合于多酶反应。

与此同时,固定化酶存在一些缺点:①固定化时,酶活力有损失。②增加了生产的成本,工厂初始投资大。③只能用于可溶性底物,而且较适于小分子底物,对大分子底物不适宜。④胞内酶必须经过酶的分离纯化过程。⑤与完整菌体相比不适宜用于多酶反应,特别是需要辅助因子的反应。

(3)酶的固定化方法与制备技术　目前已建立的固定化方法按所用的载体和操作方法的差异,可分为载体结合法、包埋法及交联法三类,此外细胞固定化还有选择性热变性(热处理)方法。酶和细胞固定化方法的分类如下几种。

①载体结合法:载体结合法是将酶结合到不溶性载体上的一种固定化方法。

根据结合形式的不同,可以分为物理吸附法、离子结合法和共价结合法等三种。

a. 物理吸附法:物理吸附法是用物理方法将酶吸附于不溶性载体上的一种固定化方法。此类载体很多,无机载体有活性炭、多孔玻璃、酸性白土、漂白土、高岭石、氧化铝、硅胶、膨润土、羟基磷灰石、磷酸钙、金属氧化物等,天然高分子载体有淀粉、谷蛋白等,最近大孔树脂、陶瓷等载体也已被应用,此外还有具有疏水基的载体,它可以疏水性地吸附酶,以及以单宁作为配基的纤维素衍生物等载体。

物理吸附法的优点在于操作简单,可选用不同电荷和不同形状的载体,固定化过程可与纯化过程同时实现,酶失活后载体仍可再生,若能找到合适的载体,这是一种很好的方法。其缺点在于最适吸附酶量无规律可循,对不同载体和不同酶的吸附条件不同,吸附量与酶活力不一定呈平行关系,同时酶与载体之间结合力不强,酶易于脱落,导致酶活力下降并污染产物。物理吸附法也能固定细胞,并有可能在研究此方法过程中开发出固定化细胞的优良载体。

b. 离子结合法:离子结合法是酶通过离子键结合于具有离子交换基的水不溶性载体上的固定化方法。此法的载体有多糖类离子交换剂和合成高分子离子交换树脂,如 DEAE – 纤维素、XE – 97、IR – 45 和 Dowex – 50 等。

离子结合法的操作简单,处理条件温和,酶的高级结构和活性中心的氨基酸残基不易被破坏,能得到酶活回收率较高的固定化酶。但是载体和酶的结合力比较弱,容易受缓冲液种类或 pH 的影响,在离子强度高的条件下进行反应时,往往会发生酶从载体上脱落的现象。离子结合法也能用于微生物细胞的固定化,但是由于微生物在使用中会发生自溶,故用此法要得到稳定的固化微生物比较困难。

c. 共价结合法:共价结合法是酶以共价键结合于载体上的固定化方法,也就是使酶分子上非活性部位功能基团与载体表面活泼基团之间发生化学反应而形成共价键的连接方法。它是研究最广泛、内容最丰富的固定化方法。归纳起来有两类,一类是将载体的有关基团活化,然后与酶的有关基团发生偶联反应;另一类是在载体上接上一个双功能试剂,然后将酶偶联上去。

物理吸附法和离子结合法均是利用载体表面性质的作用将酶吸附于其表面的固定化方法。物理吸附法是将酶的水溶液与具有高度吸附能力的载体混合,然后洗去杂质和未吸附的酶即得固定化酶。物理吸附法中酶与载体结合力较弱,酶容易从载体上脱落,导致活力下降,故不常用。离子结合法是将解离状态的酶溶液与离子交换剂混合后,洗去未吸附的酶和杂质即得固定化酶,此方法中离子交换剂结合蛋白质的能力较强,常被采用。

共价结合法与离子结合法和物理吸附法相比,其优点是酶与载体结合牢固,稳定性好,一般不会因底物浓度高或存在盐类等原因而轻易脱落。缺点是反应条件苛刻,操作复杂,而且由于采用了比较强烈的反应条件,会引起酶蛋白高级结构的变化,破坏部分活性中心,所以不能得到比活高的固定化酶,甚至底物的专一性等酶的性质也会发生变化。因此,在进行共价结合之前应先了解所用酶的有关性质,选择适当的化学试剂,并严格控制反应条件,提高固定化酶的活力回收率和相对活力。在共价结合法中,载体的活化是个重要问题。目前用于载体活化的方法有酰基化、芳基化、烷基化及氨甲酰化反应等。

②交联法:交联法是用双功能或多功能试剂使酶与酶或微生物的细胞与细胞之间交联的固定化方法。常用的交联剂有戊二醛、己二酰亚胺二甲酯等。参与交联法反应的酶蛋白的功能基团有赖氨酸的 ε - 氨基、酪氨酸的酚基、半胱氨酸的巯基及组氨酸的咪唑基等。

交联法又可分为交联酶法、酶 - 辅助蛋白交联法、吸附交联法及载体交联法4 种。

a. 交联酶法:交联酶法是向酶液中加入多功能试剂,在一定的条件下使酶分子内或分子间彼此连接成网络结构而形成固定化酶的技术。反应速度与酶的浓度、试剂的浓度、pH、离子强度、温度和反应时间有关。

b. 酶 - 辅助蛋白交联法:酶 - 辅助蛋白交联法是在酶溶液中加入辅助蛋白的交联过程。辅助蛋白可以是明胶、胶原和动物血清蛋白等。此法可以制成酶膜或在混合后经低温处理和预热制成泡沫状的共聚物,也可以制成多孔颗粒。酶 - 辅助蛋白交联法的酶的活力回收率和机械强度都比交联酶法高。

c. 吸附交联法:吸附交联法是吸附与交联相结合的技术,其过程是先将酶吸附于载体上,再与交联剂反应。吸附交联法所制得的固定化酶称为壳状固定化酶。此法兼有吸附与交联的双重优点,既提高了固定化酶的机械强度,又提高了酶与载体的结合能力,酶分布于载体表面,与底物接触容易。

d. 载体交联法:载体交联法是同一多功能试剂分子的一些化学基团与载体偶联,而另一些化学基团与酶分子偶联的方法。其过程是多功能试剂先与载体偶联,洗去多余的试剂后再与酶偶联。如将葡萄糖氧化酶、丁烯 - 3,4 - 氧化物和丙烯酰胺共聚偶联即可得到固定化的葡萄糖氧化酶。微囊包埋的酶也可以用戊二醛交联使之稳定。另外,交联酶也可以再用包埋法来提高其稳定性并防止酶的脱落。

③包埋法:包埋法可分为网格型和微囊型两种。将酶或细胞包埋在高分子凝胶细微网格中的称为网格型。用于这种方法的载体材料有聚丙烯酰胺、聚乙烯醇和光敏树脂等合成高分子化合物,以及淀粉、明胶、胶原、海藻胶和角叉菜胶等天然高分子化合物。将酶或细胞包埋在高分子半透膜中的称为微囊型。由包埋法制得的微囊型固定化酶通常为直径几微米到几百微米的球状体,包有酶的微囊半透膜厚约 20nm,膜孔径 40nm 左右,其表面积与体积比很大,包埋酶量也多,颗粒比网格型要小得多,比较有利于底物与产物的扩散。但是反应条件要求高,制备成本也高。其基本制备方法有界面沉降法及界面聚合法两类。包埋法一般不需要酶蛋白的氨基酸残基参与反应,很少改变酶的高级结构,酶活回收率较高,因此可以应用于很多酶、微生物细胞和细胞器的固定化,但是在发生化学聚合反应时包埋酶容易失活,必须合理设计反应条件。

包埋法制备固定化酶的条件温和,不会改变酶的结构,操作时保护剂及稳定剂均不影响酶的包埋率,适用于多种酶、粗酶制剂、细胞器和细胞的固定化。但包埋的固定化酶只适用于小分子底物及小分子产物的转化反应,不适于催化大分子底物或产物的反应,而且扩散阻力会导致酶的动力学行为发生改变而降低其活力。

④选择性热变性法:此法专用于细胞固定化,是将细胞在适当温度下处理使细胞膜蛋白变性但不使酶变性而使酶固定于细胞内的方法。其来源、结构和性质各不相同。因此在固定化过程中,需根据酶促反应的性质、底物类型及固定化方法,选择相应的载体或基质。

固定化过程中使用的载体需符合如下条件:固定化过程中不引起酶变性;对酸碱有一定的耐受性;有一定的机械强度;有一定的亲水性及良好的稳定性;有一定的疏松网状结构,颗粒均匀;共价结合时具有可活化基团;有耐受酶和微生物细胞的能力;廉价易得。

酶和细胞的固定化载体见表3-2。主要有以下三类:吸附载体,用于吸附法制备固定化酶,有物理吸附和离子吸附,物理吸附所用的载体有无机物和有机物;包埋载体,包埋法制备固定化酶或细胞的载体,目前工业上应用的包埋载体主要为卡拉胶、海藻胶等;交联载体,交联法与吸附法和包埋法所用的载体相同。

表3-2　　　　　　　　　　常用的酶和细胞的固定化载体

吸附法		包埋法	共价结合法
物理吸附法	离子吸附		
矾土	DEAE-纤维素	卡拉胶	纤维素
膨润土	TEAT-纤维素	海藻胶	Sephadex A-200
胶棉	羟甲基纤维素	聚丙烯酰胺凝胶	琼脂
碳酸钙	DEAE-Sephadex A-50	三乙酸纤维素	琼脂糖
活性炭	阳离子交换树脂	二乙酸纤维素	苯胺多孔玻璃
氧化铝	阴离子交换树脂	甲壳素	对氨基苯纤维素
纤维素		硅胶	聚丙烯酰胺
石英砂		聚乙烯醇	胶原
淀粉		胶原	尼龙
皂土		丙烯酸高聚物	多聚氨基酸
多孔玻璃		琼脂	多孔玻璃珠
二氧化硅		琼脂糖	金属氧化物
煤渣		明胶	
磷酸钙凝胶			
羟基磷灰石			

2. 固定化细胞的制备

（1）固定化细胞的定义 将细胞限制或定位于特定空间位置的方法称为细胞固定化技术。被限制或定位于特定空间位置的细胞称为固定化细胞，它与固定化酶一起被称为固定化生物催化剂。细胞固定化技术是酶固定化技术的发展，因此固定化细胞也称为第二代固定化酶。

（2）固定化细胞的特点 生物细胞虽属固相催化剂，但因其颗粒小、难于截流或定位，也需固定化。固定化细胞既有细胞的特性，也有生物催化剂的功能，又具有固相催化剂的特点。其优点：无需进行酶的分离纯化；细胞保持酶的原始状态，固定化过程中酶的回收率高；细胞内酶比固定化酶稳定性更高；细胞内酶的辅因子可以自动再生；细胞本身含多酶体系，可催化一系列反应；抗污染能力强。同时，固定化细胞技术也有它的局限性：利用的仅是胞内酶，而细胞内多种酶的存在，会形成不需要的副产物；细胞膜、细胞壁和载体都存在着扩散限制作用；载体形成的空隙大小影响高分子底物的通透性。但这些缺点并不影响它的实用价值。

由于固定化细胞除具有固定化酶的特点外，还有其自身的优点，应用更为普遍，对传统发酵工艺的技术改造具有重要的影响。目前工业上已应用的固定化细胞有很多种，如固定化 *E. coli* 生产 L－天冬氨酸或 6－氨基青霉烷酸、固定化黄色短杆菌生产 L－苹果酸、固定化假单胞菌生产 L－丙氨酸等。

（3）固定化细胞的制备技术 细胞的固定化技术是酶的固定化技术的延伸，其制备方法和应用方法也基本相同。但细胞的固定化主要适用于胞内酶，要求底物和产物容易透过细胞膜，细胞内不存在产物分解系统及其他副反应；若存在副反应，应具有相应的消除措施。固定化细胞的制备方法有载体结合法、包埋法、交联法及无载体法等。

①载体结合法：载体结合法是将细胞悬浮液直接与水不溶性的载体相结合的固定化方法。本法与吸附法制备固定化酶的原理基本相同，所用的载体主要为阴离子交换树脂、阴离子交换纤维素、多孔砖及聚氯乙烯等。其优点是操作简单，符合细胞的生理条件，不影响细胞的生长及其酶活性。缺点是吸附容量小，结合强度低。目前虽有采用有机材料与无机材料构成杂交结构的载体，或将吸附的细胞通过交联及共价结合来提高细胞与载体的结合强度，但吸附法在工业上尚未得到推广应用。

②包埋法：将细胞定位于凝胶网格内的技术称为包埋法，这是固定化细胞中应用最多的方法。常用的载体有卡拉胶、聚乙烯醇、琼脂、明胶及海棠胶等，包埋细胞的操作方法与包埋酶法相同。优点在于细胞容量大，操作简便，酶的活力回收率高。缺点是扩散阻力大，容易改变酶的动力学行为，不适于催化大分子底物与产物的转化反应。目前已有凝胶包埋 *E. coli*、黄色短杆菌及玫瑰暗黄链霉菌等多种固定化细胞，并已实现 6－APA、L－天冬氨酸、L－苹果酸及果葡糖的工业化生产。

③交联法:用多功能试剂对细胞进行交联的固定化方法称为交联法。交联法所用的化学试剂的毒性能破坏细胞而损害细胞活性,如用戊二醛交联的 *E. coli* 细胞,其天冬氨酸酶的活力仅为原细胞活力的34.2%。因此,工业生产中交联法应用得也较少。

④无载体法:靠细胞自身的絮凝作用制备固定化细胞的技术称为无载体法。本法是通过助凝剂或选择性热变性的方法实现细胞的固定化,如含葡萄糖异构酶的链霉菌细胞经柠檬酸处理,使酶保留在细胞内,再加絮凝剂脱乙酰甲壳素,获得的菌体干燥后即为固定化细胞。也可以在 60℃ 对链霉菌加热 10min,即得固定化细胞。无载体法的优点是可以获得高密度的细胞,固定化条件温和;缺点是机械强度差。

3. 固定化方法与载体的选择依据

(1)固定化方法的选择　比较各种固定化方法的特点,可以为选择合适的方法提供必要的依据。选择固定化方法时应考虑以下几个因素。

①固定化酶应用的安全性:尽管固定化生物催化剂比化学催化剂更为安全,但也需要按照药品和食品领域的检验标准做必要的检查。因为除了吸附法和几种包埋法外,大多数固定化操作都涉及化学反应,必须了解所用的试剂是否有毒性和残留,应尽可能选择无毒性试剂参与固定化方法。

②固定化酶在操作中的稳定性:在选择固定化的方法时要求固定化酶在操作过程中十分稳定,能长期反复使用,这样才能在经济上有较强的竞争力。因此应考虑酶和载体的连接方式、连接键的多寡和单位载体的酶活力,从各方面进行权衡,选择最佳的固定化方法,以制备稳定性高的固定化酶或细胞。

③固定化的成本:固定化成本包括酶、载体和试剂的费用,也包括水、电、气、设备及劳务投资。如酶、载体及试剂价格较高,但由于固定化酶(细胞)能长期反复使用,提高了酶的利用效率,也比原工艺优越。即使固定化成本不低于原工艺,而对原工艺有较大改进,或可简化后处理工艺,提高产品质量和收率,节省劳务,该固定化方法仍有实用价值。此外,固定化酶成本通常仅占成本的极小部分,在价格昂贵的药品生产中,固定化酶对产品纯度和收率的提高是非常有利的,因此仍需采用固定化酶。当然,为了工业应用,应尽可能采用操作简单、活力回收率高及载体和试剂价格低廉的固定化方法。

(2)载体的选择　为了工业化应用,最好选择工业化生产中已大量应用的廉价材料为载体,如聚乙烯醇、卡拉胶及海藻胶等。另外离子交换树脂、金属氧化物及不锈钢碎屑等,也都是有应用前途的载体。载体的选择还需考虑底物的性质,当底物为大分子时,包埋型的载体不能用于转化反应,只能用可溶性的固定化酶;若底物不完全溶解或黏度大,宜采用密度高的不锈钢屑或陶瓷等材料制备吸附型的固定化酶,以便实现转化反应和回收固定化酶。各种固定化方法和特性比较见表3－3。

表3-3 　　　　　　　　　　　　固定化方法及其特性比较

项目	吸附法		包埋法	交联法	共价法
	离子吸附法	物理吸附法			
制备	易	易	难	易	难
结合力	中	弱	强	强	强
酶活性	高	中	高	低	高
载体再生	能	能	不能	不能	极少用
底物专一性	不变	不变	不变	变	变
稳定性	中	低	高	高	高
固定化成本	低	低	中	中	高
应用性	有	有	有	无	无
抗微生物能力	无	无	有	可能	无

4. 固定化酶与固定化细胞的形状和性质

（1）固定化酶与固定化细胞的形状　由于应用目的和反应器类型的不同，所以需要不同物理形状的固定化酶。目前已有多种物理形状的固定化酶，如酶膜、酶管、酶纤维、微囊和颗粒状的固定化酶，颗粒状的固定化酶包括酶珠、酶块、酶片和酶粉等。

（2）固定化酶的性质　天然酶经过固定化后即成为固定化酶，其催化反应体系也由均相反应转变为非均相反应。由于固定化方法和所用载体的不同，制得的固定化酶可能会受到扩散限制、空间障碍、微环境变化和化学修饰等因素的影响，可能会导致酶学性质和酶活力的变化。

①酶活力的变化：酶经过固定化后活力大都下降，其主要原因有酶分子在固定化过程中，空间构象发生变化，影响了活性中心的氨基酸；固定化后，由于空间位阻效应，影响了活性中心对底物的定位作用；内扩散阻力使底物分子与活性中心的接近受阻；包埋时酶被高分子物质半透膜包围，大分子物质不能透过膜与酶接近。要减少固定化过程中酶活力的损失，反应条件就要温和。此外，在固定化反应体系中加入抑制剂、底物或产物可以保护酶的活性中心。

②酶稳定性的变化：固定化酶的稳定性包括对温度、pH、蛋白酶变性剂和抑制剂的耐受程度。如蛋白酶经过固定化后，限制了酶分子之间的相互作用，阻止了其自溶，稳定性明显增加。其他的酶经过固定化后可以增加酶构型的牢固程度，因此稳定性提高。但是如果固定化的过程影响到酶的活性中心和酶的高级结构的敏感区域，也可能引起酶的活性降低。不过大部分酶在固定化后，其稳定性和有效寿命均比游离酶高。

③酶学特性的变化

a. 底物专一性：酶经过固定化后，由于变阻效应，对高分子底物的活性明显下降。

b. 最适 pH：酶经固定化后，其反应的最适 pH 可能变大，也可能变小；pH 与酶活的曲线也可能发生改变，其变化与酶蛋白和载体的带电性质有关。

c. 最适温度：酶经过固定化后可能导致其空间结构更为稳定，大多数酶经过固定化后，最适温度升高。

d. 米氏常数(K_m)：K_m 值是表示酶和底物亲和力大小的客观指标。天然酶经固定化后，K_m 值均发生变化，有的增加很少，有的增加很多，但 K_m 值不会变小。

e. 最大反应速率(V_{max})：大多数的天然酶经固定化后，V_{max} 与天然酶相同或接近，但也有由于固定化的方法不同而有差异的。

（3）固定化细胞的性质　细胞被固定化后，其酶的性质、稳定性、最适 pH、最适温度和 K_m 值的变化基本上与固定化酶相仿。细胞的固定化主要是利用胞内酶，因此固定化的细胞主要用于催化小分子底物的反应，而不适于大分子底物。无论采用哪种固定化方法，都需采用适当的措施来提高细胞膜的通透性，以提高酶的活力和转化效率。

5. 评价固定化酶（细胞）的指标

（1）固定化酶（细胞）活力的测定　固定化酶通常为颗粒状态，传统的溶液酶的测定方法需要做一些改进。固定化酶具有两个基本反应系统，即填充床反应系统和悬浮搅拌反应系统。因此，根据固定化酶的反应系统，其活力的测定可以分为分批测定法和连续测定法两种。

①分批测定法：分批测定法是固定化酶在搅拌或振荡的情况下进行测定的方法。与测定天然酶的方法基本一致，即间隔一定时间取样，过滤后按常规测定，方法比较简便。但测定结果与反应器的形状、大小和反应液的数量有关，同时也与搅拌和振荡的速度有关，速度加快，活力上升，达到一定程度后活力不再改变。但若搅拌过快会导致固定化酶破碎成更小的细粒而使酶的活力升高，因此测定过程中应严格控制反应条件。

②连续测定法：不管是分批反应器、连续搅拌反应器或填充反应器，都可以从中引出反应液到流动比色杯中进行分光测定。在连续流反应器中，可以根据底物的流入速度和反应速度之间的关系来计算酶的活力，但反应器的形状可能影响反应速度。除分光法外，也可以在缓冲能力弱的情况下用自动 pH 滴定仪来测定质子产生与消耗的过程，或者测定反应过程中氧气、NH_4^+、电导和旋光的变化来确定酶的活力。

影响酶活力测定的因素较多，如测定环境、pH、温度、离子强度、酶浓度、激活剂、振荡和搅拌速度以及固定化酶颗粒大小的变化，均影响酶活力的测定。此外，对于带电载体制备的固定化酶和反应过程中发生质子变化的固定化酶，静电作用也影响其酶的活力，为抵消静电作用的影响，测定系统需要有较高的离子强度。因此,在酶活力的测定过程中,为了确保可比性,必须控制反应条件的一致性。在实际应用中,固定化酶不一定在底物饱和的条件下反应,因此测定条件应尽可能与实际工艺相同,这样才能对整个工艺过程进行估价,否则无可比性。

(2)偶联率及相对活力的测定 影响酶固有性质诸因素的综合效应及固定化期间引起的酶失活,可用偶联率或相对活力来表示。固定化酶的活力回收率是固定化酶(细胞)所显示的活力占被固定的等量游离酶(细胞)总活力的百分数。相对酶活是固定化酶的总活力与加入酶的总活力去除上清液中未偶联酶活力之比的百分数。

$$偶联率 = (加入酶活力 - 上清液酶活力)/加入蛋白活力 \times 100\%$$
$$活力回收率 = 固定化酶总活力/加入酶的总活力 \times 100\%$$
$$相对活力 = 固定化酶总活力/(加入酶的总活力 - 上清液中未偶联酶活力) \times 100\%$$

偶联率 = 1 时,表示反应控制好,固定化或扩散限制引起的酶失活不明显;

偶联率 < 1 时,扩散限制对酶活力有影响;

偶联率 > 1 时,有细胞分裂或从载体排除抑制剂等原因。

(二)酶的非水相催化制药技术

1. 非水介质中的酶催化作用

酶在非水介质中进行的催化作用称为酶的非水相催化。在非水相中,酶分子受到非水介质的影响,其催化特性与在水相中催化有着较大的不同。

(1)有机介质中的酶催化 有机介质中的酶催化是酶在含有一定量水的有机溶剂中进行的催化反应,适用于底物、产物两者或其中之一为疏水性物质的酶催化作用。酶在有机介质中由于能够基本保持其完整的结构和活性中心的空间构象,所以能够发挥其催化功能。酶在有机介质中起催化作用时,酶的底物特异性、立体选择性、区域选择性、键选择性和热稳定性等都有所改变。

(2)气相介质中的酶催化 气相介质中的酶催化是酶在气相介质中进行的催化反应,适用于底物是气体或者能够转化为气体的物质的酶催化反应。由于气体介质的密度低,扩散容易,所以酶在气相中的催化作用与在水溶液中的催化作用有明显的不同特点,但是研究的不多。

(3)超临界流体介质中的酶催化 超临界介质中的酶催化是酶在超临界流体中进行的催化反应。超临界流体是指温度和压力超过某物质超临界点的流体。用于酶催化反应的超临界流体应当对酶的结构没有破坏作用,对催化作用没有明显的不良影响;具有良好的化学稳定性,对设备没有腐蚀性;超临界温度不能太高或太低,最好在室温附近或在酶催化的最适温度附近;超临界压力不能太高,可节约压缩动力费用;超临界流体要容易获得,价格要便宜等。

(4)离子液介质中的酶催化 离子液介质中的酶催化是酶在离子液中进行的催化作用。离子液是由有机阳离子与有机(无机)阴离子构成的,在室温条件下呈液态的低熔点盐类,挥发性低、稳定性好。酶在离子液中的催化作用具有良好的稳定性和区域选择性、立体选择性、键选择性等显著特点。在酶的非水相催化中,研究最多的非水介质是有机溶剂。

2. 有机介质中水和有机溶剂对酶催化反应的影响

酶在有机介质中进行催化反应的反应体系与常规的水相催化反应体系有所不同。常见的有机介质反应体系包括微水介质体系、与水溶性有机溶剂组成的均一体系、与水不溶性有机溶剂组成的两相或多相体系、(正)胶束体系、反胶束体系等。其中,研究最多、应用最广泛的是微水介质体系。不管采用何种有机介质反应体系,酶催化反应的介质中都含有机溶剂和一定量的水,它们都对催化反应有显著的影响。

(1)水对有机介质中酶催化的影响 酶都溶于水,只有在一定量水的存在下,酶分子才能进行催化反应。所以酶在有机介质中进行催化反应时,水是不可缺少的成分之一。有机介质中的水含量与酶的空间构象、酶的催化活性、酶的稳定性、酶的催化反应速率等都有密切关系,水还与酶催化作用的底物和反应产物的溶解度有关。

①水对酶分子空间构象的影响:酶分子只有在空间构象完整的状态下,才具有催化功能。在无水的条件下,酶的空间构象被破坏,酶将变性失活。故此,酶分子需要一层水化层,以维持其完整的空间构象。

②水含量对酶催化反应速率的影响:有机介质中水的含量对酶催化反应速率有显著影响。例如,马肝醇脱氢酶在水含量较低的条件下,酶的催化反应速率随水含量的增加而升高。在催化反应速率达到最大时的水含量称为最适水含量。由于加进有机介质反应体系中的水,可以分布在酶分子、有机溶剂、固定化酶的载体或修饰酶的修饰剂中,因此,即使采用相同的酶,反应体系的最适水含量也会随着有机溶剂的种类、固定化载体的特性、修饰剂的种类等的变化而有所差别。在实际应用时应当根据实际情况,通过实验确定最适水含量。

③水活度的影响:在有机介质中含有的水,主要有两类,一类是与酶分子紧密结合的结合水,另一类是溶解在有机溶剂中的游离水。研究表明,在有机介质体系中,酶的催化活性随着结合水量的增加而提高。在结合水量不变的条件下,体系中水含量的变化对酶的催化活性影响不大。因此可以认为在有机介质体系中,结合水是影响酶催化活性的关键因素,而水含量却受到酶分子以外的各种因素的影响。

(2)有机溶剂对有机介质中酶催化的影响 有机溶剂是有机介质反应体系中的主要成分之一。常用的有机溶剂有辛烷、正己烷、苯、吡啶、丙醇、乙腈、己酯、二氯甲烷等。在有机介质酶催化反应中,有机溶剂对酶的活力、酶的稳定性、酶的催化特性和酶催化速率等都有显著的影响。

①有机溶剂对酶结构与功能的影响:酶具有完整的空间结构和活性中心才能发挥其催化功能。在水溶液中,酶分子(除了固定化酶外)均一地溶解于水溶液中,可以较好地保持其完整的空间结构。在有机溶剂中,酶分子(经过修饰后可溶

于有机溶剂的除外)不能直接溶解,而是悬浮在溶剂中进行催化反应。根据酶分子的特性和有机溶剂的特性不同,保持其空间结构完整性的情况也有所差别。

②有机溶剂对酶活性的影响:有些有机溶剂,特别是极性较强的有机溶剂如甲醇、乙醇等,会夺取酶分子的结合水,影响酶分子微环境的水化层,从而降低酶的催化活性,甚至引起酶的变性失活。

③有机溶剂对底物和产物分配的影响:有机溶剂与水之间的极性不同,在反应过程中会影响底物和产物的分配,从而影响酶的催化反应。酶在有机介质中进行催化反应,酶的作用底物首先必须进入必需水层,然后才能进入酶的活性中心进行催化反应。反应后生成的产物也首先分布在必需水层中,然后才从必需水层转移到有机溶剂中。产物必须移出必需水层,酶催化反应才能继续进行下去。有机溶剂能改变酶分子必需水层中底物和产物的浓度。如果有机溶剂的极性很小,疏水性太强,疏水性底物虽然在有机溶剂中溶解度大、浓度高,但难于从有机溶剂中进入必需水层,与酶分子活性中心结合的底物浓度较低,从而降低酶的催化速率;如果有机溶剂的极性过大,亲水性太强,则疏水性底物在有机溶剂中的溶解度低,底物浓度降低,也会使催化速率减慢。所以应该选择极性适中的有机溶剂作为介质使用,一般选用 $2 \leqslant \lg P \leqslant 5$ 的有机溶剂作为有机介质为宜。P 表示脂水分配系数,为化合物在脂相和水相间达到平衡时的浓度比值,通常是以化合物在有机相中的浓度为分子,在水相中的浓度为分母。脂水分配系数越大,越易溶于脂,反之则越易溶于水。公式为:

$$P = C_0 / C_w$$

式中　P——配系数

C_0——合物在有机相中浓度,g/ml

C_w——合物在水相的浓度,g/ml

3. 酶在有机介质中的催化特性

酶在有机介质中能够基本保持其完整的结构和活性中心的空间构象,所以能够发挥其催化功能。然而,酶在有机介质中起催化作用时,有机溶剂的极性与水有很大差别,对酶的表面结构、活性中心的结合部位和底物性质都会产生一定的影响,因此影响酶的底物特异性、立体选择性、区域选择性、键选择性和热稳定性等,从而显示出与水相介质中不同的催化特性。

(1)底物专一性 酶在水溶液中进行催化反应时,具有高度的底物专一性,称为底物特异性,是酶催化反应的显著特点之一。不同的有机溶剂具有不同的极性,所以在不同的有机介质中,酶的底物专一性也不一样。一般来说,在极性较强的有机溶剂中,疏水性较强的底物容易反应;而在极性较弱的有机溶剂中,疏水性较弱的底物容易反应。例如,枯草杆菌蛋白酶催化 N-乙酰-L-丝氨酸乙酯和 N-乙酰-L-苯丙氨酸乙酯与丙醇的转酯化反应,在极性较弱的二氯甲烷或者苯介质中,含丝氨酸的底物优先反应;而在极性较强的吡啶或季丁醇介质中,则含苯丙氨酸的底物首先发生转酯化反应。

（2）对映体选择性　酶的对映体选择性又称立体选择性或立体异构专一性，是酶在对称的外消旋化合物中识别一种异构体能力大小的指标。

（3）区域选择性　酶在有机介质中进行催化时，具有区域选择性，即酶能够选择底物分子中某一区域的基团优先进行反应。

（4）键选择性　酶在有机介质中进行催化的另一个显著特点是具有化学键选择性，即在同一个底物分子中有 2 种以上的化学键都可以与酶反应时，酶对其中一种化学键优先进行反应。键选择性与酶的来源和有机介质的种类有关。例如，脂肪酶催化 6 – 氨基 – 1 – 己醇的酰化反应，底物分子中的氨基和羟基都可能被酰化，分别生成肽键和酯键。当采用黑曲霉脂肪酶进行催化时，羟基的酰化占绝对优势；而采用毛霉脂肪酶催化时，则优先使氨基酰化。研究表明，在不同的有机介质中，氨基的酰化与羟基的酰化程度也有所不同。

（5）热稳定性　许多酶在有机介质中的热稳定性比在水溶液中的热稳定性更好。例如，胰脂肪酶在水溶液中，100℃时很快失活；而在有机介质中，在相同的温度下，半衰期却长达数小时。胰凝乳蛋白酶在无水辛烷中，于20℃保存5个月仍可保持其活性；而在水溶液中，其半衰期却只有几天。酶在有机介质中的热稳定性还与介质中的水含量有关，通常情况下，随着介质中水含量的增加，其热稳定性降低。例如，核糖核酸酶在有机介质中的水含量从 0.06g 水/g 蛋白质增加到 0.2g 水/g 蛋白质时，酶的半衰期从 120min 减少到 45min。色素氧化酶在甲苯中的水含量从 1.3% 降低到 0.3% 时，半衰期从 1.7min 增加到 4h。

（6）pH 特性　在水溶液中，pH 是影响酶催化的重要因素，因为在水溶液中，缓冲液的 pH 决定了酶分子活性中心基团的解离状态和底物分子的解离状态，从而影响酶与底物的结合和催化反应。

4. 有机介质中酶催化反应的条件及其控制

（1）酶的选择　要进行酶在有机介质中的催化反应，首先要选择好所使用的酶。不同的酶具有不同的结构和特性，同一种酶，由于来源和处理方法的不同，其特性也有所差别，所以要根据需要通过试验进行选择。在酶催化反应时，通常酶所作用的底物浓度远远高于酶浓度，所以酶催化反应速率随着酶浓度的升高而升高，两者成正比关系。在有机介质中进行催化反应，对酶的选择不但要看催化反应速率的大小，还要特别注意酶的稳定性、底物专一性、对映体选择性、区域选择性、键选择性等。

（2）底物的选择和浓度控制　由于酶在有机介质中的底物专一性与在水溶液中的专一性有些差别，所以要根据酶在有机介质中的专一性选择适宜的底物。底物的浓度对酶催化反应速率有显著影响，一般说来，在底物浓度较低的情况下，酶催化反应速率随底物浓度的升高而增大，当底物达到一定浓度以后，再增加底物浓度，反应速率的增大幅度逐渐减少，最后趋于平衡，逐步接近最大反应速率。

（3）有机溶剂的选择　不同的有机溶剂由于极性不同，对酶分子的结构以及底物和产物的分配有不同的影响,从而影响酶催化反应速率,同时还会影响酶的底物专一性、对映体选择性、区域选择性和键选择性等。有机溶剂是影响酶在有机介质中催化的关键因素之一,在使用过程中要根据具体情况进行选择。有机溶剂的极性选择要适当,极性过强(lg$P$<2)的溶剂,会夺取较多的酶分子表面结合水,影响酶分子的结构,并使疏水性底物的溶解度降低,从而降低酶反应速率,在一般情况下不选用;极性过弱(lg$P$≥5)的溶剂,虽然对酶分子必需水的夺取较少,疏水性底物在有机溶剂中的溶解度也较高,但是底物难于进入酶分子的必需水层,催化反应速率也不高。所以通常选用2≤lg$P$≤5的溶剂作为催化反应介质。

(4)水含量的控制 有机介质中,水的含量对酶分子的空间构象和酶催化反应速率有显著影响。

(5)温度的控制 温度是影响酶催化作用的主要因素之一。一方面,随着温度的升高,化学反应速率加快;另一方面,酶是生物大分子,过高的温度会引起酶的变性失活。两种因素综合,在某一个特定的温度条件下,酶催化的反应速率达到最大,这个温度称为酶反应的最适温度。在微水有机介质中,由于水含量低,酶的热稳定性增强,所以其最适温度高于在水溶液中催化的最适温度。但是温度过高,同样会使酶的催化活性降低,甚至引起酶的变性失活。因此,需要通过试验,确定有机介质中酶催化的最适温度,以提高酶催化反应速率。要注意的是酶与其他非酶催化剂一样,温度升高时,其立体选择性降低。这一点在有机介质的酶催化过程中显得特别重要,因为手性化合物的拆分是有机介质酶催化的主要应用领域。必须通过试验,控制适宜的反应温度,使酶催化反应在较高的反应速率以及较强的立体选择性条件下进行。

(6)pH 的控制 酶催化过程中,pH 影响酶活性中心基团和底物的解离状态,从而直接影响酶的催化活性,对酶的催化反应速率有很大影响。在某一特定的 pH 时,酶的催化反应速率达到最大,这个 pH 称为酶催化反应的最适 pH。研究结果表明,酶在有机介质中催化的最适 pH 通常与在水溶液中催化的最适 pH 相同或者接近。因为在有机介质中,与酶分子基团结合的必需水维持酶分子的空间构象,而且只有在特定的 pH 和离子强度条件下,酶的活性中心上的基团才能达到最佳的解离状态,从而保持其催化活性。

酶非水相催化在药物生产中的应用:酶的非水相催化,可以生成一些具有特殊性质与功能的产物,在医药、食品、化工、功能材料、环境保护等领域具有重要的应用价值,显示出广阔的应用前景。酶的非水相催化在药物生产中主要用于手性药物的拆分。

(三)手性药物的酶法合成技术

1. 手性药物两种对映体的药效差异

根据两种对映体之间的药理、药效差异,手性药物两种对映体可以分为下列 5

种类型。

（1）一种对映体有显著疗效，另一种对映体疗效很弱或者没有疗效　如常用的消炎解热镇痛药萘普生的两种对映体中，S – 萘普生的疗效是 R – 萘普生疗效的 28 倍。如果进行对映体拆分，单独使用 S 构型，则其疗效将显著提高。

（2）一种对映体有疗效，另一种却有毒副作用　如镇咳药羟基苯哌嗪的 S – 对映体有镇咳作用，而 R – 对映体却对神经系统有毒副作用；镇静剂反应停的 S 构型有镇静作用，而 R 构型不但没有镇静作用，反而有致畸胎的副作用。若要消除其副作用，必须进行拆分，使用单一的 S 构型。

（3）两种对映体的药效相反　如 5 –（1,3 – 二甲丁基）– 5 – 乙基巴比妥是一种常用的镇静、抗惊厥药物，其左旋体对神经系统有镇静作用，而右旋体却有兴奋作用，由于左旋体的镇静作用比右旋体的兴奋作用强得多，所以消旋体仍然表现为镇静作用。如果使用单一的左旋体，就可以显著增强其药效。

（4）两种对映体具有各自不同的药效　如喘速宁的 S 构型具有扩张支气管的功效，而 R 构型具有抑制血小板凝集的作用。在此情况下，必须将两种异构体分开，分别用于不同的目的。

（5）两种消旋体的作用具有互补性　如治疗心律失常的心得安，其 S 构型具有阻断 p – 受体的作用，而 R 构型具有抑制钠离子通道的作用，所以外消旋心得安的抗心律失常作用效果比单一对映体的作用效果好。

对于上述（1）～（4）类的手性药物，两种对映体的药理、药效都有很大的不同，所以有必要进行对映体的拆分。只有在（5）类的情况下，才是使用消旋体为好。可见手性药物的拆分具有重要意义和应用价值。故此，1992 年美国 FDA 明确要求对于具有手性特性的化学药物，必须说明其两个对映体在体内的不同生理活性、药理作用以及药物代谢动力学情况。许多国家和地区也都制定了有关手性药物的政策和法规，这大大推动了手性药物拆分的研究和生产应用。目前提出注册申请和正在开发的手性药物中，单一对映体药物占绝大多数。有机介质中酶催化反应在手性药物拆分的研究、开发方面，具有广阔的应用前景。

2. 酶在手性化合物拆分方面的应用

酶在手性化合物拆分方面的研究、开发和应用越来越广泛。

（1）环氧丙醇衍生物的拆分　2,3 – 环氧丙醇单一对映体的衍生物是一种多功能手性中间体，它可以用于合成 p – 受体阻断剂、艾滋病毒蛋白酶抑制剂、抗病毒药物等多种手性药物。其消旋体可以在有机介质体系中用酶法进行拆分，获得单一对映体。例如，用猪胰脂肪酶等在有机介质体系中对 2,3 – 环氧丙醇丁酸酯进行拆分，可得到单一的对映体。

（2）芳基丙酸衍生物的拆分　2 – 芳基丙酸是手性化合物，其单一对映体衍生物是多种治疗关节炎、风湿病的消炎镇痛药物，如布洛芬、酮基布洛芬、萘普生等的活性成分。用脂肪酶在有机介质体系中进行消旋体的拆分，可以得到 S 构型的活性成分。

（3）苯甘氨酸甲酯的拆分　苯甘氨酸甲酯的对映体及其衍生物是半合成β-内酰胺类抗生素的重要侧链，如氨苄青霉素、头孢氨苄、头孢拉定等。脂肪酶在有机介质中通过不对称氨解反应，可以拆分得到。

（四）药用酶的化学修饰技术

酶作为生物催化剂，其高效性和专一性是其他催化剂无法比拟的。因此，已有越来越多的酶制剂被用于医药、食品、化工、农业、环保与基因工程领域。但是，酶作为蛋白质，其异体蛋白的抗原性、受蛋白水解酶水解和抑制剂作用、在体内半衰期短等缺点影响了医用酶的使用效果，甚至无法使用。工业用酶常由于酶蛋白抗酸、碱、有机溶剂变性及抗热失活能力差，容易受产物和抑制剂的抑制。工业反应要求的 pH 和温度不总是在酶反应的最适 pH 和最适温度范围内，底物不溶于水或酶的 K_m 值过高等弱点限制了酶制剂的应用范围。

关于提高酶的稳定性、解除酶的抗原性、改变酶学性质（最适 pH、最适温度、K_m 值、催化活性和专一性等）、扩大酶的应用范围的研究越来越引起人们的重视。通过酶的分子改造可克服上述应用中的缺点，使酶发挥更大的催化功效，以扩大其在科研和生产中的应用范围。

1. 酶化学修饰概述

（1）酶化学修饰的概念　通过主链的切割、剪接和侧链基团的化学修饰对酶蛋白进行分子改造，以改变其理化性质及生物活性。这种应用化学方法对酶分子施行种种"手术"的技术称为酶分子的化学修饰。自然界本身就存在着酶分子改造修饰的过程，如酶原激活、可逆共价调节等，这是自然界赋予酶分子本身的提高酶活力的特异功能。从广义上说，凡涉及共价键或部分共价键形成或破坏的转变都可看作是酶的化学修饰。从狭义上说，酶的化学修饰则是在较温和的条件下，以可控制的方式使一种酶同某些化学试剂起特异反应，从而引起单个氨基酸残基或其功能基团发生共价的化学改变。

（2）酶化学修饰的目的　人为地改变天然酶的一些性质，创造天然酶所不具备的某些优良特性甚至创造出新的活性，来扩大酶的应用领域，促进生物技术的发展。通常，酶经过改造后会产生各种各样的变化，概括起来主要是提高生物活性，包括某些在修饰后对效应物反应性能的改变；增强在不良环境中的稳定性；针对异体反应，降低生物识别能力。可以说，酶的化学修饰在理论上为生物大分子结构与功能关系的研究提供了有力的实验依据和证明，是改善酶学性质和提高其应用价值的一种非常有效的措施。

2. 酶化学修饰的方法

（1）酶的表面化学修饰

①大分子修饰：可溶性大分子，如聚乙二醇（PEG）、聚乙烯吡咯烷酮（PVP）、聚

丙烯酸(PAA)、聚氨基酸、葡聚糖、环糊精、羧甲基纤维素、多聚唾液酸、肝素等可通过共价键连接在酶分子表面,形成覆盖层。其中相对分子质量在500～20 000范围内的PEG类修饰剂应用最广,它是既能溶于水,又可以溶于绝大多数有机溶剂的两亲分子,一般没有免疫原性和毒性,其生物相容性已经通过美国FDA认证。PEG分子末端有两个能被活化的羟基,但是化学修饰时多采用单甲氧基聚乙二醇(MPEG)。

②小分子修饰:利用小分子化合物对酶的活性部位或活性部位之外的侧链基团进行化学修饰,以改变酶学性质。已被广泛应用的小分子化合物主要有氨基葡萄糖、乙酸酐、硬脂酸、邻苯二酸酐等。

③交联修饰:应用双功能基团试剂,如戊二醛、PEG等,将酶蛋白分子之间、亚基之间或分子内不同肽链部分间进行共价交联,可使酶分子活性结构加固,并可提高其稳定性,增加了酶在非水溶液中的使用价值。

④固定化修饰:通过酶表面的酸性或碱性残基,将酶共价连接到惰性载体上后,酶所处微环境的改变会使酶的性质(最适pH、最适温度、稳定性等),特别是动力学性质发生改变。如固定在带电载体上的酶,由于介质中的质子靠近载体并与载体上的电荷发生作用,结果使酶的最适pH向碱性(阴离子载体)或酸性(阳离子载体)方向移动,这很有应用价值。如某一工艺需几个酶协同作用,而这几个酶的最适pH又不一致,可用固定化的方法使不同酶的最适pH彼此靠近,从而简化工艺过程。

(2)酶分子内部修饰

①非催化活性基团的修饰:最经常修饰的残基既可以是亲核的,如Ser、Cys、Met、Lys、His;也可以是亲电的,如Tyr、Trp;或者是可氧化的,如Tyr、Typ、Met。对这类非催化残基的修饰可改变酶的动力学性质,改变酶对特殊底物的束缚能力。研究比较充分的例子是胰凝乳蛋白酶,将此酶Met192氧化成亚砜,则使该酶对含芳香族或大体积脂肪族取代基的专一性底物的K_m值提高2～3倍,但对非专一性底物的K_m不变,这说明对底物非反应部分的束缚在酶催化作用中有重要的作用。

②蛋白主链的修饰:迄今为止,蛋白主链修饰主要靠酶法。将猪胰岛素转变成人胰岛素就是一个成功的例子。猪和人的胰岛素仅在B链羧基端有一个氨基酸的差别。用蛋白水解酶将猪胰岛素B链末端的Ala水解下来,在一定条件下,用同一个酶将Thr接上去,就可以将猪胰岛素转变成人胰岛素。用胰蛋白酶对天冬氨基酶进行有限水解切去10个氨基酸后,酶活力提高了5.5倍,活化酶仍是四聚体,亚单位相对分子质量变化不大,说明天然酶并不总是处于最佳构象状态。

③催化活性基团的修饰:蛋白质工程的出现使人们能够任意改变酶的氨基酸顺序,然而,通过选择性修饰氨基酸侧链成分来实现氨基酸取代更为便捷。这种将一种氨基酸侧链化学转变为另一种新的氨基酸侧链的方法称为化学突变。尽管这种方法受到是否有专一性修饰剂和有机化学工艺水平的限制,化学修饰所获得的

种类没有蛋白质工程来得多,但可以通过进一步研制有用的试剂等措施,使化学修饰成为蛋白质工程技术有利的补充。

④与辅因子有关的修饰:与辅因子有关的修饰有以下几方面:a.对依赖辅因子的酶可用两种方法进行化学修饰。第一,如果辅因子与酶的结合不是共价的,则可能将辅因子共价结合在酶上;第二,引入新的或修饰过具有强烈反应性的辅因子。b.最有创造性的修饰方法是将新的辅酶引入结构已经弄清的蛋白质上。这要求对辅酶本身的化学结构要有清楚的了解,在实验上则是探究如何让辅酶更好地适应新环境。c.金属酶中的金属取代。酶分子中的金属取代可以改变酶的专一性、稳定性及其抑制作用。例如,酰化氨基酸水解酶活性部位中的锌被钴取代时,酶的底物专一性和最适 pH 都有所改变。

⑤肽链伸展后的修饰:为了有效地修饰酶分子的内部区域,可以先用脲或盐酸胍处理酶,使酶分子的肽链充分伸展,这就提供了化学修饰酶分子内部疏水基团的可能性。然后让修饰后的伸展肽链在适当条件下,重新折叠成具有某种催化活力的构象。遗憾的是,到目前为止这只是一个设想,还没有成功的例子。

(3)结合定点突变的化学修饰 通过一些可控制的方法在酶或蛋白质特殊的位点引入特定分子来修饰酶或蛋白质,结合定点突变引入一种非天然氨基酸侧链来进行化学修饰,从而得到一些新颖的酶制剂。它的策略是利用定点突变技术在酶的关键活性位点上引入一个氨基酸残基,然后利用化学修饰法将突变的氨基酸残基进行修饰,引入一个小分子化合物,得到一种称为化学修饰突变酶(chemically modified mutant enzyme,CMM)的新型酶。DeSantis G 等利用定点突变法在枯草杆菌蛋白酶(SBL)的特定位点中引入半胱氨酸,然后用甲基磺酰硫醇试剂进行硫代烷基化,得到一系列新型的化学修饰突变枯草杆菌蛋白酶。酶的 K_{cat}/K_m 值随疏水基团的增大而增大,而且绝大部分 CMM 的 K_{cat}/K_m 值都大于天然酶,有些甚至增加了 2 倍以上。因此 CMM 能够改进酶的专一性及扩大催化底物的范围。

3. 修饰酶的特性

酶分子经过化学修饰后,其特性在一定程度上发生了改变,天然酶的一些不足之处可以得到改善。

(1)热稳定性提高 某些酶经化学修饰后稳定性提高,这是由于修饰剂共价连接于酶分子后,使酶的天然构象产生一定的"刚性",不宜伸展失活,并减少了酶分子内部基团的热振动,从而增加了热稳定性。这种热稳定性效果和修饰剂与酶之间交联点的数目有关,PEG 和酶以单点交联时热稳定性提高并不明显,通常交联点增多,酶的热稳定性就增高。增加交联点的方法是借助于酶分子表面亲水性,使酶分子在水溶液中形成新的氢键和盐桥,从而使酶的热稳定性提高。如 α-胰凝乳蛋白酶的表面氨基经乙醛酸修饰,再还原成亲水性更强的—NHCH$_2$COOH 后,在 60℃时热稳定性提高了 1000 倍,这种稳定的酶可用于医药和洗涤工业。

(2)抗各类失活因子能力提高 某些修饰酶抗蛋白水解酶水解,抗抑制剂、酸、碱、有机溶剂等变性失活能力提高。如过氧化氢酶经 PEG 修饰后,抗胰蛋白酶和胰凝乳蛋白酶水解能力明显提高;尿激酶经白蛋白修饰后,抗胃蛋白酶水解和抗胎盘抑制剂能力也分别增加。原因是修饰剂所产生的空间屏蔽有效地阻挡了水解酶、抑制剂等失活因子的进攻,或酶分子中对蛋白水解酶等失活因子敏感的基团被修饰,因此使得某些修饰酶的抗失活因子能力提高。

(3)抗原性消除 α – 葡萄糖苷酶用白蛋白修饰后抗原性消除,L – 天冬酰胺酶用 PEG 修饰后也消除了抗原性。有些修饰剂在消除抗原性上并无作用,如 PVP 修饰酶在重复用于体内后,会诱导机体产生抗体使酶失活。糖类物质包括右旋糖酐也不容易消除酶的抗原性,这类修饰酶仍可诱发过敏反应。目前研究表明,PEG、人血清白蛋白、聚丙氨酸在消除或降低酶抗原性方面效果比较明显。

(4)体内半衰期延长 许多酶经过化学修饰后,增强了抗蛋白水解酶、抗抑制剂等失活因子的能力和热稳定性,体内半衰期比天然酶延长,这对提高药用酶的疗效很有意义。L – 天冬酰胺酶经 PEG 修饰后,体内半衰期延长 13 倍;白蛋白修饰的 α – 葡萄糖苷酶在体内的半衰期延长 18 倍以上。

(5)最适 pH 改变 有些酶经过化学修饰后,最适 pH 发生变化,这对于在生理和临床应用上及工业生产中更好地发挥酶的催化作用具有重要意义。例如,猪肝尿酸酶的最适 pH 为 10.5,在 pH7.4 的生理环境时酶活力仅剩 5% ~10%,但用白蛋白修饰后,最适 pH 范围扩大,在 pH7.4 时仍保留 60% 的酶活力,这就更有利于酶在体内发挥作用。吲哚 – 3 – 链烷羟化酶用 PAA 修饰后,最适 pH 由 3.5 变为 5.5,在 pH7.0 时,这种修饰酶的活力是天然酶的 4 倍。显然,在生理条件下用 PAA 修饰的吲哚 – 3 – 链烷羟化酶的抗肿瘤效果要比天然酶好得多。

(6)酶学性质变化 绝大多数酶经过化学修饰后,最大反应速率 V_{max} 没有变化,但是有些酶在修饰后,米氏常数 K_m 值会增大。化学修饰还可以改变某些酶的底物专一性。如脂肪酶经过 PEG 修饰后,可溶于有机溶剂并能催化脂合成和酯交换等有机反应,这将扩大酶在科研和生产中的应用范围。化学修饰改变酶对底物专一性的方法还可以用于立体专一性的有机合成中。

(7)对组织的分布能力改变 一些酶经化学修饰后,对组织的分布能力有所改变,能在血液中被靶器官选择性地吸收。如 α – 葡萄糖苷酶经白蛋白修饰后,有利于肝细胞对其的摄入,使更多的酶到达靶器官发挥作用。辣根经过氧化物酶用聚赖氨酸修饰后,细胞的摄入量增加,对细胞的穿透能力增加 100 倍。

4. 酶化学修饰的应用及其局限性

(1)酶化学修饰的应用

①酶结构与功能的研究:化学修饰在研究酶的结构与功能方面的应用最多,研究也比较细,是最简单的一种方法,特别是蛋白质的可逆化学修饰在这方面能提供大量的信息。如研究酶的空间构象、确定氨基酸残基的功能、测定酶分子中某种氨基酸的数量等。除此之外,在测定酶的氨基酸序列和研究变构酶时,也都是以化学

修饰为基础。如胰蛋白酶对精氨酸和赖氨酸具有高度特异性,所以常用此酶水解蛋白质制备小肽。为了防止精氨酸和赖氨酸相互干扰的问题,可选择性化学修饰赖氨酸和精氨酸,使水解局限在其中一种残基的肽键上。

②在医药方面的应用:随着科学技术的进步,人们发现许多疾病与酶有密切关系,酶在疾病的诊断、治疗等方面发挥着越来越重要的作用。但是,由于各种原因使酶的作用受到了限制。例如,天冬酰胺酶是治疗白血病的有效药物,但它往往带有抗原性,若不除去,再度使用可能引起免疫休克。因此有人用 PEG 修饰此酶的两个氨基,消除了抗原性。吴梧桐等人利用高碘酸氧化法活化的右旋糖苷对大肠杆菌 L - 天冬酰胺酶 II 进行化学修饰,使酶抗胰蛋白酶水解的能力明显提高、抗原性显著减弱。陈吉祥等将牛血铜锌 - 超氧化物歧化酶用 β - 环糊精修饰后,抗炎活性增强、抗原性降低、稳定性提高。

③在工业方面的应用:目前,生物催化技术在工业上得到广泛应用,大大提高了产量,降低了成本,而且减少了对环境的污染。但工业生产要求高温、高压等条件,天然酶极易失活,而经过修饰的酶则完全克服了这些缺点。

(2)酶化学修饰的局限性

①某种修饰剂对某一氨基酸侧链的化学修饰专一性是相对的,很少有对某一氨基酸侧链绝对专一的化学修饰剂。因为同一种氨基酸残基在不同酶分子中所存在的状态不同,所以同一种修饰剂对不同酶的修饰行为也不同。

②化学修饰后酶的构象或多或少都有一些改变,因此这种构象的变化将妨碍对修饰结果的解释。但是如果在实验中控制好温度、pH 等实验条件,同时选择适当的修饰剂,这个问题就可以得到解决。

③酶的化学修饰只能在具有极性的氨基酸残基侧链上进行,但是 X 射线衍射结构分析结果表明,其他氨基酸侧链在维持酶的空间构象方面也有重要作用,而且从种属差异的比较分析可以得出它们在进化中是比较保守的。目前还不能用化学修饰的方法研究这些氨基酸残基在酶的结构与功能关系中的作用。

④酶化学修饰的结果对于研究酶结构与功能的关系能提供一些信息,如某一氨基酸残基被修饰后,酶活力完全丧失,说明残基是酶活性所必需的;而为什么是必需的,还需要用 X 射线和其他方法来确定。因此化学修饰法研究酶结构与功能的关系还缺乏准确性和系统性。

5. 酶化学修饰的前景

综上所述,化学修饰法可以改变天然酶的各种特性,扩大酶的应用范围。化学修饰法是改造酶分子的有效方法,而且已经获得了一定的规律性和普遍性,具有广泛的应用前景。但是,并不是所有的酶经化学修饰后都能改善其天然的不足,即化学修饰法并不适用于所有的酶,也不是经化学修饰后,酶的所有性质特征均有改善,有时修饰结果难以预测、不易解释。通常酶经化学修饰后只是能改善其一点或几点不足,使其更适合某些实际应用的需要。基因工程法、蛋白质工程法、人工模拟法和某些物理修饰方法,各具优点,都是酶分子改造的有效方法,可弥补化学修饰法的不足。

三、酶工程技术在制药上的应用

酶在制药工业中的作用主要是催化前体物质转化为药物。另外固定化酶膜或者酶管也广泛应用于制药过程的参数检测与测量,特别是生物制药过程。下面以几个典型应用为例进行叙述。

(一)青霉素酰化酶在新型抗生素生产中的应用

青霉素酰化酶能以青霉素或头孢霉素为原料,可分别在青霉素的6位或者头孢霉素的7位催化酰胺键的形成与断裂。典型的应用顺序为首先催化青霉素或头孢霉素酰胺键的断裂,获得半合成抗生素的直接底物6-氨基青霉烷酸(6-APA)或7-氨基头孢霉烷酸(7-ACA);然后在其他酰基供体存在的条件下催化形成新的酰胺键,从而获得具有全新侧链的新型抗生素。

天然发酵生成的青霉素有两种,一种为青霉素G,另一种为青霉素V。通过青霉素酰化酶催化进行酰基置换反应,用新的酰基供体置换苯乙酰基,则可以获得许多新型的半合成青霉素。比如用α-氨基苯乙酰置换原来的苯乙酰基,可以获得氨苄西林。羟氨苄西林、羧苄西林和磺苄西林等也都是采用酶催化半合成的方法通过青霉素的酰基置换反应获得的。

天然发酵生成的头孢霉素是头孢霉素C,头孢霉素C在青霉素酰化酶催化下,首先水解生成7-ACA,再与侧链羧酸衍生物反应形成各种新型头孢霉素。例如,头孢立定、头孢噻吩、头孢氨苄等。

虽然青霉素酰化酶既可以催化酰胺键的形成,也可以催化其水解,具有催化正逆两个反应的能力,但催化水解反应和催化合成反应时所要求的条件存在较大差异,特别是最优催化pH相差较大。常用的催化水解反应的pH为7.0~8.0,而催化合成反应的pH应降低到5.0~7.0。因此应采用两个连续但独立的反应器顺序进行水解和合成反应。

(二)酶应用于生物大分子

由于中草药多来源于植物,即药源植物。但只有这些植物中的一些特定小分子成分,才是其中的药效成分。中草药制剂提取就是将这些有效成分从植物整体或者器官中提取出来,并结合辅料,制备成适合保存、运输和服用的药物。这个过程的第一步就是中草药药材的粉碎提取,由于植物中纤维素的存在,使得药材的粉碎难度加大。一个可行的方案是采用纤维素酶降解纤维素,形成可溶性单糖,从而提高其溶解度降低黏度。但由于纤维素酶价格较高,目前该应用还限于实验室研究阶段。

另外利用纤维素酶降解农作物秸秆中的纤维素,形成可被微生物利用的可溶性单糖,可以使生物质系统中的微生物利用原来难以利用的纤维素作为碳源进行发酵,从而提高产能效率。

(三)固定化酶在生物传感器方面的应用

生物传感器是用生物活性材料(酶、蛋白质、DNA、抗体、抗原、生物膜等)与物理化学换能器有机结合的一门交叉学科,是发展生物技术必不可少的一种先进的检测方法与监控方法,也是一种物质分子水平快速、微量的分析方法。在 21 世纪知识经济发展过程中,生物传感器技术必将是介于信息和生物技术之间的新增长点,在国民经济中的临床诊断、工业控制、食品和药物分析、环境保护、生物技术以及生物芯片等研究中有着广泛的应用前景。其原理是待测物质经扩散作用进入生物活性材料,经分子识别,发生生物学反应,产生的信息继而被相应的物理或化学换能器转变成可定量和可处理的电信号,再经两次仪表放大并输出,便可知道待测物浓度。

生物传感器具有以下共同的结构:包括一种或数种相关生物活性材料(生物膜)和能把生物活性表达的信号转换为电信号的物理或化学换能器(传感器),两者组合在一起,用现代微电子和自动化仪表技术进行生物信号的再加工,构成各种可以使用的生物传感器分析装置、仪器和系统。其中固定化酶膜是采用最多的生物膜。

生物传感器采用固定化生物活性物质作催化剂,价值昂贵的试剂可以重复多次使用,克服了过去酶法分析试剂费用高和化学分析烦琐复杂的缺点。另外,生物传感器还具有其他特点:专一性强,只对特定的底物起反应,而且不受颜色、浊度的影响;分析速度快,可以在 1min 内得到结果;准确度高,一般相对误差可以达到 1%;操作系统比较简单,容易实现自动分析;成本低,在连续使用时,每次测定仅需要几分钱人民币;有的生物传感器能够可靠地指示微生物培养系统内的供氧状况和副产物的产生,在生产控制中能得到许多复杂的物理化学传感器综合作用才能获得的信息,同时它们还指明了增加产物得率的方向。

研制的生物传感器已广泛应用于体育、工业发酵等行业。目前重组蛋白药物、抗体、疫苗等生物药物都来源于发酵过程,而发酵过程的监控是实现发酵过程最优化的前提。目前应用最成功的生物传感器都是利用固定化酶催化原理实现信号转换,从而实现发酵过程参数的测量。

应用最早的葡萄糖传感器就是采用固定化葡萄糖氧化酶的生物膜作为活性材料,在有氧气存在的情况下,当样品中的葡萄糖组分接触到固定在膜上的葡萄糖氧化酶时,就被转化为过氧化氢和葡萄糖酸。产生的过氧化氢可以通过电化学的方法通过氧电极进行准确的测量。由于葡萄糖的浓度和经酶催化产生的过氧化氢浓度之间存在线性关系,所以可以通过氧电极作为换能器将过氧化氢浓度转化为电信号,从而通过电信号的强弱来表示样品中葡萄糖的浓度。具体操作是首先利用标准葡萄糖溶液建立校正曲线,由于该设备线性程度非常好,只需要采用两个标准葡萄糖溶液即可。利用相同的原理,采用其他氧化酶替代葡萄糖氧化酶,可以用于乳酸、谷氨酸、乙醇、次黄嘌呤、肌苷、尿素和胆碱等的测量。

但由于固定化酶膜热稳定性差等原因,生物传感器难以制作成溶解氧电极的形式对发酵过程中参数进行实时检测。比如高温灭菌会严重破坏生物传感器上的生物活性物质;发酵时 pH、温度等条件与生物传感器上酶测定条件不符造成测量偏差;发酵液的底物浓度往往超出传感器的线性范围;膜长期与底物接触活性下降,使电极寿命缩短等。因此,在生化反应体系中实现在线检测生物、化学量的分析系统尚未报道。但可以通过接口将发酵液从发酵罐中自动取出,并进行过滤、稀释等预处理后,送入自动生物传感测量装置实现发酵过程的自动在线检测。

任务1　固定化酶法生产5′-复合单核苷酸

知识链接　核糖苷酸(RNA)经 5′-磷酸二酯酶作用可分解为腺苷、胞苷、尿苷及鸟苷,即 AMP、CMP、UMP 及 GMP。5′-磷酸二酯酶存在于橘青霉细胞、谷氨酸发酵菌细胞及麦芽根等生物材料中。本法以麦芽根为材料制取 5′-磷酸二酯酶,并使其固定化后用于水解酵母 RNA,以生产 5′-复合单核苷酸注射液。5′-复合单核苷酸注射液可用于治疗白细胞下降、血小板减少及肝功能失调等疾病。

一、生产工艺路线

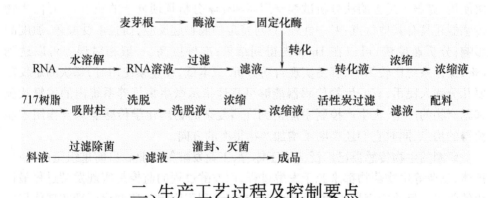

二、生产工艺过程及控制要点

1.5′-磷酸二酯酶的制备

取干麦芽根,加 9~10 倍体积(质量体积比)的水,用 2mol/L HCl 调 pH 至 5.2,于 30℃条件下浸泡 15~20h。然后加压去渣,浸出液过滤,滤液冷却至 5℃,加入 2.5 倍体积的 5℃ 95% 冷工业乙醇,5℃静置 2~3h 后,吸去上层清液,回收乙醇,下层离心收集沉淀,用少量丙酮及乙醚先后洗涤 2~3 次,真空干燥,粉碎得 5′-磷酸二酯酶,备用。

2. 固定化 5′-磷酸二酯酶的制备

取上述磷酸二酯酶 0.2kg(控制固定化后的固定化酶比活力在 100U/g 以上为宜),用 1.5%(NH_4)$_2$$SO_4$ 溶液溶解,过滤得酶液。另取湿 ABXE-纤维素 40kg,加入 0~5℃ 的蒸馏水至 80L,搅拌下先后加入 1mol/L HCl 和 5% $NaNO_2$ 溶液各 10L,搅拌均匀,于 0~5℃下反应 150min 后,抽滤,滤后迅速用预冷的 0.05mol/L HCl 和蒸馏水各洗 3 次,抽干后将滤饼投入上述 5′-磷酸二酯酶溶液中,搅拌均匀后用 1mol/L Na_2CO_3 溶液调 pH8.0,搅拌反应 30min,用冷水洗 3~4 次,抽干,得固定化 5′-磷酸二酯酶,备用。

3. 转化反应

取 2kg RNA,缓慢加入预热至 60~70℃ 的 360L 0.001mol/L、pH5.0 $ZnCl_2$ 溶液中,用 1mol/L NaOH 溶液调 pH 至 5.0~5.5,滤除沉淀,将清液升温至 70℃,加入上述湿的固定化 5′-磷酸二酯酶 40kg(要求酶的比活力在 100U/g 以上),于 67℃维持 pH5.0~5.5,搅拌反应 1~2h。根据增色效应,用紫外吸收法判断转化平衡点。转化完成后,滤出转化液,用于分离 5′-单核苷酸。固定化酶再继续用于下一批转化反应。

4. 5′-复合单核苷酸的分离纯化

将上述转化液用 6mol/L HCl 溶液调 pH 至 3.0,滤除沉淀,滤液用 6mol/L NaOH 溶液调 pH 至 7.0,上样已处理好的 Cl-型阴离子交换树脂柱(ϕ30cm × 100cm),流速为 2~2.5L/min,吸附后,用 250~300L 去离子水洗涤柱床,然后用 3%NaCl 溶液以 1~1.2L/min 流速洗脱,当流出液 pH 达到 7.0 时开始分步收集,直至洗脱液中不含核苷酸为止,合并含核苷酸钠的洗脱液进行精制。

5. 精制及灌封

上述核苷酸钠溶液用薄膜浓缩器减压浓缩后,测定核苷酸含量,再用无热原水稀释至 20mg/mL,加入 0.5%~0.1% 药用活性炭,煮沸 10min 脱色并除热原,滤除活性炭,滤液经 6 号除菌漏斗或 0.45μm 孔径的微孔滤膜过滤除菌后灌封,即为 5′-复合单核苷酸注射液。

任务2　固定化细胞生产 L-天冬氨酸

知识链接　天冬氨酸(Aspartic acid,Asp)属酸性氨基酸,广泛存在于所有蛋白质中。在医药工业中,多用酶合成法生成天冬氨酸,即以延胡索酸和铵盐为原料经天冬氨酸酶催化生产 L-天冬氨酸。天冬氨酸有助于鸟氨酸循环,促进氨和 CO_2 生成尿素,可降低血氨和 CO_2 浓度,增强肝功能,消除疲劳,用于治疗慢性肝炎、肝硬化即高氨血症。

一、生产工艺路线

L-天冬氨酸总生产工艺流程：

培养基制备 $\xrightarrow[\text{大肠杆菌 AS1.811}]{[\text{接种}]}$ 扩大培养种子液 $\xrightarrow[\text{冷却至室温,收集}]{\text{HCl 调 pH5.0,45℃保温 1h}}$ 菌体

$\xrightarrow[\text{搅拌摇匀,5℃过夜}]{\text{40℃保温}}$ 固定化 *E. coli* $\xrightarrow{[\text{填充}]}$ 生物反应堆 $\xrightarrow[\text{[转化]}]{\text{流加 37℃,1mol/L 延胡索酸}}$ 转化液

$\xrightarrow{[\text{分离}]}$ L-天冬氨酸粗品 $\xrightarrow{[\text{纯化}]}$ L-天冬氨酸精品

二、生产工艺过程及控制要点

1. 菌种培养

先在斜面培养基上培养大肠杆菌(*E. coli*)AS1.881,培养基为普通肉汁培养基。再接种于摇瓶培养基中,培养基成分为玉米浆 7.5%、延胡索酸 2.0%、硫酸镁 0.02%,氨水调 pH 至 6.0,煮沸,过滤分装,每瓶装量 50~100mL,37℃振摇培养 24h,逐渐扩大培养至 1000~2000L。用 1mol/L 盐酸调 pH 至 5.0,45℃保温 1h,冷却至室温,收集菌体(含天冬氨酸酶)。

2. 细胞固定

取湿 *E. coli* 菌体 20kg 悬浮于生理盐水 80L 中,40℃保温,加入 40℃、12% 明胶溶液 10L 及 1.0% 戊二醛溶液 90L,充分搅拌摇匀,5℃过夜,切成 3~5mm 的小块,浸于 0.25% 戊二醛溶液中过夜,蒸馏水充分洗涤,滤干的含天冬氨酸酶的固定化 *E. coli*。

3. 生物反应堆的制备

将含天冬氨酸酶的固定化 *E. coli* 装于填充床式反应器(ϕ40cm×200cm)中,制成生物反应堆,备用。

4. 转化反应

将保温至 37℃的 1mol/L 延胡索酸(含 1mmol/L 氯化镁,pH8.5)底物液按一定速度连续流过生物反应堆,流速以达最大转化率(>95%)为限度,收集转化液。

5. 纯化与精制

转化液过滤,滤液用 1mol/L 盐酸调节 pH2.8,5℃过夜,滤取结晶,用少量冷水洗涤,抽干,105℃干燥 L-天冬氨酸粗品。粗品用 pH5.0 稀氨水溶解成 15% 溶液,加 10g/L 活性炭,70℃搅拌脱色 1h,过滤,滤液于 5℃过夜,滤取晶体,85℃真空干燥得 L-天冬氨酸精品。

实训 6-氨基青霉烷酸的生产

一、实训目标

(1)理解6-氨基青霉烷酸的制备原理。

(2)掌握6-氨基青霉烷酸的制备工艺和操作要点。

二、实训原理

青霉素 G 或青霉素 V 经青霉素酰化酶作用水解除去侧链后的产物称为 6-氨基青霉烷酸(6-APA),也称无侧链青霉素。6-APA 是产生半合成青霉素的最基本原料。目前为止,以 6-APA 为原料已合成近 3 万种衍生物,并已筛选出数十种耐酸、低毒及具有广谱抗菌作用的半合成青霉素。

三、实训器材

E. coli、蛋白胨、NaCl、苯乙酸、NaOH、戊二醛、磷酸缓冲液、活性炭、反应罐、摇床、离心机等。

四、实训操作

(一)操作工艺流程

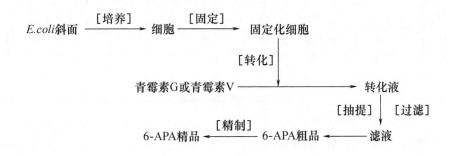

(二)操作控制工艺要点

1. 大肠杆菌的培养

斜面培养基为普通肉汁琼脂培养基,发酵培养基的成分为蛋白胨 2%、NaCl

0.5%、苯乙酸0.2%，自来水配制。用2mol/L NaOH溶液调pH至7.0，在55.16kPa压力下灭菌30min后备用。在250mL三角烧瓶中加入发酵培养液30mL，将斜面接种后培养18～30h的 *E. coli* D816（产青霉素酰化酶）用15mL无菌水制成菌细胞悬液，取1mL悬浮液接种至装有30mL发酵培养基的三角烧瓶中，在摇床上28℃、170 r/min振荡培养15h，如此依次扩大培养，直至1000～2000L规模通气搅拌培养。培养结束后用高速管式离心机离心收集菌体，备用。

2. *E. coli* 固定化

取 *E. coli* 湿菌体1000kg，置于40℃反应罐中，在搅拌下加入50L 10%明胶溶液，搅拌均匀后加入25%戊二醛5L，再转移至搪瓷盘中，使之成为3～5cm厚的液层，室温放置2h，再转移至4℃冷库过夜，待形成固体凝胶块后，通过粉碎和过筛，使其成为直径为2 mm左右的颗粒状固定化 *E. coli* 细胞，用蒸馏水及0.3mol/L、pH7.5磷酸缓冲液先后充分洗涤，抽干、备用。

3. 固定化 *E. coli* 反应堆制备

将上述充分洗涤后的固定化 *E. coli* 细胞装填于带保温夹套的填充床反应器中，即成为固定化 *E. coli* 反应堆，反应器规格为 $\phi70cm \times 160cm$。

4. 转化反应

取2kg青霉素G或青霉素V钾盐，加入到1000L配料罐中，用0.03mol/L、pH7.5磷酸缓冲液溶解并使青霉素钾盐浓度为3%，用2mol/L NaOH溶液调pH至7.5～7.8，然后将反应器及pH调节罐中的反应液温度升到40℃，维持反应体系的pH在7.5～7.8范围内，以70L/min流速使青霉素钾盐溶液通过固定化 *E. coli* 反应堆进行循环转化，直至转化液pH不变为止。循环时间一般为3～4h。反应结束后，放出转化液，再进入下一批反应。

5. 6 – APA 的提取

上述转化液经过滤澄清后，滤液用薄膜浓缩器减压浓缩至100L左右；冷却至室温后，于250L搅拌罐中加50L乙酸丁酯充分搅拌提取10～15min，取下层水相，加1%活性炭，于70℃搅拌脱色30min，滤除活性炭；滤液用6mol/L HCl调pH至4.0左右，5℃放置结晶过滤，用少量冷水洗涤，抽干，115℃烘干2～3h，得成品6 – APA。按青霉素G计，收率一般为70%～80%。

五、实训结果

计算6–氨基青霉烷酸的收率。

$$收率 = \frac{测得含量}{理论含量} \times 100\%$$

【思考与练习】

（1）在制备6–氨基青霉烷酸时应注意哪些问题？

（2）影响6–氨基青霉烷酸收率的因素有哪些？

项目小结

项目引导部分:介绍了酶的来源和生产、酶工程制药的基本技术和酶工程技术在制药业上的应用等知识。

酶是由生物活细胞分泌产生的、具有特殊催化能力的、化学本质大部分为蛋白质的物质。由于酶是生物体产生出来的具有催化作用的物质,所以也称为生物催化剂。生物体在一定条件下都可以合成多种多样的酶。生物体内的各种生化反应,几乎都是在酶的催化作用下进行的,所以酶对生物体的新陈代谢是至关重要的。酶在医药、食品、轻工、化工、能源、环保等领域受到广泛应用,其中通过酶的催化作用而制造药物的技术称为酶工程制药。

酶工程的主要任务:通过预先设计,经过人工操作控制而获得大量的酶,并通过酶工程技术和应用研究的深入,使其在工业、农业、医药和食品等方面发挥极其重要的作用。

酶的生产可分为生物提取法、生物合成法和化学合成法三种。

以动植物为材料的酶的生产工艺过程主要包括:选取符合要求的动植物材料、生物材料的预处理、提取和纯化。

酶固定化是通过载体等将酶限制或固定于特定的空间位置,使酶变成不易随水流失,即运动受到限制,但又能发挥催化作用的酶制剂。目前已建立的固定化方法,按所用的载体和操作方法的差异,可分为载体结合法、包埋法及交联法三类,此外细胞固定化还有选择性热变性(热处理)方法。

在项目引导的基础上,本项目安排了两大任务:固定化酶法生产 5′-复合单核苷酸和固定化细胞生产 L-天冬氨酸。

任务1:固定化酶法产生 5′-复合单核苷酸 以干麦芽根为原料,经过转化——浓缩——洗脱——浓缩——活性炭过滤——配料——过滤除菌——灌封、灭菌等工艺过程,可获取 5′-复合单核苷酸成品。

该工艺过程的技术要点:①固定化 5′-磷酸二酯酶的制备:取磷酸二酯酶 0.2kg,用 1.5%(NH_4)$_2SO_4$ 溶解,过滤得酶液。另取湿 ABXE-纤维素 40kg,加入 0~5℃的蒸馏水至 80L,搅拌下先后加入 1mol/L HCl 和 5% $NaNO_2$ 溶液各 10L,搅拌均匀,于 0~5℃下反应 150min 后,抽滤,滤后迅速用预冷的 0.05mol/L HCl 和蒸馏水各洗 3 次,抽干后将滤饼投入上述 5′-磷酸二酯酶溶液中,搅拌均匀后用 1mol/L Na_2CO_3 溶液调 pH8.0,搅拌反应 30min,用冷水洗 3~4 次,抽干,得固定化 5′-磷酸二酯酶,备用。②转化反应:取 2kg RNA,缓慢加入预热至 60~70℃的 360L 0.001mol/L、pH5.0 $ZnCl_2$ 溶液中,用 1mol/L NaOH 溶液调 pH 至 5.0~5.5,滤除沉淀,将清液升温至 70℃,加入上述湿的固定化 5′-磷酸二酯酶 40kg,于 67℃维持 pH5.0~5.5,搅拌反应 1~2h。根据增色效应,用紫外吸收法判断转化平衡点。转化完成后,滤出转化液,用于分离 5′-单核苷酸。

任务 2:固定化细胞生产 L – 天冬氨酸　以大肠杆菌(*E. coli*)AS1.881 为菌种,经过转化——分离——纯化等工艺过程,可获取 L – 天冬氨酸成品。

该工艺过程的技术要点:①细胞固定:取湿 *E. coli* 菌体 20kg 悬浮于生理盐水 80L 中,40℃保温,加入 40℃、12% 明胶溶液 10L 及 1.0% 戊二醛溶液 90L,充分搅拌摇匀,5℃过夜,切成 3～5mm 的小块,浸于 0.25% 戊二醛溶液中过夜,蒸馏水充分洗涤,滤干的含天冬氨酸酶的固定化 *E. coli*。②生物反应堆的制备:将含天冬氨酸酶的固定化 *E. coli* 装于填充床式反应器中,制成生物反应堆,备用。③转化反应:将保温至 37℃的 1mol/L 延胡索酸底物液按一定速度连续流过生物反应堆,流速以达最大转化率为限度,收集转化液。

在完成了两大任务的基础上,本项目还安排了实训——以大肠杆菌为菌种制备 6 – 氨基青霉烷酸,以期对前面已完成的任务进行强化,培养学生综合利用酶工程制药技术知识和技能的能力和创新能力。

项目思考

一、名词解释

1. 酶工程
2. 固定化酶
3. 酶的非水相催化

二、填空题

1. 酶固定化的方法按所用的载体和操作方法的差异,一般可分为(　　)、(　　)和(　　)三类,此外细胞固定化还有(　　)方法。

2. 酶的生产可分为(　　)、(　　)和(　　)三种。

3. 以动植物为材料的酶的生产工艺过程主要包括(　　)、(　　)和(　　)等过程。

三、简答题

1. 酶工程主要有哪些研究内容?
2. 酶有哪些主要来源? 优良的产酶微生物应具备哪些条件?
3. 什么是固定化生物催化剂? 固定化酶和固定化细胞各有何特点?
4. 固定化酶和固定化细胞的制备方法有哪些?
5. 固定化方法如何进行比较与选择?
6. 固定化酶与游离酶的性质比较有哪些变化?
7. 固定化酶活力的测定方法有哪些?
8. 举例说明固定化酶生产药物的一般工艺流程。

知识窗

酶工程制药技术的前景

酶工程作为生物工程的重要组成部分,其作用之重要、研究成果之显著已为世人所公认。充分发挥酶的催化功能、扩大酶的应用范围、提高酶的应用效率是酶工程应用研究的主要目标。21世纪酶工程的发展主题是新酶的研究与开发、酶的优化生产和酶的高效应用。除采用常用技术外,还要借助基因学和蛋白质组学的最新知识,借助 DNA 重排和细胞、噬菌体表面展示技术进行新酶的研究与开发。目前最令人瞩目的新酶有核酸类酶、抗体酶和端粒酶等。要采用固定化、分子修饰和非水相催化等技术实现酶的高效应用,将固化技术广泛应用于生物芯片、生物传感器、生物反应器、临床诊断、药物设计、亲和层析以及蛋白质结构和功能的研究,使酶技术在制药领域发挥更大的作用。

项目四　基因工程制药技术

项目引导

一、基因工程技术的定义及其发展

(一)基因工程技术的定义

在漫长的生物进化过程中,基因重组从没有停止过。在自然力量以及人的干预下,通过基因重组、基因突变、基因转移等途径,推动生物界无止境地进化,不断使物种趋向完美,出现了今天各具特色的繁殖物种。有的能耐高温,有的不怕严寒,有的适应干旱的沙漠,有的能在高盐度海滩上或海水中不断生繁,有的能固定大气中的氮气等。但是没有一种完美无缺的生物,都有待科技工作者有目的地去进一步改造。按照预先设计好的蓝图,利用现代分子生物学技术,特别是酶工程技术,对遗传物质 DNA 直接进行体外重组操作与改造,将一种生物(供体)的基因转移到另外一种生物(受体)中去,从而实现受体生物的定向改造与改良,这就是基因工程技术。

(二)基因工程的发展史

基因工程是在生物化学、分子生物学和分子遗传学等学科研究成果的基础上逐步发展起来的。基因工程研究的发展大致可分为以下三个阶段。

1. 基因工程的准备阶段

1944 年,美国微生物学家 Avery 等通过细菌转化研究,证明 DNA 是基因载体。从此之后,对 DNA 构型开展了广泛研究,至 1953 年 Watson 和 Crick 建立了 DNA 分子的双螺旋模型。在此基础上进一步研究 DNA 的遗传信息,1958 ~ 1971 年先后确立了中心法则,破译了 64 种密码子,成功地揭示了遗传信息的流向和表达问题。以上研究成果为基因工程问世提供了理论上的准备。20 世纪 60 年代末 70 年代初,限制性核酸内切酶和 DNA 连接酶等的发现,使 DNA 分子进行体外切割和连接成为可能。1972 年首次构建了一个重组 DNA 分子,提出了体外重组的 DNA 分子是如何进入宿主细胞,并在其中进行复制和有效表达等问题。经研究发现,质粒分子(DNA)是承载外源 DNA 片段的理想载体,病毒、噬菌体的 DNA 或 RNA 也可改建成载体。至此,为基因工程问世在技术上做好了准备。

2. 基因工程问世阶段

在理论上和技术上有了充分准备后,1973 年 Cohen 等首次完成了重组质粒 DNA 对大肠杆菌的转化。同时又与别人合作,将非洲爪蟾含核糖体基因的 DNA 片段与质粒 pSC101 重组,转化大肠杆菌,转录出相应的 mRNA。此研究成果表明基因工程已正式问世,不仅宣告质粒分子可以作为基因克隆载体,能携带外源 DNA 导入宿主细胞,并且证实真核生物的基因可以转移到原核生物细胞中,并在其中实现功能表达。

3. 基因工程的迅速发展阶段

自基因工程问世以来的这二十几年是基因工程迅速发展的阶段。不仅发展了一系列新的基因工程操作技术,构建了多种供转化或转导原核生物和动物、植物细胞的载体,获得了大量转基因菌株,而且于 1980 年首次通过显微注射培育出世界上第一个转基因动物——转基因小鼠,1983 年采用农杆菌介导法培育出世界上第一例转基因植物——转基因烟草。基因工程基础研究的进展,推动了基因工程应用的迅速发展。用基因工程技术研制生产的贵重药物,至今已上市的有 50 种左右,上百种药物正在进行临床试验,更多的药物处于前期实验室研究阶段。转基因植物的研究也有很大的进展,自从 1986 年首次批准转基因烟草进行田间试验以来,至 1994 年短短几年,全世界批准进行田间试验的转基因植物就有 1467 例。又过 4 年,至 1998 年已达 4387 项。转基因动物研究的发展虽不如转基因植物研究得那样快,但也已获得了转生长激素基因鱼、转生长激素基因猪和抗猪瘟病转基因猪等。

二、基因工程制药的基本技术

生物技术的核心是基因工程,基因工程技术最成功的成就是用于生物治疗的新型生物药物的研制。之前,许多在疾病诊断、治疗和预防中有重要价值的内源性生理活性物质(激素、细胞因子、神经多肽、调节蛋白、酶类、凝血因子等)以及某些疫苗,由于材料来源困难或制造技术问题而无法研制出产品,即使应用传统技术从动物器官中提取出来,也因为造价太高而使患者负担不起。而应用基因工程技术就可以从根本上解决上述问题,它的应用使人们在解决癌症、心血管疾病和内分泌疾病等方面取得了明显效果,它为上述疾病的预防、治疗和诊断提供了新型疫苗、新型药物和新型诊断试剂。

利用基因工程生产的药物主要是医用活性蛋白和多肽,免疫性蛋白、各种抗原和单克隆抗体;细胞因子,干扰素、白介素、生长因子;激素,胰岛素、生长激素;酶类,尿激酶、链激酶、超氧化物歧化酶。

利用基因工程技术生产药物的优点:大量生产过去难以获得的生理活性蛋白和多肽,为临床使用提供有效的保障;可以提供足够数量的生理活性物质,以便对其生理、生化和结构进行深入的研究,从而扩大这些物质的应用范围;可以发现、挖掘更多的内源性生理活性物质;内源生理活性物质在作为药物使用时存在的不足之处,可通过基因工程和蛋白质工程进行改造和去除;可获得新型化合物,扩大药物筛选来源。

基因工程制药过程的实现,需要用到一些技术,下面介绍几种常见的技术。

(一)凝胶电泳技术

凝胶电泳是一种分析鉴定重组 DNA 分子及蛋白质与核酸相互作用的重要实验手段,同时也是分子生物学研究方法的技术基础。用琼脂糖凝胶或聚丙烯酰胺凝胶等作为支持介质的区带电泳法称为凝胶电泳。

在电场的作用下,带有负电荷的 DNA 或 RNA 核苷酸链,依靠无反应活性的稳定介质(琼脂糖凝胶和聚丙烯酰胺凝胶)和缓冲液,以一定的迁移率从负极移向正极。根据核酸分子大小的不同、构型或形状的差异,以及所带电荷的不同,可以通过电泳将其混合物中的不同成分彼此分开。DNA 分子的迁移速率与其相对分子质量的对数值成反比关系。当用溴化乙啶(EB)对 DNA 样品染色时,加入的 EB 就插入 DNA 分子中形成荧光结合物,荧光的强度与 DNA 含量成正比,如果用 DNA 片段的标准品作电泳对照,就可以估计出待测样品的相对分子质量大小和浓度。

琼脂糖或聚丙烯酰胺凝胶电泳是分离鉴定和纯化 DNA 片段的标准方法。该技术操作简便快速,可以分辨用其他方法所无法分离的 DNA 片段。当用低浓度的荧光嵌入染料 EB 染色,在紫外光下至少可以检出 1 ~ 10ng 的 DNA 条带,从而可以确定 DNA 片段在凝胶中的位置。此外,还可以从电泳后的凝胶中回收特定的 DNA 条带,用于以后的克隆操作。

琼脂糖和聚丙烯酰胺可以制成各种形状、大小和孔隙度。琼脂糖凝胶分离 DNA 片段大小范围较广,不同浓度的琼脂糖凝胶可分离长度从 200bp 至近 50kb 的

DNA 片段。琼脂糖通常用水平装置在强度和方向恒定的电场下电泳。聚丙烯酰胺分离小片段 DNA(5~500bp)效果较好,其分辨力极高,甚至相差 1bp 的 DNA 片段都能分开。聚丙烯酰胺凝胶电泳很快,可容纳相对大量的 DNA,但制备和操作比琼脂糖凝胶困难。聚丙烯酰胺凝胶采用垂直装置进行电泳。目前,一般实验室多用琼脂糖水平平板凝胶电泳装置进行 DNA 电泳。

琼脂糖主要在 DNA 制备电泳中作为一种固体支持基质,其密度取决于琼脂糖的浓度。在电场中,带负电荷的 DNA 在中性 pH 下向阳极迁移,其迁移速率由下列多种因素决定。

1. DNA 的分子大小

线状双链 DNA 分子在一定浓度琼脂糖凝胶中的迁移速率与 DNA 相对分子质量的对数成反比,分子越大则所受阻力越大,也越难于在凝胶孔隙中蠕行,因而迁移得越慢。

2. 琼脂糖浓度

一个给定大小的线状 DNA 分子,其迁移速率在不同浓度的琼脂糖凝胶中各不相同。DNA 电泳迁移率的对数与凝胶浓度呈线性关系。凝胶浓度的选择取决于 DNA 分子的大小。分离小于 0.5kb 的 DNA 片段所需凝胶浓度是 1.2%~1.5%,分离大于 10kb 的 DNA 分子所需凝胶浓度为 0.3%~0.7%,DNA 片段大小介于两者之间则所需凝胶浓度为 0.8%~1.0%。

3. DNA 分子的构象

当 DNA 分子处于不同构象时,它在电场中移动的距离不仅和相对分子质量有关,还和它本身的构象有关。相同相对分子质量的线状、开环和超螺旋 DNA 在琼脂糖凝胶中移动速度是不一样的,超螺旋 DNA 移动最快,而开环 DNA 移动最慢。如在电泳鉴定质粒纯度时发现凝胶上有数条 DNA 带难以确定是质粒 DNA 不同构象引起还是因为含有其他 DNA 引起时,可从琼脂糖凝胶上将 DNA 带逐个回收,用同一种限制性内切酶分别水解,然后电泳,如在凝胶上出现相同的 DNA 图谱,则为同一种 DNA。

4. 电源电压

在低电压时,线状 DNA 片段的迁移速率与所加电压成正比。但是随着电场强度的增加,不同相对分子质量的 DNA 片段的迁移率将以不同的幅度增长,片段越大,因场强升高引起的迁移率升高幅度也越大,因此电压增加,琼脂糖凝胶的有效分离范围将缩小。要使大于 2kb 的 DNA 片段的分辨率达到最大,所加电压不得超过 5V/cm。

5. 嵌入染料的存在

荧光染料 EB 用于检测琼脂糖凝胶中的 DNA,染料会嵌入到堆积的碱基对之间并拉长线状和带缺口的环状 DNA,使其刚性更强,还会使线状 DNA 迁移率降低 15%。

6. 离子强度影响

电泳缓冲液的组成及其离子强度影响 DNA 的电泳迁移率。在没有离子存在时（如误用蒸馏水配制凝胶），电导率最小，DNA 几乎不移动；在高离子强度的缓冲液中（如误加 10×电泳缓冲液），则电导很高并明显产热，严重时会引起凝胶熔化或 DNA 变性。

对于天然的双链 DNA，常用的几种电泳缓冲液有 TAE（EDTA 和 Tris－乙酸）、TBE（Tris－硼酸和 EDTA）、TPE（Tris－磷酸和 EDTA），一般配制成浓缩母液，贮于室温。

（二）分子杂交技术

分子杂交是确定单链核酸碱基序列的技术，其基本原理是待测单链核酸与已知序列的单链核酸（探针）间通过碱基配对形成可检出的双螺旋片段。这种技术可在 DNA 与 DNA、RNA 与 RNA、DNA 与 RNA 之间进行，形成 DNA－DNA、RNA－RNA 或 RNA－DNA 等不同类型的杂交分子。作为探针的已知 DNA 或 RNA 片段一般为 30～50 核苷酸长，可用化学方法合成，或者直接利用从特定细胞中提取的 mRNA。探针必须预先标记以便检出杂交分子。标记方法有多种，常用的为同位素标记法和生物素标记法。

相互杂交的两种核酸分子间有时并非完全一致，但必有一定的相似性或相关性。早在 1961 年有人创建了 DNA 与 RNA 间的分子杂交，但至 20 世纪 70 年代才发展成基因分析中一种重要的分析技术，可鉴定基因的特异性。例如，可将具有一定已知顺序的某基因 DNA 片段，标上放射性核素，构成核酸探针，将它通过分子杂交与缺陷的基因结合，产生杂交信号，从而把缺陷的基因显示出来，借此可对许多遗传性疾病进行产前诊断，对乙型肝炎进行诊断以及研究其他病毒性疾病和癌瘤的基因结构等。

若所用的核酸探针的片段较长，在几百个核苷酸以上，可以得到很准确的鉴定结果。但若人工合成的寡核苷酸探针片段较短，如 20～30 个核苷酸，则难免会出现准确性差的假阳性现象。现又有非放射性核素标记的核酸探针，如以碱性磷酸酶标记的酶标核酸探针，以及以生物素标记的核酸探针等，这必将有助于推动分子杂交在临床医学中的广泛应用。

核酸分子杂交的方法并不复杂。在杂交前先把待分析的 DNA 加热或加碱使之变性，分开成单链；然后加入放射性核素标记的核酸探针，降温退火，即获带有放射性核素标记的双链杂交分子。1979 年又发展成转膜杂交，即将电泳分开的核酸片段，经过转移电泳转移到硝酸纤维素膜上，进行固相杂交反应，用放射自显影检验，此即著名的萨瑟恩氏印迹法。

按杂交中单链核酸所处的状态可分为核酸分子杂交液相、固相和原位三类。前两类方法都要求预先从细胞中分离并纯化杂交用的核酸。在液相分子杂交中，两种来源的核酸分子都处于溶液中,可以自由运动,其中有一种是用同位素标记的。从复性动力学数据的分析可知真核生物基因组结构的大致情况,如各类重复顺序的含量及分布情况等。在固相分子杂交中,一种核酸分子被固定在不溶性的介质上,另一种核酸分子则处在溶液中,两种介质中的核酸分子可以自由接触。常用的介质有硝酸纤维素滤膜、羟基磷灰石柱、琼脂和聚丙烯酰胺凝胶等。早期用琼脂作为固定介质的分子杂交方法曾被用来测定从细菌到人等多种生物的 DNA 的同源程度。

原位(分子)杂交实际上是固相杂交的另一种形式,杂交中的一种 DNA 处在未经抽提的染色体上,并在原来位置上被变性成单链,再和探针进行分子杂交。在原位杂交中所使用的探针必须用比活性高的同位素标记。杂交的结果可用放射自显影来显示,出现银粒的地方就是与探针互补顺序所在的位置。

分子杂交目前使用较多的是固相杂交法。此法是先将待测单链核酸样品(如为双链,则须先变性成为单链)结合到硝酸纤维素膜上,然后与溶液中的标记探针进行杂交。通过与电泳法和放射自显影法结合,获得杂交图谱,再进行定性或定量分析。分子杂交方法广泛用于生物化学、分子生物学中作为核酸片段碱基序列的检测与鉴定手段,在医学领域中已用于某些病毒或细菌引起的感染性疾病的诊断,它也可用于基因工程。不同来源蛋白质的亚基结合过程也可称为杂交。

分子杂交是不同来源的核酸单链之间或蛋白质亚基之间由于结构互补而发生的非共价键的结合。根据这一原理发展起来的各种技术统称为分子杂交技术,核酸分子杂交技术是分子遗传学中的重要研究方法,要医药上有广阔的应用前景。

(三)PCR 技术

PCR 即聚合酶链式反应,是 1985 年由美国 PECetus 公司的科学家 K. B. Mulis 发明的一项可在体外快速扩增特定基因或 DNA 序列的新技术。它借助 PCR 仪,根据生物体内 DNA 序列能进行快速复制的某些特点,实现在体外对特定 DNA 序列进行快速扩增,可短时间内在试管中获得数百万个特异 DNA 序列拷贝。该系统自问世以来获得广泛应用,同时也成为获得外源基因的一个有效手段。发明人因此而荣获 1993 年度诺贝尔化学奖。PCR 技术的神奇在于:一是被扩增的 DNA 所需量极小,理论上讲一个分子就可以用于扩增了;二是扩增效率高,几个小时就可将靶序列扩增 1000 万倍以上。PCR 技术的基本原理类似于 DNA 的天然复制过程,DNA 聚合酶以一段单链 DNA 为模板,借助一小段双链 DNA 来启动合成,通过一个或两个人工合成的寡核苷酸引物与单链 DNA 模板中的一段互补序列结合,形成部分双链。在适宜的温度和环境下,可通过酶促反应以百万倍扩增一段目的基因。其特异性依赖于与靶序列两端互补的寡核苷酸引物。PCR 由变性、退火、延伸三个基本反应步骤构成。

（1）模板 DNA 的变性　模板 DNA 经加热至 93℃ 左右一定时间后,使模板 DNA 双链或经 PCR 扩增形成的双链 DNA 解离,使之成为单链,以便它与引物结合,为下轮反应做准备。

（2）模板 DNA 与引物的退火（复性）　模板 DNA 经加热变性成单链后,温度降至 55℃ 左右,引物与模板 DNA 单链的互补序列配对结合。

（3）引物的延伸　DNA 模板 - 引物结合物在 Taq DNA 聚合酶或其他 DNA 聚合酶的作用下,以 dNTP 为反应原料,靶序列为模板,按碱基互补配对与半保留复制原理,合成一条新的与模板 DNA 链互补的半保留复制链。重复循环变性、退火、延伸三过程,就可获得更多的半保留复制链,而且这种新链又可成为下次循环的模板。每完成一个循环需 2 ~ 4min,2 ~ 3h 就能将待扩目的基因扩增放大几百万倍。到达平台期所需循环次数取决于样品中模板的拷贝。

1. PCR 反应中的主要成分

（1）引物（primer）　PCR 反应产物的特异性由一对上下游引物所决定。引物的好坏往往是 PCR 成败的关键。引物设计和选择目的 DNA 序列区域时可遵循下列原则:①引物长度约为 16 ~ 30nt,常用为 20nt 左右,太短会降低退火温度,影响引物与模板配对,从而使非特异性增高;太长则比较浪费,且难以合成。②引物中 G + C 含量通常为 40% ~ 60%,可按下式粗略估计引物的解链温度 $T_m = 4(G + C) + 2(A + T)$。③四种碱基应随机分布,在 3′ 端不存在连续 3 个 G 或 C,因这样易导致错误引发。④引物 3′ 端最好与目的序列阅读框架中密码子第一或第二位核苷酸对应,以减少由于密码子摆动产生的不配对。⑤在引物内,尤其在 3′ 端应不存在二级结构。⑥两引物之间尤其在 3′ 端不能互补,以防出现引物二聚体,减少产量。两引物间最好不存在 4 个连续碱基的同源性或互补性。⑦引物 5′ 端对扩增特异性影响不大,可在引物设计时加上限制酶切位点、核糖体结合位点、起始密码子、缺失或插入突变位点以及标记生物素、荧光素、地高辛等。通常应在 5′ 端限制酶切位点外再加 1 ~ 2 个保护碱基。⑧引物不与模板结合位点以外的序列互补。所扩增产物本身无稳定的二级结构,以免产生非特异性扩增,影响产量。⑨简并引物应选用简并程度低的密码子,如选用只有一种密码子的 Met,3′ 端应不存在简并性,否则可能由于产量低而看不到扩增产物。⑩引物的特异性,引物应与核酸序列数据库的其他序列无明显同源性（70%）、连续 8 个互补。

（2）四种三磷酸脱氧核苷酸（dNTP）　dNTP 应用 NaOH 将 pH 调至 7.0,并用分光光度计测定其准确浓度。dNTP 原液可配成 5 ~ 10mmol/L 并分装, - 20℃ 贮存。一般反应中每种 dNTP 的终浓度为 20 ~ 200μmol/L。理论上四种 dNTP 各 20μmol/L,足以在 100μL 反应中合成 2.6μg 的 DNA。当 dNTP 终浓度大于 50mmol/L 时可抑制 Taq DNA 聚合酶的活性。四种 dNTP 的浓度应相等,以减少合成中由于某种 dNTP 的不足出现错误掺入。

（3）Mg^{2+}　Mg^{2+} 浓度对 Taq DNA 聚合酶影响很大,它可影响酶的活性和真实性,影响引物退火和解链温度,影响产物的特异性以及引物二聚体的形成等。通常 Mg^{2+} 浓度范围为 $0.5 \sim 2mmol/L$。对于一种新的 PCR 反应,可以用 $0.1 \sim 5mmol/L$ 的递增浓度的 Mg^{2+} 进行预备实验,选出最适的 Mg^{2+} 浓度。在 PCR 反应混合物中,应尽量减少有高浓度的带负电荷的基团,如磷酸基团或 EDTA 等可能影响 Mg^{2+} 浓度的物质,以保证最适 Mg^{2+} 浓度。

(4)模板　PCR 反应必须以 DNA 为模板进行扩增。模板 DNA 可以是单链分子,可以是双链分子,可以是线状分子,也可以是环状分子。一般反应中的模板数量为 $10^2 \sim 10^5$ 个拷贝,对于单拷贝基因,需要 $0.1\mu g$ 的人基因组 DNA、10ng 的酵母 DNA、1ng 的大肠杆菌 DNA。扩增多拷贝序列时,用量更少。灵敏的 PCR 可从一个细胞、一根头发、一个孢子或一个精子提取的 DNA 中分析目的序列。模板量过多则可能增加非特异性产物,DNA 中的杂质也会影响 PCR 的效率。

模板核酸的量与纯化程度是 PCR 成败与否的关键环节之一。传统的 DNA 纯化方法通常采用 SDS 和蛋白酶 K 来消化处理标本。SDS 的主要功能是溶解细胞膜上的脂类与蛋白质,因而溶解膜蛋白而破坏细胞膜,并解离细胞中的核蛋白,SDS 还能与蛋白质结合而沉淀。蛋白酶 K 能水解消化蛋白质,特别是与 DNA 结合的组蛋白,再用有机溶剂酚与氯仿抽提掉蛋白质和其他细胞组分,用乙醇或异丙醇沉淀核酸。提取的核酸即可作为模板用于 PCR 反应。

一般临床检测标本可采用快速简便的方法溶解细胞,裂解病原体,消化除去染色体的蛋白质使靶基因游离,直接用于 PCR 扩增。RNA 模板提取一般采用异硫氰酸胍或蛋白酶 K 法,要防止 RNase 降解 RNA。

(5)Taq DNA 聚合酶　耐热的、依赖于 DNA 的 DNA 聚合酶,分子质量为 65ku,主要应用于 PCR 中对 DNA 分子的特定序列进行体外扩增。特点是 95℃不失活;引物退火与延伸可在较高温度进行;可在新合成双链产物的 3′端加上一个碱基,一般是 A;反转录活性;改造的 Taq 酶,长链合成大于 20kb。同类酶为 VENT、Sac 等。目前有两种 Taq DNA 聚合酶供应,一种是从栖热水生杆菌中提纯的天然酶,另一种为大肠杆菌合成的基因工程酶。酶合成速度为 150b/(s·分子)(75℃)。酶催化合成的忠实性为低浓度 dNTP 和 $1.5mmol/L$ Mg^{2+},温度大于 55℃复性。催化典型的 PCR 反应约需酶量 2.5U(指总反应体积为 $100\mu L$ 时),浓度过高可引起非特异性扩增,浓度过低则合成产物量减少。一般 Taq DNA 聚合酶活性半衰期为 92.5℃130min,95℃40min,97℃5min。现在人们又发现许多新的耐热的 DNA 聚合酶,这些酶在高温下活性可维持更长时间。Taq DNA 聚合酶的酶活性单位定义为 74℃下,30min,掺入 10nmol/L dNTP 到核酸中所需的酶量。Taq DNA 聚合酶的一个致命弱点是它的出错率,一般 PCR 中出错率为 2×10^{-4} 核苷酸/每轮循环,在利用 PCR 克隆和进行序列分析时尤应注意。反应结束后,如果需要利用这些产物进行下一步实验,需要预先灭活 Taq DNA 聚合酶。灭活 Taq DNA 聚合酶的方法:①PCR产物经酚－氯仿抽提,乙醇沉淀。②加入 10mmol/L 的 EDTA 螯合 Mg^{2+}。

③99～100℃加热10min。目前已有直接纯化PCR产物的Kit可用。

（6）反应缓冲液　反应缓冲液一般含10～50mmol/L Tris－Cl、50mmol/L KCl和适当浓度的Mg^{2+}。Tris－Cl在20℃时pH为8.3～8.8，但在实际PCR反应中，pH为6.8～7.8。50mmol/L的KCl有利于引物的退火。另外，反应液可加入5mmol/L的二硫苏糖醇（DTT）或100μg/mL的牛血清白蛋白（BSA），它们可稳定酶活性。另外加入T4噬菌体的基因32编码蛋白则对扩增较长的DNA片段有利。各种Taq DNA聚合酶商品都有自己特定的一些缓冲液。

2. PCR反应参数

PCR反应程序参数即循环参数，是指PCR循环中每一反应步骤的温度、时间和循环次数。参数的正确与否是PCR反应成功与否的保证。

（1）变性温度和时间　变性的目的是要使双链DNA完全解链成单链，既要保证变性充分，使双链DNA完全解链，又要保持DNA聚合酶在整个反应过程中的活性。因此原则上变性步骤要在高温和较短的时间内进行。如果变性不充分，DNA双链会很快恢复，导致PCR产物产量明显减少；反之，如果变性时温度过高、时间过长的话，会加快酶的失活。一般变性的条件是95℃ 30s。

（2）退火温度和时间　退火的作用是使模板DNA的单链与引物结合。退火温度是引物与模板特异性结合的最佳温度，引物退火温度和时间取决于引物的长度、碱基组成和在反应成分中的浓度。退火温度和时间是任何PCR反应体系中最重要的参数。通常退火温度比引物的解链温度低5℃，一般实验采用37～55℃或稍高一些，时间为1min。该过程能使一对引物分别与变性后的两条模板相配对。

（3）引物延伸温度和时间　引物延伸是DNA聚合酶将脱氧单核苷酸逐一地加到引物3′－OH末端，依据模板序列合成一条互补新链的过程。引物延伸温度取决于DNA聚合酶的最适温度。延伸时间取决于靶序列的长度、浓度和延伸温度，一般为1～3min。靶序列越长、浓度越低、延伸温度越低，则所需要的延伸时间越长，反之亦然。该过程即将反应体系温度调整到DNA聚合酶作用的最适温度，然后以目的基因为模板，合成新的DNA链。

（4）循环次数　DNA双链变性、退火、延伸这三个步骤反复循环通常需要25～40次。适宜的循环次数主要是取决于靶DNA序列的起始浓度。基于PCR的实验方法很多，其反应体系和反应程序也各有异同，应视具体情况而定。一般，循环次数过多时，产物会相应增多，但是非特异性产物的量也会增加，而且非特异性产物的复杂度也会增加；循环次数过少，则会降低PCR的产量。

（四）生物芯片技术

1. 生物芯片技术简介

生物芯片技术是一种高通量检测技术，通过设计不同的探针阵列、使用特定的分析方法可使该技术具有多种不同的应用价值,如基因表达谱测定、突变检测、多态性分析、基因组文库作图及杂交测序等,为"后基因组计划"时期基因功能的研究、现代医学科学及医学诊断学的发展提供了强有力的工具,将会使新基因的发现、基因诊断、药物筛选、给药个性化等方面取得重大突破,为整个人类社会带来深刻广泛的变革。该技术被评为 1998 年度世界十大科技进展之一。它包括基因芯片、蛋白质芯片及芯片实验室三大领域。

(1)基因芯片(gene chip)又称 DNA 芯片(DNAchip),是在基因探针的基础上研制出来的。所谓基因探针只是一段人工合成的碱基序列,在探针上连接一些可检测的物质,根据碱基互补的原理,利用基因探针到基因混合物中识别特定基因。它将大量探针分子固定于支持物上,然后与标记的样品进行杂交,通过检测杂交信号的强度及分布来进行分析。

(2)蛋白质芯片与基因芯片的基本原理相同,但它利用的不是碱基配对而是抗体与抗原结合的特异性即免疫反应来检测。蛋白质芯片构建的简化模型为选择一种固相载体能够牢固地结合蛋白质分子(抗原或抗体),这样形成蛋白质的微阵列,即蛋白质芯片。

(3)芯片实验室为高度集成化的集样品制备、基因扩增、核酸标记及检测为一体的便携式生物分析系统。它最终的目的是实现生化分析全过程全部集成在一片芯片上完成,从而使现有的许多繁琐、费时、不连续、不精确和难以重复的生物分析过程自动化、连续化和微缩化,属未来生物芯片的发展方向。

2. 生物芯片的制作

对于一些实验室来说,如果现成的商品化芯片不能满足研究需要,而自行设计向厂家定做芯片也不能满足时间的需要时,就需要自制芯片。要成功地制作芯片,需要准备的三大材料为固定在芯片上的生物分子样品、芯片片基和制作芯片的仪器。研究目的不同,制作的芯片类型不同,制备芯片的方法也不尽相同。以 DNA 芯片为例,基本上可分为两大类,一类是原位合成,即在支持物表面原位合成寡核苷酸探针,适用于寡核苷酸;一类是预合成后直接点样,多用于大片段 DNA,有时也用于寡核苷酸,甚至 mRNA。

(1)原位合成 有两种途径。

一是原位光刻合成,该方法的主要优点是可以用很少的步骤合成极其大量的探针阵列。某一含 n 个核苷酸的寡聚核苷酸,通过 $4 \times n$ 个化学步骤能合成出 4^n 个可能结构。如想要合成 8 核苷酸探针,通过 32 个化学步骤,8h 可合成 65536 个探针。而如果用传统方法合成然后点样,那么工作量的巨大将是不可思议的。同时,用该方法合成的探针阵列密度可高达到 $10^6/cm^2$。

另一种是压电打印法,原理与普通的彩色喷墨打印机相似,所用技术也是常规的固相合成方法。不过芯片喷印头和墨盒有多个,墨盒中装的是四种碱基合成试剂。喷印头可在整个芯片上移动,支持物经过包被后,根据芯片上不同位点探针的序列,将特定的碱基喷印在芯片上特定位置。冲洗、去保护、偶联等则同于一般的固相合成技术。该技术采用的化学原理与传统的 DNA 固相合成一致,因此不需要特殊制备的化学试剂。每步产率可达到99%以上,可以合成出长度为 40~50 个碱基的探针。

尽管如此,原位合成方法仍然比较复杂,除了在基因芯片研究方面享有盛誉的 Affymetrix 等公司使用该技术合成探针外,其他中小型公司大多使用合成点样法。

(2)点样法 是将预先通过液相化学合成好的探针、PCR 技术扩增的 cDNA 或基因组 DNA,经纯化、定量分析后,通过由阵列复制器或阵列点样机及电脑控制的机器人,准确、快速地将不同探针样品定量点样于带正电荷的尼龙膜或硅片等相应位置上(支持物应事先进行特定处理,如包被以带正电荷的多聚赖氨酸或氨基硅烷),再由紫外线交联固定后即得到 DNA 微阵列或芯片。

点样的方式分两种,其一为接触式点样,即点样针直接与固相支持物表面接触,将 DNA 样品留在固相支持物上;其二为非接触式点样,即喷点(喷印法),它是以压电原理将 DNA 样品通过毛细管直接喷至固相支持物表面。接触式点样的优点是探针密度高,通常 $1cm^2$ 可打印 2500 个探针;缺点是定量准确性及重现性不好,打印针易堵塞且使用寿命有限。非接触式点样的优点是定量准确,重现性好,使用寿命长;缺点是喷印的斑点大,因此探针密度低,通常只有 $1cm^2$ 400 点。点样机器人有一套计算机控制三维移动装置、多个打印或喷印头、一个减震底座,上面可放内盛探针的多孔板和多个芯片。根据需要还可以有温度和湿度控制装置、针洗涤装置。打印或喷印头将探针从多孔板取出直接打印或喷印于芯片上。检验点样仪是否优秀的指标包括点样精度、点样速度、一次点样的芯片容量、点样的均一性、样品是否有交叉污染及设备操作的灵活性、简便性等。

3. 生物芯片的分类

生物分析芯片按功能微结构在载体上分布的不同,可以分为二维分析芯片和三维分析芯片。二维分析芯片依赖固定在载体表面的生物分子完成生化反应检测。最常见的二维芯片是二维阵列芯片,包括基因芯片、蛋白质芯片和其他微阵列芯片。基因芯片是目前发展最为成熟的生物芯片,通过表面上固定的高密度 DNA 探针与待测溶液中互补 DNA 片段的杂交反应来识别未知样品。根据用途的不同,基因芯片又可以分为测序芯片、表达芯片等。三维芯片又称芯片实验室,是在载体内部加工微通道、样品池、反应仓,以及各种控制和检测元件的具有一定空间结构的微芯片。三维芯片种类比较多,常见的有微电泳芯片、三维阵列芯片、PCR 芯片等。

二维芯片相对比较简单,容易加工,检测技术也比较成熟,现在已经逐步产业化。三维芯片相对比较复杂,还处于研究阶段。但是由于二维芯片通常需要体积庞大的辅助检测工具,因而在芯片上可以整合控制和检测结构的三维芯片相对更有发展的空间。最完整的芯片实验室可以完成样本的预处理、分离、稀释、混合、化学反应、检测以及产品的提取,它们也可以称为微全分析系统。与传统的生物分析工具相比,生物芯片可以在载体表面集成成千上万个分子探针,在单一芯片中完成从样本的预处理、分离、稀释、混合、化学反应、检测到产物提取的全过程。因而生物芯片可以大大提高检测速度和分析效率、减少样本试剂消耗、排除人为干扰、防止污染以及高度自动化。

三、基因工程制药的基本流程及步骤

基因工程技术就是将重组对象的目的基因插入载体,拼接后转入新的宿主细胞,构建成工程菌或细胞,实现遗传物质的重新组合,并使目的基因在工程菌中复制和表达的技术。利用基因工程技术使得很多从自然界很难或不能获得的蛋白质得以大规模生产。20 世纪 80 年代以来,以大肠杆菌为宿主,表达真核 cDNA、细菌毒素和病毒抗原基因等,为人类获取大量有医用价值的多肽类蛋白质开辟了一条新的途径。

基因工程药物制造的主要程序包括目的基因的克隆,构建 DNA 重组体,将 DNA 重组体转入宿主菌构建工程菌,工程菌的发酵,外源基因表达产物的分离纯化,产品的检验等(图 4 - 1)。以上程序中的每个阶段都包含若干细致的步骤,这些程序和步骤将会随科研以及生产实践的条件不同而相应地改变。基因工程药物的生产是一项十分复杂的系统工程,可以分为上游和下游两个阶段。上游阶段是研究开发必不可少的基础,它主要是分离目的基因、构建工程菌或细胞。下游阶段是从工程菌或细胞大规模培养一直到产品的分离纯化、质量控制等。上游阶段的工作主要在实验室内完成。基因工程药物的生产必须首先获得目的基因,然后用限制性内切酶和连接酶将所需目的基因插入到适当的载体质粒或噬菌体中,并转入大肠杆菌或其他宿主菌或细胞,以便大量复制目的基因。对目的基因要进行限制性内切酶和核苷酸序列分析。目的基因获得后,更重要的是使目的基因表达。基因的表达系统有原核生物系统和真核生物系统。选择基因表达系统主要考虑的是保证表达蛋白质的功能,其次要考虑的是表达量的多少和分离纯化的难易。将目的基因与表达载体重组,转入合适的表达系统,获得稳定高效表达的基因工程菌或细胞。下游阶段是将实验室成果产业化、商品化,它主要包括工程菌大规模发酵最佳参数的确立、新型生物反应器的研制、高效分离介质及装置的开发、分离纯化的优化控制、高纯度产品的制备技术、生物传感器等一系列仪器仪表的设计和制造、电子计算机的优化控制等。工程菌的发酵工艺不同于传统的抗生素和氨基酸发酵,需要对影响目的基因表达的因素进行分析,对各种影响因素进行优化,建立适于目的基因高效表达的发酵工艺,以便获得较高产量的目的基因表达产物。为了获得合格的目的产物,必须建立起一系列相应的分离纯化、质量控制、产品保存等技术。

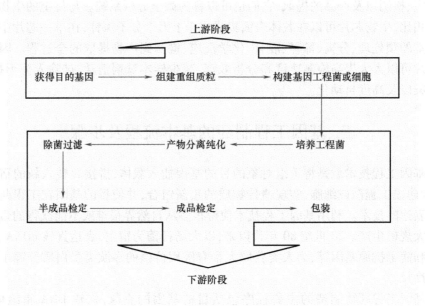

图 4 - 1　制备基因工程药物的一般程序

（一）基因操作中常用的工具酶

基因工程制药技术的重要特点之一，是在体外实行 DNA 分子的切割和连接，所以需要一系列的工具酶。其中最为重要的酶是能在特异性的碱基序列部位切割 DNA 分子的限制性核酸内切酶以及能将两条 DNA 分子或片段连接起来的 DNA 连接酶。

1. 核酸限制性内切酶

核酸限制性内切酶是一类能够识别双链 DNA 分子上特异核苷酸序列，并进行切割的水解酶（裂解磷酸二酯键）。主要存在于原核微生物中。

（1）限制和修饰系统　原核微生物中存在限制型内切酶及甲基化酶，对 DNA 底物有相同的识别序列，但生物功能相反。限制性内切酶是一类能够识别双链 DNA 分子上特异核苷酸序列，并进行切割的水解酶。甲基化酶具有宿主专一性，可识别宿主双链 DNA 分子的特定序列进行甲基化修饰，而不修饰外源性 DNA 分子，从而避免了限制内切酶对宿主 DNA 分子的降解。因此限制性内切酶及甲基化酶构成了宿主细胞的限制 - 修饰的保护机制（图 4 - 2）。

（2）限制性内切酶的命名与分类　1973 年 H. O. Smith 和 D. Nathams 首次提出命名原则，1980 年 Roberts 在此基础上进行了系统分类。总规则是以限制性核酸内切酶来源的微生物学名进行命名，其命名原则为：①限制性核酸内切酶第一个字母（大写，斜体）代表该酶的微生物（宿主菌）属名（genus）；第二、三个字母（小写，斜体）代表微生物种名（species）。②第四个字母代表寄主菌的株或型（strain）。③如

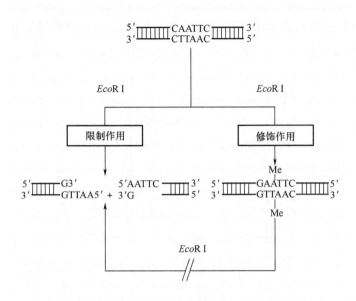

图 4 - 2　限制性内切酶 *Bam*H I 及甲基化酶 M*Bam*H I 的限制与修饰作用

果从一种菌株中发现了几种限制性核酸内切酶,即根据发现和分离的先后顺序用罗马字母表示。如大肠杆菌(*Escherichia coli*)R 株中分离到几种限制性核酸内切酶,分别表示为 *Eco*R I、*Eco*R Ⅱ 和 *Eco*R Ⅴ 等。*Eco*R I 读作 *Eco* R *one*,*Eco*R Ⅱ 读作 *Eco* R *two*,以此类推。例如:

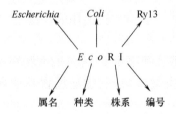

限制性内切酶分为三种类型,即Ⅰ型、Ⅱ型、Ⅲ型酶。Ⅰ型、Ⅲ型限制性内切酶识别序列和切割位点在不同部位,切割产物无特异性,在基因工程中较少使用。Ⅱ型限制酶识别和切割产物具有特异性,对于基因工程中 DNA 操作是极为重要的并被广泛使用。

(3)Ⅱ型核酸限制性内切酶

①限制性内切酶识别序列:Ⅱ型限制酶识别双链 DNA 分子中 4 ~ 8 个碱基组成的特异核苷酸序列并进行切割,其识别序列多数为回文序列,即旋转对称结构,

如 *Eco*R I 的识别序列为 $\begin{array}{l}5' - CAATTC - 3'\\3' - CTTAAG - 5'\end{array} \longrightarrow \begin{array}{l}5' - G \qquad AATTC - 3'\\3' - CTTAA \qquad G - 5'\end{array}$

②限制性内切酶酶切方式:Ⅱ型限制性内切酶切割序列方式有断裂位置交叉,形成黏性末端,又可分为从5′端黏性末端和3′端黏性末端;对称轴处断裂形成平头末端两种(图4-3)。

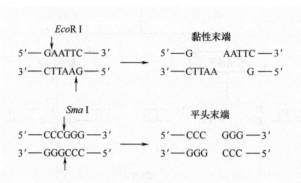

图4-3 Ⅱ型限制性内切酶切割出黏性末端和平头末端两序列

③同裂酶:有一些来源不同的限制性核酸内切酶识别的是同样的核苷酸靶序列,这类酶称为同裂酶。如 Sma Ⅰ和 Xma Ⅰ(CCCGGG)。

④同尾酶:有一些来源不同的限制性核酸内切酶识别的靶序列也各不相同,但都产生相同的黏性末端,这类酶称为同尾酶。如 BamH Ⅰ(GGATCC)和 Bgl Ⅱ(AG-ATCT)。

2. DNA 连接酶

DNA 连接酶是催化两条分别具有5′-磷酰基末端与3′-羟基末端的 DNA 单链连接形成磷酸二酯键的酶。目前广泛使用的连接酶有 T4 噬菌体 DNA 连接酶和大肠杆菌 DNA 连接酶。

T4 噬菌体 DNA 连接酶从噬菌体 T4 感染的大肠杆菌中分离得到,为噬菌体 T4 自身 DNA 编码产物,分子质量为 68ku,能连接含黏性末端或平头末端的 DNA 片段、双链 DNA 的切口。

大肠杆菌 DNA 连接酶来源于大肠杆菌,分子质量为 74ku,能连接黏性末端 DNA 片段或双链 DNA 的切口,不连接 DNA 平头末端。

3. 聚合酶

聚合酶分为 DNA 聚合酶和 RNA 聚合酶,能够分别催化 DNA 或 RNA 的体外合成。该酶催化反应中以 DNA 或 RNA 为模板,将核苷酸连续加至3′-OH 引物末端,合成方向为5′→3′。基因工程中应用较多的 DNA 聚合酶有大肠杆菌 DNA 聚合酶,大肠杆菌 DNA 聚合酶 Ⅰ的大片段(Klenow 酶),T4 噬菌体 DNA 聚合酶,T7 噬菌体 DNA 聚合酶,Taq DNA 聚合酶及反转录酶。

(1)DNA 聚合酶 1957 年 Arthur kornberg 首次在大肠杆菌中发现 DNA 聚合酶 Ⅰ(DNA pol Ⅰ),后来又相继发现了 DNA 聚合酶Ⅱ和 DNA 聚合酶Ⅲ。DNA 聚合酶Ⅰ在基因工程中使用最为广泛,为109ku的单链多肽,具有多种酶活性,5′→3′ DNA聚合酶活性、包括5′→3′ DNA外切酶活性、3′→5′ DNA外切酶活性、RNA H酶活性。见图4－4。

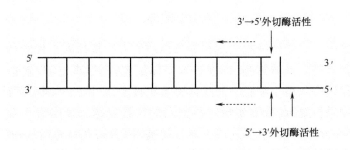

图4－4　DNA聚合酶Ⅰ活性

(2)Klenow酶　Klenow酶是由大肠杆菌DNA聚合酶Ⅰ经枯草杆菌蛋白酶或胰蛋白酶水解产生的多肽链,分子质量为76ku。Klenow酶具有5′→3′ DNA聚合酶活性和3′→5′ DNA外切酶活性,不具备5′→3′ DNA外切酶活性。

(3)T4噬菌体DNA聚合酶　T4噬菌体DNA聚合酶是从T4噬菌体感染的大肠杆菌中分离得到的,由噬菌体自身基因编码,分子质量为114ku。如同Klenow酶,该酶具有5′→3′ DNA聚合酶活性和3′→5′ DNA外切酶活性,不具备5′→3′ DNA外切酶活性。T4噬菌体DNA聚合酶外切酶活性比Klenow酶强200倍,外切酶活性对单链DNA的作用强于双链DNA。

(4)T7噬菌体DNA聚合酶　T7噬菌体DNA聚合酶是从T7噬菌体感染的大肠杆菌中分离得到的,分子质量为80ku。该酶具有5′→3′ DNA聚合酶活性和3′→5′ DNA外切酶活性,其外切酶活性是Klenow酶的1000倍,其DNA聚合酶活性高于其他所有DNA聚合酶,用于双脱氧终止法的测序反应。

(5)Taq DNA聚合酶　Taq DNA聚合酶是从耐热菌 *T. aquaticus* 中分离得到的,分子质量为65ku。该酶具有5′→3′ DNA聚合酶活性和5′→3′ DNA外切酶活性。因为该酶最适宜反应温度为75～80℃,在DNA发生变性的高温下仍有很高的活性,所以主要用于PCR扩增DNA。

(6)反转录酶　反转录酶在反转人病毒中分离得到,催化RNA作为模板的DNA合成反应。目前有两种商品化的反转录酶,禽成髓细胞瘤病毒反转录酶和Moloney鼠白血病病毒反转录酶,两者都具有5′→3′ DNA聚合酶活性,能以RNA或DNA为模板合成DNA,具有核糖核苷酸外切酶活性(RNA酶H活性)。

(7)末端脱氧核苷酸转移酶　末端脱氧核苷酸转移酶简称末端转移酶,它来自小牛胸腺,是一种碱性蛋白质,分子质量为34ku,其作用是在二价阳离子存在下,催化dNTP沿5′→3′方向聚合作用,逐个顺序加于线性DNA分子的3′－OH末端。特点是不需要模板，四种 dNTP 任意一种可作前体物。如只有一种 dNTP 组成，则产物为一种核苷酸组成的 3′尾巴，称为同聚物尾巴。

（8）其他工具酶　其他工具酶包括核酸酶 S1、BAL31 核酸酶、绿豆核酸酶、核酸外切酶、脱氧核糖核酸酶 I、核糖核酸酶和核酸修饰酶等。

（二）载体

将外源基因导入受体细胞实现目的蛋白质的表达是基因工程的目的之一。然而外源基因很难进入受体细胞，即便进入受体细胞，也很难复制、表达。因此外源基因需借助载体进入宿主细胞。通过体外重组技术，将目的基因与载体连接，转移至宿主系统中进行复制，从而实现目的蛋白的大量表达。载体指凡来源于质粒或噬菌体的 DNA 分子，可以供插入或克隆目的基因 DNA，并具有运载外源 DNA 导入宿主细胞能力的片段。基因工程中载体的来源包括质粒、病毒等。

1. 质粒载体

质粒是独立于原核微生物染色体之外，具有自主复制能力的遗传物质，为双链共价闭合环状 DNA 分子（cccD）。

质粒大小为 1~300kb，广泛存在于多种细菌的细胞中，在某些蓝藻、真菌和绿藻的细胞中也发现含有质粒。在宿主细胞内，质粒一般以共价闭环 DNA 分子（cccDNA，SC 构型）的形式存在，体外在理化因子作用下，质粒可以成为开环 DNA 分子（oc DNA，OC 构型）和线形 DNA 分子（l DNA，L 构型），如图 4 - 5（1）所示。在变性条件下，质粒可以成为单链 DNA 分子（ssDNA）。在眼虫、衣藻等极少数真核生物的细胞中发现了线形质粒 DNA 分子。在自然界还发现了 RNA 质粒，如酵母的杀伤质粒。在琼脂糖凝胶电泳中不同构型的同一质粒 DNA 虽有相同的分子质量，但具有不同的迁移率，迁移速率大小为 cccDNA > ocDNA、l DNA，如图 4 - 5（2）所示。

质粒具有遗传传递和遗传交换的能力。质粒 DNA 依赖宿主编码酶和蛋白质进行复制和转录，伴随宿主染色体的复制而复制，通过分裂传递到后代。质粒 DNA 对宿主生存无决定性影响，但可以编码自身蛋白质，表现非染色体控制的遗传性状，从而赋予宿主额外的特征。

质粒具有不相容性。质粒的不相容性（不亲和性）指在没有选择压力下，两种亲缘关系密切的不同质粒，不能在同一宿主细胞中稳定共存。存在于同一宿主细胞中的两种亲缘关系密切的不同质粒，其中的一种会在质粒的增殖过程中被排斥除去。属于不同的不亲和群的质粒则可以在同一宿主细胞中共存。

用于克隆表达的载体具备的条件：①载体都能携带外源 DNA 片段（基因）进入受体细胞，或停留在细胞质中自我复制，或整合到染色体 DNA 上，随着染色体 DNA 的复制而同步复制。其中复制子很重要，复制子又称复制起始区，包括控制质粒 DNA 复制起点和质粒拷贝数等遗产因子。复制子分为松弛型复制子和严紧型复制子两类。松弛型复制子的复制与宿主蛋白质的合成功能无关，宿主

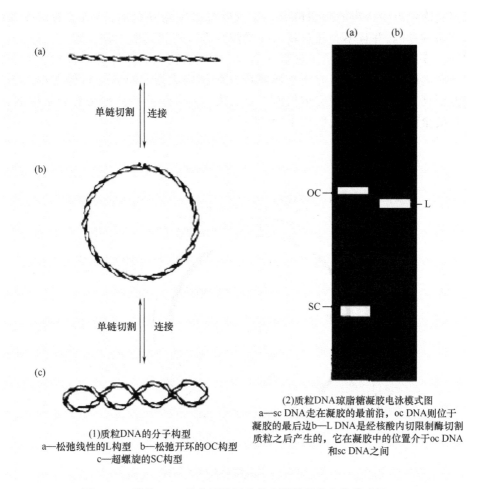

(1)质粒DNA的分子构型
a—松弛线性的L构型　b—松弛开环的OC构型
c—超螺旋的SC构型

(2)质粒DNA琼脂糖凝胶电泳模式图
a—sc DNA走在凝胶的最前沿，oc DNA则位于
凝胶的最后边b—L DNA是经核酸内切限制酶切割
质粒之后产生的，它在凝胶中的位置介于oc DNA
和sc DNA之间

图 4 - 5　质粒 DNA 的分子构图及其琼脂糖凝胶电泳模式图

染色体 DNA 复制受阻时,质粒仍可复制,因此含有此类复制子的质粒在每个宿主细胞中的拷贝数可达到几百甚至数千。严紧型复制子的复制与宿主细胞蛋白质合成相关,因此在每个宿主细胞中为低拷贝数,仅 1 ~ 3 个。目前用于基因克隆的大多数质粒载体为松弛型载体,以提高载体拷贝数,严紧型载体主要用于克隆多拷贝数质粒大量表达目的蛋白质导致宿主死亡的目的基因。质粒的复制类型还受宿主状况的影响。②载体都具有合适的筛选遗传标记。由质粒编码的选择标记赋予宿主细胞新的表型,用于鉴定和筛选转化有质粒的宿主细胞。最常见的选择标记为抗生素抗性基因,包括氨苄西林(Amp)、四环素(Tet)、氯霉素(Cm)、卡那霉素(Kan)和新霉素(Neo)等。含有质粒的宿主细胞被赋予拮抗抗生素的表型,而能在含抗生素的环境中生长,从而达到被鉴定筛选的目的。③多克隆位点。载体中由多个限制性内切酶识别序列密集排列形成的序列称之为多

克隆位点。在克隆操作中,在目的基因两端设计限制性内切酶酶切位点用于插入多克隆位点中特定的酶切位点。④载体都必须是安全的,不应含有对受体细胞有害的基因,并且不会任意转入除受体细胞以外的其他生物细胞,尤其是人的细胞。⑤载体本身的分子质量都比较小,可容纳较大的外源基因片段。⑥载体在细胞内的拷贝数要高,方便外源基因在细胞内大量扩增。⑦载体在细胞内稳定性要高,保证重组体稳定传代而不易丢失。⑧载体的特征都是充分掌握的,包括它的全部核苷酸序列,如图 4-6 所示。

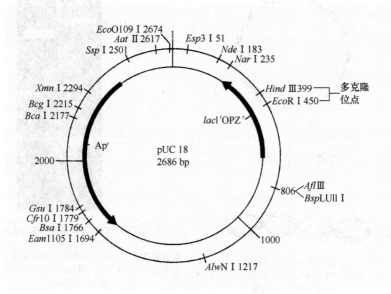

图 4-6 质粒 pUC18 的结构

下面简单介绍几种质粒载体。

(1)克隆载体 ①pBR322 载体为早期代表性载体,现已较少使用,主要用于构建新克隆载体的起始材料。载体含有氨苄西林和四环素抗性基因。②pUC 载体复制子来源于 pBR322,含有氨苄西林抗性基因和 *lacZ* 基因,以及一个多克隆位点(图 4-7)。③pACYC 载体是含有 p15A 复制子的严紧型质粒载体,可以与 CoIE1、Pmb1 为复制子的松弛型质粒载体共存于宿主细胞。

(2)表达载体 表达载体含有强启动子,外源基因在启动子控制下转录,并表达外源蛋白。表达载体可分为原核表达载体和真核表达载体两类:①原核表达载体又可分为非融合蛋白表达载体和融合蛋白表达载体。启动子和核糖体结合位点是非融合蛋白表达载体的两个必需要素,启动子包括 P_L 启动子、T7 噬菌体启动子、tac 启动子、trc 启动子等。融合蛋白表达载体包括 pET 系列载体、硫氧还蛋白融合表达载体、Xpress 表达系统、GST 基因融合系统 pGET 系列载体等。②真核表达载

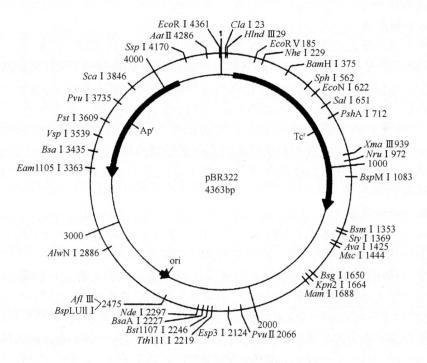

图 4 - 7　质粒 pBR322 的结构

体包括带病毒复制子的真核表达载体和不带病毒复制子的真核表达载体。真核表达载体含有原核基因序列和真核转录单位,能在大肠杆菌中自我复制,也能在真核细胞中进行表达。

2. λ 噬菌体载体

λ 噬菌体载体常用于构建基因组文库和 cDNA 文库。λ 噬菌体载体分为插入型载体和置换型载体两类。插入型载体指载体中一个酶切点用于外源 DNA 的插入,置换型载体指外源 DNA 通过置换载体上非必需序列插入载体。

（三）目的基因的制备

应用基因工程技术生产新型药物,首先必须构建一个特定的目的基因繁殖体系,即产生各种新药的不同的基因工程菌株。来源于真核细胞的产生基因工程药物的目的基因是不能进行直接分离的。真核细胞中单拷贝基因只是染色体 DNA 中的很小一部分,为 0.00001% ~0.001%,多拷贝基因也只有其 1/10。因此,从染色体中直接分离纯化目的基因极为困难。另外,真核基因内一般都有内含子,如果以原核细胞作为表达系统即使分离出真核基因,由于原核细胞缺乏 mRNA 转录后的加工系统,真核基因转录的 mRNA 不能加工、拼接成为成熟的

mRNA,因而不能直接克隆真核基因。克隆真核基因常用的方法有逆转录法和化学合成法两种。

1. 逆转录法

逆转录法就是先分类纯化目的基因的 mRNA,再反转录成 cDNA,然后进行 dDNA 的克隆表达。为了克隆编码某种特异蛋白质多肽的 DNA 序列,可以从产生该蛋白质的真核细胞中提取 mRNA,以其为模板,在转录酶的作用下,反转录合成该蛋白质 mRNA 的互补 cDNA(cDNA 第一链),再以 cDNA 第一链为模板,在逆转录酶、DNA 聚合酶 I 或 Klenow 酶大片段的作用下,最终合成编码该多肽的双链 DNA 序列。由于 cDNA 序列只反映基因表达的转录及加工后产物所携带的信息,即 cDNA 序列只与基因的编码序列有关,而不含内含子。这是制取真核生物目的基因常用的方法。

2. 化学合成法

较小的蛋白质和多肽的编码基因可以用化学合成法制得。化学合成法有一个先决条件,就是必须知道嘧啶基因的核苷酸排列顺序,或者知道目的蛋白质的氨基酸顺序,再根据密码子推导出 DNA 的碱基序列。用化学方法合成目的基因 DNA 不同部位的两条链的寡核苷酸片段,再退火成为两端形成黏性末端的 DNA 双链片段,然后将这些双链片段按正确的次序进行退火,使其连接成较长的 DNA 片段,再用连接酶连接成完整的基因,化学合成基因的限制主要有:一是不能合成太长的基因,化学合成 DNA 中所合成的寡核苷酸片段仅为 50~60bp,因而此方法只适用于克隆小分子肽的基因;二是化学合成基因时,遗传密码的简并会为选择密码子带来很大困难,如用氨基酸顺序推测核苷酸顺序,得到的结构可能与天然基因不完全一致,易造成中性突变;三是费用较高。

(四)目的基因与运载体结合

DNA 连接酶催化载体 DNA 与目的基因 DNA 片段连接,形成重组子,称为 DNA 分子体外重组。两个 DNA 片段的 $5'$ – 磷酸基因和 $3'$ – 羟基在连接酶催化下形成磷酸二酯键。根据 DNA 末端类型,载体 DNA 与目的基因 DNA 片段的连接分为两类。

1. 黏性末端 DNA 片段与载体 DNA 的连接

目的基因 DNA 片段经双酶切获得不同黏性末端的两端,与经双酶切的载体 DNA(含有两个不同的黏性末端分别与目的基因 DNA 片段两端酶切位点互补)可以在连接酶的催化下顺利连接成为一个重组 DNA 分子。目的基因 DNA 片段经单酶切或同尾酶切获得相同黏性末端的两端,与经单酶切的载体 DNA(含有相同黏性末端的两端与目的基因 DNA 的黏性末端互补)也可以在连接酶的催化下连接,获得正反两个方向的重组 DNA 分子。连接反应产生的目的基因与载体环化可以通过载体上的选择标签进行筛选(图4-8)。

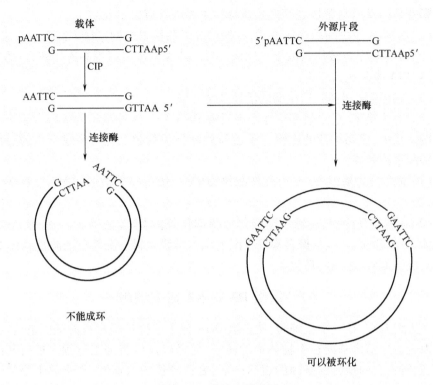

图 4 – 8　黏性末端连接

2. 平头末端 DNA 片段与载体 DNA 的连接

平头末端之间的连接率远远低于黏性末端之间的连接,约为 1/100 ~ 1/10。大肠杆菌 DNA 连接酶不能催化平头末端中间的连接,在高浓度 DNA、低浓度 ATP、大量 T4 DNA 连接酶存在时,T4 DNA 连接酶可以催化平头末端之间的连接。另外可以通过同聚物加尾法、衔接物连接法、接头连接法进行连接(图 4 – 9)。

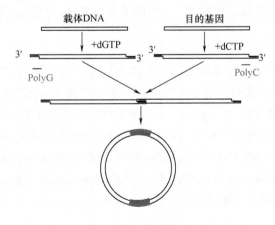

图 4 – 9　同聚物加尾法

影响目的基因与载体之间连接速率的主要因素有以下几点。

（1）DNA 片段之间的连接方式，一般情况下黏性末端的连接率高于平头末端。

（2）目的基因与载体的浓度与比例，增加 DNA 浓度可以提高连接率，目的基因与载体 DNA 摩尔比大于 1。

（3）连接温度、时间、连接酶的活性及缓冲液。

相对应连接率，重组效率更能准确反映 DNA 分子体外重组的效率。重组效率指连接体系中，成功构建的重组分子数与载体分子总数之比。一般可以通过以下方法提高重组效率。

（1）提高目的基因 DNA 片段与载体 DNA 片段分子数之比，降低自身环化的概率。

（2）在连接反应前，用碱性磷酸单酯酶催化载体 DNA 去除 5′－磷酸基团，或在载体 DNA 的 3′－羟基聚合寡核苷酸上用末端脱氧核苷酸转移酶防止载体 DNA 自身及载体 DNA 之间的环化。

（五）重组 DNA 导入宿主细胞

将重组 DNA 导入宿主细胞，使重组 DNA 分子进行扩增和目的基因进行表达。其基因表达指结构基因在生物体中的转录、翻译以及所有加工过程。进行基因表达，人们所关心的是目的基因的表达产量、表达产物的稳定性、产物的生物学活性和表达产物的分离纯化。

1. 宿主细胞的选择

宿主细胞应满足的要求：容易获得较高浓度的细胞；能利用廉价易得的原料；不致病、不产生内毒素；发热量低，需氧低，适当的发酵温度和细胞形态；容易进行代谢调控；容易进行 DNA 重组技术操作；产物的产量、产率高，产物容易提取。

宿主可分为两大类，第一类为原核细胞，目前常用的有大肠杆菌、枯草芽孢杆菌、链霉菌；第二类为真核细胞，常用的真核生物有酵母、丝状真菌、哺乳动物细胞。

（1）原核细胞

①大肠杆菌：由于对大肠杆菌分子遗传学的研究较深入，目前大肠杆菌仍是基因工程研究中采用最多的原核表达体系。其特点有表达基因工程产物的形式多种多样，有细胞内不溶性表达（包含体）、胞内可溶性表达、细胞周质表达等，极少数还可以分泌到细胞外表达。缺点是没有信号肽，所以产品多为细胞内产物，提取时需破碎细胞，这样细胞质内其他蛋白质也释放出来，造成提取困难。由于分泌力不足，真核蛋白质常形成不溶性的包含体，表达产物必须在下游处理过程中经过变性和复性处理才能恢复其生物活性。

②枯草芽孢杆菌:枯草芽孢杆菌分泌能力强,可将蛋白质产物直接分泌到培养液中,不形成包含体,但该菌也不能使蛋白质产物糖基化,另外由于它有很强的胞外蛋白酶,会对产物进行降解。

③链霉菌:链霉菌是重要的工业微生物,几年来作为外源基因的表达体系日益受到人们的重视。其主要特点是不致病、使用安全、分泌能力强、可将表达产物直接分泌到培养液中,具有糖基化能力,下游培养工艺成熟等。

(2)真核细胞

①酵母:酵母是研究基因表达调控最有效的单细胞真核微生物。其基因组小,仅为大肠杆菌的4倍,世代时间短,有单倍体、双倍体两种形式。繁殖迅速,可以廉价地大规模培养,没有毒性。能将表达产物直接分泌到胞外,表达产物能糖基化。

②丝状真菌:丝状真菌是重要的工业菌株。近年来已在约30种以上丝状真菌中建立了DNA转化系统。其特点是有很强的蛋白质分泌能力,能正确进行翻译后加工,而且糖基化方式与高等真核生物相似。

③哺乳动物细胞:哺乳动物细胞能将产物分泌到胞外,细胞培养液成分完全可控制,使产物纯化较容易,表达产物能糖基化,接近或类似于天然产物;动物细胞生产慢,生产率低,培养条件苛刻,费用高,培养液浓度较稀。

综上所述,目前使用最广泛的宿主仍然是大肠杆菌和酿酒酵母。因为对它们的遗传背景研究得比较清楚,建立了许多适合于它们的克隆载体和DNA导入方式,并且许多外源在这两种宿主菌中得到成功表达。

2. 重组 DNA 导入宿主细胞

重组DNA分子导入宿主细胞的常用方法有:转化、转染、显微注射和电穿孔。

(1)重组DNA导入大肠杆菌 重组DNA导入大肠杆菌有两种方法。①氯化钙转化法:对数期的大肠杆菌经冰浴的氯化钙低渗溶液处理,其细胞膜通透性增加,成为感受态细胞。加入重组质粒,重组质粒与钙离子形成复合物并粘附于细菌细胞膜表面,经42℃热休克处理,细胞膜通透性增加,重组质粒DNA进入感受态的细胞。②转染法:以λDNA或黏尾质粒作为载体,构建的重组DNA经外壳的包装成为具有感染能力的λ噬菌体颗粒,能将重组DNA注入大肠杆菌,并在大肠杆菌内进行扩增。其具体过程包括包装抽提液制备和体外包装两步。

(2)重组DNA导入酵母 目前将重组DNA导入酵母的方法包括电转化法、化学转化法、原生质体转化法。其中电转化法方便、快速、高效,因此最受欢迎。电转化法的基本步骤是酵母细胞用山梨醇处理制备感受态细胞,将线性化DNA、感受态细胞置于电转仪,通过电击将重组DNA导入酵母。电击后加入山梨醇,28～30℃培养2～3d,直至单菌落出现。化学转化法简单,设备要求低,是另一种常用方法。对数期的酵母经氯化锂或乙醇锂处理,加入重组DNA,在运载

DNA(小牛胸腺 DNA)、PEG、DMSO 等的存在下,经热休克处理,重组 DNA 可进入酵母细胞。

(3)重组 DNA 导入哺乳动物细胞 哺乳动物细胞基因转移效率远远低于大肠杆菌,因此发展了多种基因转移方法,分为物理法、化学法和生物法。物理法有显微注射法、电穿孔法等;化学法有 DNA – 磷酸钙共沉淀转染法、DEAE – 葡聚糖转染法;生物法有病毒感染法与细胞融合法等。

①显微注射法:显微镜观察下,用玻璃毛细管携带 DNA 注射入细胞核中,导入外源 DNA 的受精卵经体外培养以及分子生物学检测,然后做胚胎移植。

②电穿孔法:哺乳动物细胞在高压电泳作用下,产生瞬时可逆性穿孔和吞噬作用摄取目的基因 DNA。

③DNA – 磷酸钙共沉淀转染法:含有目的基因 DNA 的氯化钙溶液与含有哺乳动物细胞的磷酸盐缓冲液混合,目的基因 DNA 与磷酸钙形成白色沉淀复合物粘附于细胞膜表面,并被哺乳动物细胞捕获进入细胞内。

④DEAE – 葡聚糖转染法:目的基因 DNA 经多聚阳离子试剂 DEAE 的介导,被导入哺乳动物细胞。

⑤病毒感染法:携带目的基因 DNA 的病毒经外壳包装后成为成熟的病毒颗粒感染哺乳动物细胞,将目的基因 DNA 整合至受体细胞染色体 DNA 上。

⑥细胞融合法:携带目的基因 DNA 的供体细胞和受体细胞经 PEG 或仙台病毒等处理发生融合,目的基因 DNA 转移至受体细胞。

⑦阳性脂质体介导的基因转染:以阳性脂质体为运载载体,介导目的基因 DNA 被哺乳动物细胞吞噬。

(六)重组子的筛选与鉴定

在重组 DNA 导入宿主细胞的实验中由于重组率不可能达到百分之百,因此需要从这些细胞中筛选出期望重组子,将转化后的细胞涂布于特定的固体培养基,生长出的单菌落或噬菌斑(单克隆)进一步筛选和鉴定。

1.载体遗传标记法

(1)抗生素抗性筛选法 抗生素抗性基因是最常见的筛选标记,包括 Amp、Tet、Kan 和 Neo 等。含有转化子被赋予拮抗抗生素表型的重组子在含抗生素环境中生长,从而达到被鉴定筛选的目的(图 4 – 10)。

(2)蓝白筛选法 重组子转化宿主细胞,载体的表达产物与宿主细胞中营养缺陷型突变发生互补作用,从而实现重组子的筛选。pUC 载体及其衍生质粒含有 *lacZa* 基因,该基因编码大肠杆菌 β – 半乳糖苷酶中 α – 氨基端的 146 个氨基酸序列,和宿主细胞编码的缺陷型 β – 半乳糖苷酶中 α – 羧基端实现互补。在异丙基 – β – D – 硫代半乳糖苷(IPTG)的诱导下,含有该类载体的宿主细胞的两个互补肽段产生活性,可分解培养基上的底物 5 – 溴 – 4 – 氢 – 3 – 吲哚 – β – D – 半乳糖苷(X –

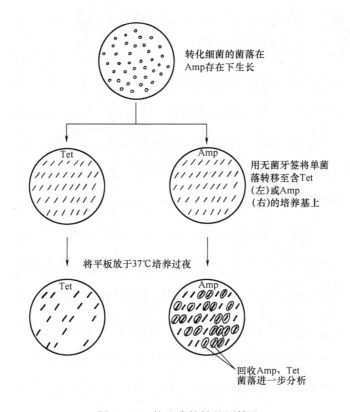

图 4 – 10 抗生素抗性基因筛选

gal），形成蓝色菌落。当外源基因插入 *lacZa* 基因内部的多克隆位点，X – gal 培养基的重组子由于 *lacZa* 基因的插入失活而呈白色，而含有空载体的宿主细胞显蓝色，从而达到被鉴定筛选的目的，如图 4 – 11 所示。

（3）营养缺陷型筛选法　载体携带某些营养成分的编码基因，而宿主细胞因该基因突变而不能合成该生长所必需的营养物质。因此含有转化子的菌落才能够在缺少该营养的平板上生长从而实现筛选。

（4）噬菌斑筛选法　经噬菌体载体包装的外源重组 DNA 转染宿主细胞，转化子在固体平板上出现清晰的噬菌斑，不含外源 DNA 的空载体因长度过小，不能装配成噬菌体颗粒，不能感染宿主细胞形成噬菌斑，从而实现筛选的目的。

2. 核酸分子杂交

（1）菌落原位杂交　又称探针原位杂交法，制备与目的基因某一区域同源的探针序列，根据核酸杂交原理，探针序列特异性地杂交目的基因，并通过放射性同位素或荧光基因进行定位检测，如图 4 – 12 所示。

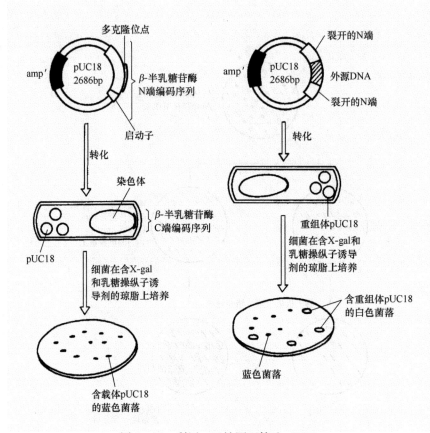

图 4-11　利用 a 互补原理筛选 pUC18

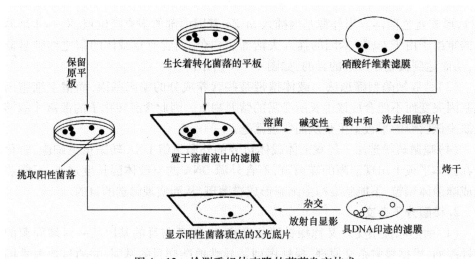

图 4-12　检测重组体克隆的菌落杂交技术

（2）DNA 印迹分析　1975 年用 DNA 探针来检测特定序列的 DNA。

（3）RNA 印迹分析　用 DNA 探针检测特定序列的 RNA，分析该基因的表达及 mRNA 分子质量的大小。

3. 限制性内切酶图谱法

所谓的限制性酶切图谱法就是对载体上插入的外源 DNA 片段进行酶切图谱分析，并以此与目的基因的已知图谱对比。

4. DNA 序列测定法

DNA 序列测定是精确鉴定目的基因的重要手段。目前国际上流行采用 Sanger 发明的双脱氧末端终止法测定 DNA 序列，其工作原理是在 DNA 聚合反应的进程中，通过位点特异性终止测定 DNA 序列。具体过程如下几步。

（1）分离待测核酸模板，模板可以是 DNA，也可以是 RNA，可以是双链，也可以是单链。

（2）在四只试管中加入适当的引物、模板、四种 dNTP（包括放射性标记的 ddNTP，如 ^{32}P ddNTP）和 DNA 聚合酶（如以 RNA 为模板，则用反转录酶），再在上述四只管中分别加入一种一定浓度的 ddNTP（双脱氧核苷酸）。

（3）与单链模板结合的引物（如以双链作模板，要作变性处理），在 DNA 聚合酶作用下从 5′端向 3′端进行延伸反应，^{32}P 随着引物延长掺入到新合成的链中。当 ddNTP 掺入时，由于它在 3′端位置没有羟基，故不与下一个 dNTP 结合，从而使链延伸终止。ddNTP 在不同位置掺入，因而产生一系列不同长度的新 DNA 链。

（4）用变性聚丙烯酰胺凝胶电泳同时分离四只反应管中的反应产物。由于每一只反应管中只加一种 ddNTP（如 ddATP），则该管中各种长度的 DNA 都终止于该种碱基（如 A）处。所以凝胶电泳中该泳道不同带的 DNA 3′末端都为同一种双脱氧碱基。

（5）放射自显影。根据四泳道的编号和每个泳道中 DNA 带的位置直接从自显影图谱上读出与模板链互补的新链序列。

5. 目的基因表达产物测定法

如果重组 DNA 的基因能在宿主细胞中编码蛋白质，且宿主细胞本身不含有该蛋白质，那么可以通过检查蛋白质的生物功能或结构来筛选和鉴定重组子。

（七）原核表达系统——大肠杆菌

1. 载体

根据真核基因在原核细胞中表达的特点，表达载体应具备下列条件：①载体能够独立复制，有复制起点，有严紧型和松弛型。严紧型伴随宿主染色体的复制而复制，在宿主细胞中拷贝少；松弛型的复制可不依赖于宿主细胞，在宿主细胞中拷贝多达 3000 个。②应有灵活的克隆位点和方便的筛选标记，利于外源基因的克隆、鉴定和筛选。③应具有很强的启动子，能被大肠杆菌的 RNA 聚合酶识别。④应具有阻遏子,使启动子受到控制,只有当诱导时才能进行转录。⑤应具有很强的终止子,以便使 RNA 聚合酶集中力量转录克隆外源基因,而不转录其他无关的基因,同时很强的终止子所产生的 mRNA 较为稳定。⑥所产生的 mRNA 必须有翻译的起始信号。

2. 影响目的基因在大肠杆菌中表达的因素

外源基因在宿主中的表达受许多因素影响,所以在建立表达体系时要综合考虑各种因素的作用,建立一个合适的表达体系,从而使外源基因得到最大的表达量,获得最多的表达产物。

(1)外源基因的拷贝数 外源基因是克隆到载体上的,所以载体在宿主中的拷贝数就直接与外源基因的表达相关,应将外源基因克隆到高拷贝的质粒载体上,这对于提高外源基因的总体表达水平非常有利。

(2)外源基因的表达效率 启动子的强度在转录水平上直接影响基因的表达,核糖体结合位点的有效性、SD 序列和起始 ATG 的间距、密码子的组成等都会不同程度地影响外源基因的表达。

(3)表达产物的稳定性 表达的外源基因,其产物会受到宿主细胞内降解该蛋白质的酶的影响,使得实际产量很低。可采用下列方法来提高表达产物的稳定性:组建融合基因,产生融合蛋白;利用大肠杆菌的信号肽或某些真核多肽中自身的信号肽,把真核基因产物运输到胞浆周质的空隙中,而使外源蛋白不易被酶降解;采用位点特异性突变的方法,改变真核蛋白二硫键的位置,从而增加蛋白质的稳定性;选用蛋白酶缺陷型大肠杆菌为宿主细胞。

(4)细胞的代谢负荷 外源基因在宿主细胞内的大量表达,必然会影响宿主细胞正常的生长代谢,有些产物对宿主还会有毒害作用,将细胞杀死。为了减轻宿主细胞的代谢负荷,同时还得提高外源基因的表达水平,可以采取当宿主细胞大量生长时,抑制外源基因表达的方法。即将细胞的生长和外源基因的表达分成两个阶段,使表达产物不会影响细胞的正常生长,当宿主细胞的生物量达到饱和时,再进行基因产物的诱导合成,以减低宿主细胞的代谢负荷;另外,将宿主细胞的生长与重组质粒的复制分开,当宿主细胞迅速生长时,抑制重组质粒的复制,当细胞生长量累积到一定水平后,再诱导细胞中重组质粒的复制,增加质粒拷贝数。

(5)工程菌的培养条件 外源基因的高水平表达,不仅涉及宿主、载体和克隆基因三者之间的相互关系,而且与其所处的环境条件息息相关,必须优化基因工程菌的培养条件,进一步提高基因表达水平。

3. 真核基因在大肠杆菌中的表达形式

(1)融合蛋白 融合蛋白的氨基端是原核序列,羧基端是真核序列,这样的蛋白质是由一条短的原核多肽和真核蛋白结合在一起的。优点是基因操作简便、蛋白质在菌体内比较稳定、不易被细菌酶类所降解、容易实现高效表达。缺点是只能做抗原作用,原核多肽序列可能会影响真核蛋白的免疫原性。

(2)非融合蛋白　表达非融合蛋白的操纵子必须改建成:细菌或噬菌体的启动子—细菌的核糖体结合位点—真核基因的起始密码子—结构基因—终止密码。要求核糖体结合位点序列与翻译起始密码之间的距离要合适,稍有不适就会影响表达效率。优点是能够较好地保持原来的蛋白活性;缺点是容易被蛋白酶破坏,氨基末端常带有甲硫氨酸,在人体内用药时可能会引起人体免疫反应。

(3)分泌型　外源基因接到信号肽之后,使之在胞质内有效地转录和翻译。表达的蛋白质进入细胞外膜和细胞内膜之间的周质后,被信号肽酶识别切割,从而释放出有生物活性的外源基因表达产物。特点是一些可被细胞内蛋白酶所降解的蛋白质在周质中是稳定的;由于有些蛋白质能按一定的方式折叠,所以在细胞内表达时无活性的蛋白质分泌表达却具有活性;蛋白质信号肽和编码序列之间能被切割,因而分泌后的蛋白质产物不含起始密码所编码的甲硫氨酸;产量不高,信号肽不被切割或不在特定位置上切割。

(八)真核表达系统——酵母

1. 载体

酵母载体是可以携带外源基因在酵母细胞内保存和复制,并随酵母分裂传递到子代细胞的 DNA 或 RNA 单位。从大肠杆菌中制备质粒要比从酵母中容易得多,因此酵母质粒的加工和制备大部分是通过大肠杆菌进行的,只有在最后阶段再转入酵母中。酵母载体有普通表达载体和精确表达载体两类。普通表达载体只能方便地引入外源基因并进行表达,对表达产物的组成,特别是对其氮末端氨基酸是否有增减并无严格要求。精确表达载体,要求在启动子或前导肽编码序列的适当部位有内切酶位点,以利于接入外源基因,并使它在表达和加工后氮末端氨基酸序列与天然产物相同,既无多余的氨基酸,也无缺失的氨基酸。

2. 影响目的基因在酵母菌中表达的因素

(1)外源基因的拷贝数　拷贝数要适当,高拷贝数的质粒载体可使外源基因高效表达,但会引起细胞生长量的降低;单拷贝的质粒载体对细胞的最大生长没有影响,能达到较高效的表达。

(2)外源基因的表达效率　外源基因的表达效率与启动子、分泌信号、终止序列有关。要使外源基因在酵母中表达,必须将外源基因克隆到酵母表达载体的启动子和终止子之间,构成表达框架。分泌信号包括信号肽部分以及前导肽部分的编码序列,它帮助后面的表达产物分泌出酵母细胞,并在适当的部位由胞内蛋白酶加工切断表达产物与前导肽之间的肽键,产生正确的表达产物。终止序列保证了转录产物在适当的部位终止和加上多聚腺苷酸尾巴,这样形成的 mRNA 可能比较稳定并被有效地翻译。

(3)外源蛋白的糖基化　外源蛋白在分泌过程中发生糖基化。

（4）宿主菌株的影响　宿主菌株应具备的要求有菌体生长力强,菌体内源蛋白酶要较弱,菌体性能稳定,分泌能力强。

（九）基因工程菌的稳定性

基因工程菌在传代过程中经常出现质粒不稳定的现象,有分裂不稳定和结构不稳定两种情况。分裂不稳定指工程菌分裂时出现一定比例不含质粒子代菌的现象;质粒结构不稳定指外源基因从质粒上丢失或碱基重排、缺失所致工程菌性能的改变。

1. 质粒不稳定产生的原因

常见的是分裂不稳定,与两个因素有关:含质粒菌产生不含质粒子代菌的频率、两种菌的比生长速率差异的大小。含低拷贝质粒的工程菌产生不含质粒子代菌的频率较大,增加工程菌中的质粒拷贝数能提高质粒的稳定性。含高拷贝质粒的工程菌产生不含质粒子代菌的频率较低,但是大量外源质粒的存在使含质粒菌的生长速率明显低于不含质粒菌。不含质粒菌一旦产生,能较快地取代含质粒菌而成为优势菌,因而对这类菌进一步提高质粒拷贝数反而会增加含质粒菌的生长态势。质粒稳定性的分析方法是将工程菌培养液样品适当稀释,均匀涂布于不含抗性标记抗生素的平板培养基上,培养 10～12h,然后随机挑出 100 个菌落接种到含抗性标记抗生素的平板上,培养 10～12h,统计长出的菌落数,每一样品应取 3 次重复的结果,计算出比值,该比值反映了质粒的稳定性。

2. 提高质粒稳定性的方法

采用两阶段法,第一阶段先使菌体生长至一定密度,第二阶段诱导外源基因的表达。在培养基中加入选择性压力如抗生素等,以抑制质粒丢失菌的生长。适当的操作方式也可使工程菌生长速率具有优势,调控温度、pH、培养基组分、溶解氧,通过间歇供氧和改变稀释速率都可以提高质粒的稳定性。

（十）基因工程菌发酵

基因工程菌的培养过程主要包括通过摇瓶操作了解工程菌生长的基础条件,分析表达产物的合成、积累对受体细胞的影响;通过培养罐操作确定培养参数和控制方案以及顺序。

1. 基因工程菌的培养方式

（1）补料分批培养　将种子接入反应器中培养一段时间,然后间歇或连续补加新鲜培养基,使菌体进一步生长。为保持基因工程菌生长所需的良好环境,延长对数期,获得高密度菌体,通常把溶氧控制和补料措施结合起来,根据生长规律来调节补料速率。

（2）连续培养　将种子接入反应器后,培养一段时间,到一定菌浓,开动蠕动泵,同时进料和出料,控制一定稀释速率。由于基因工程菌不稳定,可将生长阶段和基因表达阶段分开,进行两阶段连续培养。关键的控制参数是诱导水平、稀释率、细胞比生长速率。

（3）透析培养　利用膜的半透性使代谢产物和培养基分离,通过去除培养液中的代谢产物来解除其对生产菌的不利影响。

（4）固定化培养　基因工程菌固定化后,质粒的稳定性大大提高,便于进行连续培养,特别是对于分泌型菌更为有利。

2. 影响基因工程菌培养的因素

基因工程菌培养是为了使外源基因大量表达,尽可能减少宿主细胞本身蛋白的污染。外源基因的高效表达,不仅涉及宿主、载体和克隆基因之间的相互关系,而且与其所处的环境密切相关。不同的发酵条件,代谢途径也不相同,对下游的纯化工艺就会造成不同的影响。

（1）培养基的影响　培养基的组成既要提高工程菌的生长速率,又要保持重组质粒的稳定性,使外源基因能够高效表达。使用不同的碳源对菌体生长和外源基因的表达有较大的影响,如葡萄糖做碳源菌体产生的副产物较多,甘油做碳源菌体得率较大。酪蛋白水解物做氮源有利于产物的合成与分泌。无机磷在许多初级代谢的酶促反应中是一个效应因子,在低磷浓度下,尽管最大菌浓较低,但产物产率和产物浓度都较高。启动子只有在低磷酸盐时才被启动。

（2）接种量的影响　接种量的大小影响发酵的产量和发酵周期。量小,延长菌体延滞期,不利于外源基因的表达;量大,有利于对基质的利用,可以缩短延滞期,并使产生菌能迅速占领整个培养环境,减少污染机会,但会使菌体生长过快,代谢产物累积过多,反而会抑制后期菌体的生长。

（3）温度的影响　温度对基因表达的调控作用可发生在复制、转录、翻译或小分子调节分子的合成上。复制,可通过控制复制来改变基因拷贝数,影响基因的表达;转录,可通过影响 RNA 聚合酶的作用或修饰 RNA 聚合酶,调控基因的表达。

（4）溶解氧的影响　菌体在大量扩增过程中,进行耗氧的氧化分解代谢,采用调节搅拌转速的方法,可以改善培养过程中的氧供给,提高活菌产量。在发酵前期,采用较低转速即可满足菌体生长;在培养后期,提高搅拌转速才能满足菌体继续生长的要求。这样既节约能源又可满足各个不同阶段菌体生长的要求。

（5）诱导时机的影响　一般在对数期或对数期后期升温诱导表达。对数期细胞快速繁殖,直到细胞密度达到 10^9 个/mL 为止,这时菌群数目倍增,对营养和氧的需求量急增,营养和氧成了菌群旺盛代谢的限制因素。

（6）pH 的影响　两阶段培养工艺,培养前期着重于优化工程菌的最佳生长条件,培养后期着重于优化外源基因的表达,生长最佳期 pH 6.8 ~ 7.4,外源蛋白表达时 pH 6.0 ~ 6.5。

（十一）基因重组蛋白的分离纯化

基因重组蛋白的纯化是根据产物性质以及杂质的状况,将各种分离纯化的步骤加以组合,从而达到去除杂质的目的。利用基因重组方法生产的重组蛋白往往与发酵液培养基中的蛋白质和其他菌体蛋白等混在一起,分离纯化步骤的设计必须从有关蛋白质的等电点、解离性质、溶解度、分子的沉淀性质、分子质量大小以及对特殊物质的亲和性等方面进行考虑。由于基因重组蛋白大多为生物活性物质,因此在提取纯化过程中不仅要保证一定的回收率,而且要保证提纯的条件不能太剧烈,以免影响其生物活性。

基因重组蛋白的分离纯化,根据目的产物的性质和对产品纯化要求的不同,可选择不同的分离纯化方法和不同的纯化路线,但主要分为两个方面:①目标产物的初级分离,主要是在发酵培养后,将目的产物从培养液中分离出来;②目标产物的纯化,这是在分离的基础上,运用各种具有高选择性的纯化手段,使产物按要求进行纯化。

1. 基因重组蛋白的主要分离技术

无论是胞内型基因重组蛋白或分泌型基因重组蛋白,如何高效快速地将表达的目的蛋白与表达体系中的其他组分分离,是基因重组蛋白分离纯化过程中的关键步骤。基因重组蛋白的主要分离技术有离心、沉淀、膜分离、双水相等。

2. 基因重组蛋白的主要纯化技术

基因重组蛋白的纯化主要采用层析法,有离子交换层析、亲和层析、凝胶过滤层析等。

3. 选择分离纯化方法的依据

(1)根据产物表达形式来选择　分泌型表达产物的发酵液的体积很大,但浓度较低,因此必须在纯化前进行浓缩。可用沉淀和超滤的方法浓缩。

产物在周质表达是介于细胞内可溶性表达和分泌表达之间的一种形式,它可以避开细胞内可溶性蛋白和培养基中蛋白类杂质,在一定程度上有利于分离纯化。为了获得周质蛋白,大肠杆菌经低浓度溶菌酶处理后,可采用渗透压休克的方法来获得。由于周质仅有为数不多的几种分泌蛋白,同时又没有蛋白水解酶的污染,因此通常能有较高的回收率。

大肠杆菌细胞内可溶性表达产物破菌后的细胞上清,首选亲和分离方法。如果没有可以利用的单克隆抗体或相对特异性的亲和配基,一般选用离子交换色谱。处于极端等特点的蛋白质用离子交换可以得到较好的纯化效果,能去掉大部分的杂质。

包涵体对蛋白质分离纯化有两方面的影响,积极的方面是比较容易与胞内可溶性蛋白质杂质分离,使纯化较容易完成;消极的方面是包涵体需要经过复性才能拥有生物学活性。包涵体从匀浆液中经离心分离后,必须以促溶剂(如尿素、盐酸胍、SDS)溶解,在适当的条件下(pH、离子强度与稀释)复性,产物经过了一个变性－复性过程,较容易形成叠和聚合体,因此,包涵体很难实现100%的复性。

(2)根据分离单元之间的衔接选择　应选择不同机制的分离单元来组成一套

分离纯化工艺,尽早采用高效的分离手段。先将含量最多的杂质分离除去,将费用最高、最费时的分离单元放在最后阶段,即通常先运用非特异性、低分辨率的操作单元(如沉淀、超滤和吸附等),以尽快缩小样本的体积,提高产物浓度,去除最主要的杂质(包括非蛋白类杂质);随后采用高分辨率的操作单元(如具有高选择性的离子交换色谱和亲和色谱);凝胶排阻色谱这类分离规模小、分离速度慢的操作单元放在最后,这样可以提高分辨效果。

色谱分离次序的选择同样重要,一个合理组合的色谱次序能够提高分离效率,同时条件做较小改变即可进行各步骤之间的过渡。当几种方法联用时,最好以不同的分离机制为基础,而且经前一种方法处理的样品应能适合于作为后一种方法的料液,不必经过脱盐、浓缩等处理。如经盐析后得到的样品,不适合于离子交换层析,但对疏水层析则可直接应用。离子交换、疏水及亲和色谱通常可起到蛋白质浓缩的效应,而凝胶过滤色谱常使样品稀释。在离子交换色谱之后进行疏水层析就很适合,不必经过缓冲液的更换,因为多数蛋白质在高离子强度下与疏水介质结合能力较强。亲和层析选择性最强,但不能放在第一步,一方面因为杂质多,易受污染,降低使用寿命;另一方面,体积较大,需用大量的介质,而亲和层析的介质一般较贵。因此,亲和层析多放在第二步以后。有时为了防止介质中毒,在其前面加一保护柱,通常为不带配基的介质。经过亲和层析后,还可能有脱落的配基存在,而且目的蛋白在分离纯化过程中会聚合成二聚体或更高的聚合物,特别是浓度较高或含有降解产物时更易形成聚合体,因此,最后需经过进一步的纯化操作,常使用凝胶过滤色谱,也可用高效液相色谱法,但费用较高。凝胶过滤色谱放在最后一步,可以直接过渡到适当的缓冲体系中,以利于产品成形保存。

(3)根据分离纯化工艺的要求来选择 在基因重组蛋白分离纯化过程中,通常需要综合使用多种分离纯化技术,一般来说,分离纯化工艺应遵循以下原则。

①具有良好的稳定性、重复性和较高的安全性:工艺的稳定性包括不受或少受发酵工艺、条件及原材料来源的影响,在任何环境下使用都应具有重复性,可生产出同一规格的产品。为保证工艺的重复性,必须明确工艺中需严格控制的步骤和技术,以及允许的变化范围。严格控制的工艺步骤和技术越少,工艺条件可变动范围越宽,工艺重复性越好。在选择后处理技术、工艺和操作条件时,要确保去除有危险的杂质,保证产品质量和使用安全,以及生产过程的安全。药品生产要保证安全、无菌、无热原、无污染。

②尽可能减少组成工艺的步骤:步骤越多,产品的后处理收率越低。但必须保证产品的质量。组成工艺的各技术或步骤之间要能相互适应和协调,工艺与设备也能相互适应,从而减少步骤之间对物料的处理和条件调整。

③分离纯化工艺所用的时间要尽可能的短:因稳定性差的产物随工艺时间的增加,收率特别是生物活性收率会降低,产物质量也会下降。

④工艺和技术必须高效:收率高,易操作,对设备要求低,能耗低。

(十二)基因工程药物的质量控制

基因工程药物是利用活细胞作为表达系统,产物的分子质量较大,并有复杂的结构,还参与生理功能的调节,用量极微,任何质和量的偏差都可贻误病情造成严重危害。宿主细胞中表达的外源基因,在转录翻译精制工艺放大过程中都可能发生变化,故从原料以及制备全过程都必须严格控制条件和鉴定质量。

1. 原料的质量控制

原材料的质量控制可确保编码药品 DNA 序列的正确性。重组微生物来自单一克隆,所用质粒纯而稳定,以保证产品质量的安全性和一致性。根据质量控制的要求应了解以下特性。

(1)明确目的基因的来源、克隆经过,并以限制性内切酶酶切图谱和核苷酸序列予以确证;

(2)应提供表达载体的名称、结构、遗传特性及各组成部分(如复制子、启动子)的来源与功能,构建中所用位点的酶切图谱,抗生素抗性标记物;

(3)应提供宿主细胞的名称、来源、传代历史、检定结果及其生物学特性;

(4)须阐明载体引入宿主细胞的方法及载体在宿主细胞与载体结合后的遗传稳定性;

(5)提供插入基因与表达载体两侧端控制区内的核苷酸序列,详细叙述在生产过程中启动与控制基因在宿主细胞中表达的方法及水平等。

2. 培养过程的质量控制

工程菌贮存中,要求种子克隆纯而稳定;培养中,要求工程菌所含的质粒稳定,始终无突变;在重复生产发酵中,要求表达稳定;整个过程中均能排除外源微生物的污染。生产基因工程产品应有种子批系统,并证明种子批不含致癌因子,无细菌、病毒、真菌和支原体等污染,并由原始种子批建立生产用工作细胞库。原始种子批需确证克隆基因 DNA 序列,详细叙述种子批来源、方式、保存以预计使用期,保存与复苏的方法和材料,并控制微生物污染;提供培养生产浓度与产量恒定性数据,依据宿主细胞－载体系统稳定性确定最允许的传代数;培养过程中,应测定被表达基因分子的完整性及宿主细胞长期培养后的基因型特征;依宿主细胞－载体稳定性与产品恒定性规定持续培养时间,并定期评价细胞系统和产品。

3. 纯化工艺过程的质量控制

产品要有足够的生理和生物学试验数据,确证提纯分子批间保持一致性;外源蛋白质、DNA 与热原质都在规定的限度以下。在精制过程中能清除宿主细胞蛋白质、核酸、糖类、病毒、培养基成分及精制工序本身引入的化学物质。

4. 目标产品的质量控制

药物质量控制的要求包括产品的鉴别、纯度、活性、安全性、稳定性、一致性的检测,可以利用多学科如生物化学、免疫学、微生物学、细胞生物学和分子生物学的技术。

（1）产品的鉴别

①肽图分析：用酶法和化学方法降解目的蛋白，对生成的肽段进行分离分析是检测蛋白质一级结构中细微变化的最有效方法，灵敏、高效。如高效液相色谱和毛细管电泳。

②氨基酸成分分析：小于 50 个氨基酸分析结果较可靠。

③部分氨基酸序列分析：氨基端 15 个氨基酸。

④重组蛋白质的浓度测定和分子质量测定：浓度测定用凯氏定氮法、双缩脲法、染料结合比色法、Folin - 酚法和紫外光谱法；分子质量测定用凝胶过滤法（完整）和 SDS - PAGE 法（亚基）。

⑤蛋白质二硫键分析：维持蛋白一级结构的重要共价键。

（2）纯度分析　包括目的蛋白含量测定和杂质限量分析。

①目的蛋白：根据理化性质和生物学特性分析，常用还原性及非还原性 SDS - PAGE、等电聚焦、各种高效液相、毛细管电泳等，也可应用两种以上方法同时测定。

②杂质：包括蛋白质和非蛋白质杂质。蛋白类，宿主细胞蛋白，采用免疫法和电泳相结合；非蛋白类，病毒、细菌等微生物、热原质、内毒素、致敏原及 DNA，利用微生物学方法检测无菌，热原质检测用家兔注射进行。

（3）生物活性测定　需要动物体内实验和通过细胞培养进行体外效价测定。重组蛋白是一种抗原，可用放射免疫分析法或酶标法测定其免疫学活性。体内生物学活性的测定要根据目的产物的生物学特性建立适合的生物学模型，体外生物活性测定有细胞计数法等。

（4）稳定性考察　是评价药品有效性和安全性的重要指标，也是确定药品贮存条件和使用期限的主要依据。对温度、氧化、光照、离子浓度和机械剪切等环境因素都很敏感。

（5）产品一致性的保证　生产周期长，影响因素多，必须对每一步都进行严格的控制。

5. 产品的保存

目的产物受多种因素的影响而失活，保存时要防止变性、降解，保护其活性中心。

（1）液态保存

①低温保存：对热敏感。在稳定 pH 条件下保存可防止变性。

②高浓度保存：高浓度时比较稳定。

③加保护剂保存：糖类、脂肪类、蛋白质类、多元醇、有机溶剂等。

④有些需要加盐、2 - 巯基乙醇：在真空或惰性气体中保存良好。

（2）固体保存　固体蛋白质比液体稳定，在室温或冰箱中保存比较稳定，长期保存最好制成干粉或结晶。

四、转基因动物制药技术

转基因动物技术始于 20 世纪 80 年代。30 多年来，转基因动物在制作方法上由最初的显微注射法、逆转录病毒法和胚胎干细胞法,发展到体细胞核移植技术、腺病毒载体法、精子头与转移基因共注射法等。随着转基因技术的不断发展,利用转基因动物生产药用蛋白质即转基因动物制药的研究也取得了突破性进展。目前,转基因动物的一个十分重要的用途就是可以用来生产重要的蛋白质药物,即转基因动物制药。

外源基因在转基因动物体内最理想的表达场所是乳腺,因为乳腺是一个外分泌器官,乳汁不进入体内循环,不会影响转基因动物本身的生理代谢反应。从转基因动物的乳汁获取的目的基因产物不但产量高、易提纯,而且表达的蛋白质经过充分的修饰加工,具有稳定的生物活性,因此又被称为转基因动物乳腺反应器。利用转基因动物乳腺生物反应器来生产基因药物是一种全新的生产模式,具有投资成本低、药物开发周期短和经济效益高的优点。

建立转基因动物乳腺生物反应器首先要保证目的蛋白在动物乳腺中的特异性表达,这就要求表达载体的启动子调控元件应选用动物乳蛋白的基因启动子元件。目前,用于转基因动物乳腺定位表达的调控元件主要有以下四类。第一类:B－乳球蛋白(BLG)基因调控元件,Simons 等将绵羊的 BLG 基因转入小鼠,绵羊的 BLG 在小鼠乳腺中特异表达,其奶液中含量可达 23g/L。第二类:酪蛋白基因调控序列,常用牛 AS1－酪蛋白基因和羊 B－酪蛋白基因的调控序列。如 AS1－酪蛋白基因调控序列指导的人白介素－2 基因已在兔奶液中成功表达。第三类:乳清酸蛋白(WAP)基因调控序列,WAP 是啮齿类动物奶液中的主要蛋白质,在家畜奶液中没有 WAP 的存在,但 WAP 基因调控序列可以指导外源基因在家畜奶液中表达。第四类:乳清白蛋白基因调控序列。第三类和第四类可以指导外源基因的表达,但乳腺表达的特异性及表达量都不如第一类和第二类。

由于转基因动物制药的巨大发展前景,到 2010 年,转基因动物生产的重组蛋白产品销售额达到 350 亿美元。巨大的市场诱惑使越来越多的制药公司通过各种方式加入这一行列。Genzyme Transgenics 公司是转基因动物制药领域的佼佼者,在各种转基因动物中表达了 60 种蛋白质,有 45 种的表达水平超过 1g/L,其中 14 种在山羊中的表达水平达到 1g/L 或更高,其中抗凝血酶Ⅲ已进入Ⅲ期临床研究。Genzyme 公司与多家制药企业及组织签署了用转基因动物生产蛋白质及抗体的协议。另外两个有进入临床研究产品的从事转基因动物制药研究的生物公司是 PPL Therapeutics 和 Pharming BV。PPL 公司用转基因绵羊生产的用于治疗囊性纤维化的 A1－抗胰蛋白酶(AAT)已进入Ⅱ期临床。该公司正在研究用转基因绵羊生产三种凝血因子,分别是凝血因子Ⅶ、凝血因子Ⅸ和蛋白 C;也在从事转基因兔乳汁中多肽表达的研究。2000 年该公司与 Periodontix、Novo Nordisk/Zymogenetics 及另外一家美国生物技术公司签署了合作协议。Pharming Holding NV 公司与 American Red Cross、ABS Global Inc 及 Infigen 合作用转基因牛来生产人药用蛋白质,第一个产品是用于治疗 Pompe's 病的 A1－糖苷酶。1999 年 4 月,加拿大最大的转基因动

物公司 Nexia 克隆成功三只转基因山羊 Clint、Arnold 和 Danny,并发展成功 BELE
(Breed EarlyLactate Early)山羊技术,该公司以此技术为基础发展转基因动物制药
技术和其他有商业价值的蛋白质的生产。Ab - genix 和 Medarex 两家公司则用各
自独有的转基因小鼠技术生产治疗用单克隆抗体。其中 Medarex 公司与日本的
KirinBrewery 有限公司合作完成了 TC 转基因大鼠体系,该转基因大鼠通过染色体
转移技术而含有人所有的产生抗体的基因。这些公司生产的一些人源化抗体正处
于不同的临床阶段。Avigenics 公司用鸡蛋来生产商用蛋白,溶菌酶就是其中之一。
溶菌酶目前的市场需求为每年 10 亿美元,并以每年 10% ～ 15% 的速率增长。
TranXenoGen 公司的主要研究焦点是用转基因小鸡来生产各种药用蛋白质及可供
人们进行异种移植时使用的器官。

随着越来越多的蛋白质在转基因动物体内表达成功,如何将目的蛋白分离纯
化出来就越来越受到重视。乳腺生物反应器是转基因动物制药的研究重点,那么
如何从乳汁中分离纯化也就成为了研究的热点。Clark 用免疫亲和层析分离和转
基因绵羊表达的凝血因子 IX,虽然特异性高,但产率低;Wright 用联合多种层析方
法分离和转基因羊生产的 A1 - 抗胰蛋白酶,纯度超过 95%,之后又用双水相体系
分配和离子交换层析分离到纯度达到 99% 的 A1 - 抗胰蛋白酶;VanCott 等用免疫
亲和层析纯化和转基因猪生产的活性蛋白 C 特异性很好,Dalton 等用固定化金属
亲和层析分离此蛋白高效、迅速;Degener 等用 Zn^{2+} 选择性沉淀法分离凝血因子 IX
和蛋白 C,纯度超过 95%。

转基因动物技术和转基因动物制药将为人类解决许多生命科学领域的重大问
题,是蛋白质药物生产领域的一场革命,这就决定了在今后这方面的研究将不断的
深入,竞争也将更加激烈。国外的经济学家估计,大约在 10 年后,转基因动物生产
的药品就会鼎足于世界市场,销售额将超过 250 亿美元(不包括营养蛋白质和其他
产品),成为最具有高额利润的新型工业。目前,我国"863"计划已将山羊乳腺生
物反应器研究列为重大项目。用于生产重要的重组蛋白质药物的转基因牛、奶山
羊和转基因兔等已相继诞生,这标志着我国在转基因动物制药方面的研究已达到
相当的水平,为以后的研究工作打下了良好的基础。尽管转基因动物制药,特别是
转基因动物乳腺生物反应器制药给人们展示了美好的前景,但迄今还没有一个商
品化的药物上市。除了转基因动物制药的研制周期较长,前期投资大的原因外,还
存在较多的技术问题需要解决:转基因动物的成功率较低,"多莉"羊的成功率为
1/277。随后的研究虽然使成功率有所提高,但总的成功率还是较低,限制了其在
应用领域的发展,还有待于进一步的研究。

五、转基因植物制药技术

转基因植物制药是利用重组 DNA 技术将克隆的药物的目的基因整合到植物

的基因组中,并使其得以表达,从而获得具有生理活性的药物。植物基因工程的一个特点是比较容易获得社会的认可。目前对转基因动物,许多人还持相当小心的态度,但对转基因植物,似乎因为植物在整个生长过程中的位置比较固定,没有太多的移动,而且一般农作物是一年生,所以相对来说植物基因工程技术被认为是比较安全的,这就在很大程度上加快了这项研究及其成果的推广。目前已经获得成功的植物基因工程研究的面也较为广泛。

为了能提高植物的抗细菌、真菌以及病毒病的能力,美国科学家们成功地将动物中分离的抗体基因导入植物中并能使植物产生有活性的抗体。这一成果使人们开始一系列研究工作,首先从动物中分离出植物病原菌的抗体基因,导入植物后获得抗这些重要病害的转基因植物。另外,人们试图把转基因植物作为一种生物反应器去生产各种有用的蛋白质,特别是医用活性多肽。这一思想对常规的基因工程技术是一个发展。已报道用转基因植物的方法由烟草分别生产出胰岛素、白细胞介素Ⅱ、脑啡肽。还有报道用转基因马铃薯生产出人血蛋白,用转基因油菜籽生产出活性肽,应用前景十分开阔。还有其他一些植物基因工程,包括通过转移含有较多的必需氨基酸的蛋白基因,提高植物种子中必需氨基酸的含量;利用 PG 酶的反义 RNA 基因使成熟后的番茄果实变硬,以便于运输和贮藏;利用 CHS 反义 RNA 基因能在一定条件下改变花卉的颜色。最近还有一些工作表明,在转基因植物中可以生产一些医药上有用的小肽。在抗寒、抗热、抗盐碱以及抗病等提高抗性的植物基因工程方面,也有很大的进展。

任务1　基因工程 α - 干扰素的生产

知识链接　干扰素(interferon,IFN)是人体细胞分泌的一种活性蛋白质,具有广泛的抗病毒、抗肿瘤和免疫调节活性,是人体防御系统的重要组成部分。根据其分子结构和抗原性可分为 α、β、γ、ω 等4个类型。α - 干扰素又依其结构分为 $\alpha1b$、$\alpha2a$、$\alpha2b$ 等亚型,其区别在于个别氨基酸的差异上,如人干扰素 $\alpha2a$ 的第 23 位氨基酸为赖氨酸残基,而 $\alpha2b$ 的第 23 位为精氨酸残基。早期干扰素是用病毒诱导人白血球(白细胞)产生的,产量低、价格昂贵、不能满足需要,现在可利用基因工程技术在大肠杆菌中表达、发酵来进行生产。

一、生产工艺

1. 基因工程菌的组建

在干扰素重组 DNA 成功以前,对于干扰素的结构一无所知,因此不可能人工合成基因。在人染色体上的干扰素基因拷贝数极少(大约只有 1.5%),在加工上又有技术上的困难,所以不能分离干扰素基因,而是用分离干扰素的白细胞的 mR-

NA 为模板,通过反转录法使其形成 cDNA。干扰素的 cDNA 的获得是将生产干扰素的白细胞的 mRNA 分级分离,然后将不同部分的 mRNA 注入蟾蜍的卵母细胞,并测定合成干扰素的抗病毒活性,结果发现 12s mRNA 的活性最高,因此用这部分 mRNA 合成 cDNA。将 cDNA 克隆到含有四环素、氨苄青霉素抗性基因的质粒 pBR322 中,转化大肠杆菌 K12,获得干扰素基因工程菌。

诱生的白细胞 ⟶ 提取全RNA ⟶ 通过寡dT-纤维素柱获得寡A的mRNA ⟶ 蔗糖密度梯度

离心提取12s mRNA ⟶ 逆转录成cDNA ⟶ 双链cDNA接上dT或dG尾

pBR322质粒 ⟶ pBR322质粒加上dA或dC

退火获得杂交质粒 ⟶ 转化大肠杆菌 ⟶ 扩增杂交质粒 ⟶ 筛选抗青霉素但对氨苄

青霉素敏感细菌克隆 ⟶ 用杂交翻译法挑选含干扰素cDNA克隆 ⟶ 将干扰素cDNA克隆

入表达载体,在大肠杆菌中进行高效表达

2. 基因工程干扰素的制备

基因工程制备干扰素的工艺流程:

开启种子→制备种子液→发酵培养→粗提→精提→半成品制备→半成品检定→分装→冻干→成品检定→成品包装

二、生产过程

1. 发酵

人干扰素 α2b 基因工程菌为 SW－IFNa－2b/*E. coli* DH5a,质粒用 PL 启动子,含氨苄青霉素抗性基因。种子培养基含蛋白胨 1%、酵母提取物 0.5%、氯化钠 0.5%。分别接种人干扰素 α2b 基因工程菌到 4 个装有 250mL 种子培养基的 1000mL 摇瓶中,30℃培养 10h,作为发酵罐种子,用 15L 发酵罐进行发酵,发酵培养基的装量为 10L。发酵培养基由蛋白胨 1%、酵母提取物 0.5%、氯化铵 0.01%、氯化钠 0.05%、磷酸氢二钠 0.6%、氯化钙 0.001%、磷酸二氢钾 0.3%、硫酸镁 0.01%、葡萄糖 0.4%、50mg/mL 氨苄青霉素、少量防泡剂组成,pH 6.8。搅拌转速 500r/min,通气量为1:1m^3/(m^3·min),溶氧为 50%。30℃发酵 8h,然后在 42℃诱导 2～3h 完成发酵。同时每隔不同时间取 2mL 发酵液,10000r/min 离心除去上清液,称量菌体湿量。

2. 产物的提取和纯化

发酵完毕冷却后进行 4000r/min 离心 30min,除去上清液,得湿菌体 1000g

左右。取 100g 湿菌体重新悬浮于 500mL 20mmol/L、pH 7.0 磷酸缓冲液中,于冰浴条件下进行超声波破碎,然后 4000r/min 离心 30min,取沉淀部分,用 100mL 含 8mol/L 尿素溶液、20mmol/L pH 7.0 磷酸缓冲液、0.50mmol/L 二巯基苏糖醇的溶液室温搅拌抽提 2h,然后用 15 000r/min 离心 30min。取上清液用同样的缓冲液稀释至尿素浓度为 0.5mol/L,加二巯基苏糖醇至 0.1mmol/L,4℃搅拌 15h,15000r/min 离心 30min 除去不溶物。上清液经截流量为相对分子质量 10000 的中空纤维超滤器浓缩,将浓缩的人干扰素 α2b 溶液经过 Sephadex G－50 分离,层析柱 2cm×100cm,先用 20mmol/L、pH 7.0 磷酸缓冲液平衡,上柱后用同一缓冲液洗脱分离,收集人干扰素 α2b 部分,经 SDS－PAGE 检查。将 Sephadex D－50 柱分离人干扰素 α2b 组分,再经 DE－52 柱(2cm×50cm)纯化人干扰素 α2b 组分,上柱后用含 0.05mol/L、0.1mol/L、0.15mol/L 氯化钠的 20mmol/L、pH 7.0 磷酸缓冲液分别洗涤,收集含人干扰素 α2b 的洗脱液。全过程蛋白回收率为 20%～25%,产品不含杂蛋白,DNA 及热原含量合格。

三、质量控制标准和要求

1. 半成品检定

(1)效价测定 用细胞病变抑制法,以 Wish 细胞、VSV 病毒为基本检测系统,测定中必须用国家或国际参考品校准为国际单位。

(2)蛋白质含量测定 Folin－酚法,以中国药品生物制品检定所提供的标准蛋白为标准。

(3)比活性 干扰素效价的国际单位与蛋白质含量的毫克数之比即为比活性。

(4)纯度 电泳纯度用非还原型 SDS－PAGE 法,银染显色应为单一区带,经扫描仪测定纯度应在 95% 以上。

(5)相对分子质量测定 还原型 SDS－PAGE,加样量不低于 5μg,同时用已知相对分子质量的蛋白标准系列做对照,以迁移率为横坐标,相对分子质量的对数为纵坐标作图,计算相对分子质量。与理论值比较,误差不得高于 10%。

(6)残余外源性 DNA 含量测定 用放射性核素或生物素探针法测定,每剂量中残余外源性 DNA 应低于 100pg。

(7)残余血清 IgG 含量测定 在应用抗体亲和层析法作为纯化方法时必须进行此项检定。

(8)残余抗生素活性测定 半成品中不应有抗生素活性存在。

(9)紫外光谱扫描 检查半成品的光谱吸收值,最大吸收值应在(280±2)nm。

(10)肽图测定 用 CNBr 裂解法,测定结果应符合干扰素的结构,且批与批之间应一致。

除以上测定项目外还应进行等电点测定,半成品应还要做干扰素效价测定、无菌试验和热原试验。

2. 成品检定

(1)物理性状　冻干品为白色或微黄色疏松体,加入注射水后不得含有肉眼可见不溶物。

(2)鉴别试验　应用 ELISA 或中和试验检定。

(3)水分测定　用卡氏法,应低于3%。

(4)无菌试验　同半成品。

(5)热原质试验　同半成品检定。

(6)干扰素效价测定　同半成品检定,效价不应低于标示量。

(7)安全试验　取体重为 350~400g 豚鼠 3 只,每只腹侧皮下注射量为成人每千克体重临床使用最大量的 3 倍,观察 7d,若豚鼠局部无红肿、坏死、总体重不下降,说明成品合格。取体重 18~20g 小鼠 5 只,每只尾静脉注射剂量按人每千克体重临床使用最大量的 3 倍,观察 7d,若动物全部存活,说明成品合格。

任务2　基因工程乙肝疫苗的生产

知识链接:乙型病毒性肝炎,简称乙肝,是一种由乙型肝炎病毒(HBV)感染机体后所引起的世界性疾病,也是病毒性肝炎中最严重的一种。据统计,全世界无症状乙肝病毒携带者超过 2.8 亿,我国是高发区,约有 1.5 亿,其中 50%~70% 的人群有过乙型肝炎病毒的感染(未加免疫的人群),8%~10% 为慢性乙型肝炎病毒表面抗原携带者,多数无症状,其中 1/3 出现肝损害的临床表现。目前我国有乙肝患者 3000 万。接种乙肝疫苗是预防和控制乙肝的根本措施。

乙型肝炎疫苗的研制先后经历了血源性疫苗和基因工程疫苗阶段。血源性乙肝疫苗因其原料来源而有一些自身无法克服的缺点,基因工程乙肝疫苗比血源性乙肝疫苗具有不可比拟的优势。因此,现阶段基因工程乙肝疫苗已成为控制乙肝肝炎流行的主要疫苗。基因工程乙肝疫苗技术目前已相当成熟,我国自行研制的疫苗经多年观察证明安全有效。

一、生产工艺

目前我国生产的乙肝疫苗为基因重组乙肝疫苗。多采用哺乳动物细胞和重组酵母(酿酒酵母和汉逊酵母)等高效表达系统生产乙肝疫苗。

1. 乙肝基因工程(CHO)疫苗

用基因工程技术将乙型肝炎表面抗原基因片段重组到中国仓鼠卵巢细胞内,通过对细胞培养增殖,分泌乙肝表面抗原(Hl3sAg)于培养液中,经纯化加佐剂氢氧化铝后制成。

2. 重组酵母乙肝疫苗

利用现代基因工程技术,构建含有乙肝病毒表面抗原基因的重组质粒,经此重组质粒转化的酵母能在繁殖过程中产生乙肝病毒表面抗原,经破碎酵母菌体,释放的乙肝病毒表面抗原,经纯化、灭活加佐剂氢氧化铝后制成乙肝疫苗。下面以动物细胞培养技术为例。

CHO 表达细胞株→转瓶细胞培养→收集培养液→沉淀→溴化钾超离心→凝胶过滤→除菌→Al(OH)$_3$吸附→分装

二、工艺过程

1. 获取重组 CHO 细胞

国内生产重组 CHO 细胞乙肝疫苗所用细胞种子为重组 CHO 细胞 C 株,该株是利用 DNA 操作技术将编码 HBsAg 的基因拼接入 CHO 细胞染色体中而获得的。

2. 转瓶细胞培养

将形成的致密单层种子细胞用胰酶消化成疏松状态,加生长液吹打均匀。细胞悬液按一定比例接种到 15L 转瓶中,加生长液摇匀,37℃培养。形成单层后,每 2d 换一次维持液,收获细胞原液。

细胞原液在含有适量灭活新生牛血清的 DMEM 培养液中连续三次传代培养。传代细胞中加入少许胰酶消化,待细胞呈松散状态时弃去胰酶,加入生长液,分别接种于 15L 转瓶中,静置或转瓶培养细胞。培养期间以含有新生牛血清的 DMEM 培养液维持细胞生长和 HBsAg 的表达。

3. 收集培养液

待表达 HBsAg 含量达到 1.0mg/L 以上时收获上清液。维持期内大约每 2d 收获一次细胞培养液。上清液需做无菌检查,并于 2~8℃保存。

4. HBsAg 的提纯

培养液用离心机进行澄清处理后,可采用以下两种技术路线提纯 HBsAg。

(1)沉淀 - 超速离心 - 凝胶过滤法 　上清液以 50% 饱和(NH$_4$)$_2$SO$_4$ 溶液沉淀,沉淀物溶解后再以 50% 饱和(NH$_4$)$_2$SO$_4$ 溶液沉淀,沉淀用生理盐水溶解后超滤,进行两次 KBr 等密度区带超速离心(25000r/min),分步收集合并密度梯度离心液中 HBsAg 特异活性峰。过 DEAE - Sepharose FF 柱层析,分步收集合并洗脱液中的 HBsAg 富集峰,超滤透析后再经超速离心,分步收集合并,即制得精制 HBsAg。

(2)三步层析法 　培养上清液经过 Butyl - s - Sepharose FF 为介质的疏水层析(HIC)、以 DEAE - Sepharose FF 为介质的阴离子交换层析(IEC)和以 Sepharose 4FF 为介质的凝胶过滤层析,制得精制 HBsAg。

5. 超滤、浓缩、除菌过滤、吸附、分装

以上两法纯化获得的 HBsAg,按 200μg/mL 的终浓度加入甲醛,于 37℃保温

72h,再经超滤、浓缩及除菌过滤后得到原液。原液吸附氢氧化铝佐剂并加入防腐剂成为半成品,经分装即为成品。

三、质量检定

1. 物理性状

成品外观应为乳白色混悬液体,可因沉淀而分层,易摇散,不应有摇不散的块状物,装量不应低于标示量,pH 应为 5.5～6.8。

2. 效价

将疫苗连续稀释,每个稀释度接种 4～5 周龄未孕雌性 NIH 或 BALB/c 小鼠 20只,每只腹腔注射 1.0mL,用参考疫苗做平行对照,4～6 周后采血,采用酶联免疫法或其他适宜方法测定抗 – HBs。计算半数有效量(ED_{50}),即一定时间内使全部试验动物中的半数能抗病症的剂量,供试品 ED_{50}(稀释度)/参考疫苗 ED_{50}(稀释度)之值应不低于 1.0。

3. 杂质

产品应做无菌检查、异常毒性检查,结果应符合有关规定。细菌内毒素检查结果应低于 10EU/剂。抗生素残留量采用酶联免疫法检测,应不高于 50ng/剂。铝含量不应高于 0.43mg/mL,如加硫柳汞,不应高于 60μg/mL。游离甲醛含量不应高于 50μg/mL。

4. 保存和运输

于 2～8℃ 避光保存和运输。

实训 胰岛素的生产

一、实训目标

熟悉人胰岛素产品生产工艺流程,掌握人胰岛素产品生产技术。

二、实训原理

胰岛素是机体内唯一降低血糖的激素,也是唯一同时促进糖原、脂肪、蛋白质合成的激素。作用机理属于受体酪氨酸激酶机制。胰岛素为白色或类白色无定形粉末,易溶于稀酸或稀碱水溶液中,也易溶于酸性稀醇和稀丙酮水溶液中,在其他无水有机溶剂中均不溶。在酸性溶液中较稳定,在碱性溶液中极易失去活性,其他凡能改变蛋白质结构的因素如加热、强酸、强碱和蛋白酶等都可使胰岛素受到破坏。人胰岛素产品生产工艺流程如下:

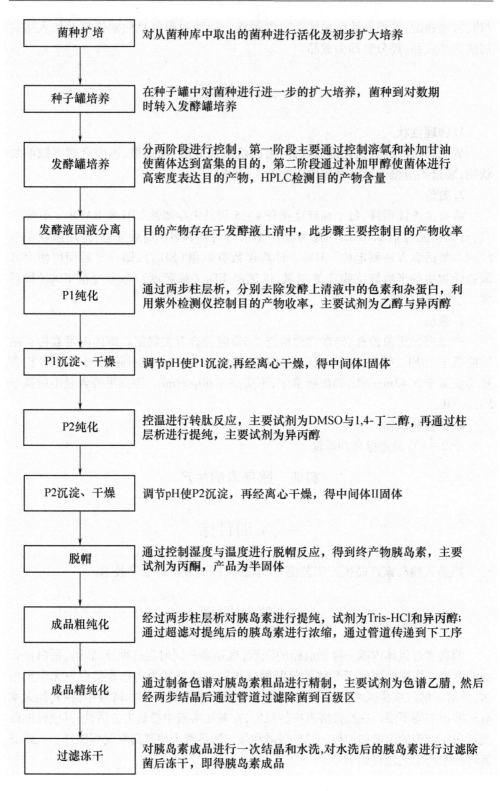

菌种扩培	对从菌种库中取出的菌种进行活化及初步扩大培养
种子罐培养	在种子罐中对菌种进行进一步的扩大培养，菌种到对数期时转入发酵罐培养
发酵罐培养	分两阶段进行控制，第一阶段主要通过控制溶氧和补加甘油使菌体达到富集的目的，第二阶段通过补加甲醇使菌体进行高密度表达目的产物，HPLC检测目的产物含量
发酵液固液分离	目的产物存在于发酵液上清中，此步骤主要控制目的产物收率
P1纯化	通过两步柱层析，分别去除发酵上清液中的色素和杂蛋白，利用紫外检测仪控制目的产物收率，主要试剂为乙醇与异丙醇
P1沉淀、干燥	调节pH使P1沉淀，再经离心干燥，得中间体I固体
P2纯化	控温进行转肽反应，主要试剂为DMSO与1,4-丁二醇，再通过柱层析进行提纯，主要试剂为异丙醇
P2沉淀、干燥	调节pH使P2沉淀，再经离心干燥，得中间体II固体
脱帽	通过控制湿度与温度进行脱帽反应，得到终产物胰岛素，主要试剂为丙酮，产品为半固体
成品粗纯化	经过两步柱层析对胰岛素进行提纯，试剂为Tris-HCl和异丙醇；通过超滤对提纯后的胰岛素进行浓缩，通过管道传递到下工序
成品精纯化	通过制备色谱对胰岛素粗品进行精制，主要试剂为色谱乙腈，然后经两步结晶后通过管道过滤除菌到百级区
过滤冻干	对胰岛素成品进行一次结晶和水洗，对水洗后的胰岛素进行过滤除菌后冻干，即得胰岛素成品

三、实训器材

1. 菌种

RRhPIZpQE – 40 *E. coli* M15 菌株

2. 材料与试剂

DEAE – Sepharose FF(琼脂糖快流速阴离子交换剂),Sephadex G – 25,Super-dex 75,溶菌酶、脱氧核糖核酸酶、胰蛋白酶和羧肽酶 B,谷胱甘肽[氧化型(GSSG)和还原型(GSH)],二硫苏糖醇(DTT),β – 巯基乙醇和异丙基 – β – D – 巯基吡喃半乳糖苷(IPTG)为 BB1 分装。

四、实训操作

1. 细菌培养和 RRhPI 的表达

采用二级发酵的方式:将 10mL 经过活化的 RRhPIZpQE – 40 *E. coli* M15 转移至 100mL 培养基中,培养一段时间后,将其转移至含有 1.5L 培养基的发酵罐中,转速为 300r/min,通气量为 1∶1 ~ 1∶1.8m³/(m³·min),其中加入一定量新鲜的培养基并用 NaOH 调节 pH 至 7.0 ~ 7.2,之后加入 IPTG 并升温诱导 RRhPI 的表达,转速随即调为 400 ~ 500r/min,增大通气量至 1∶1.8 ~ 1∶2.0m³/(m³·min),继续培养一段时间后收集菌体。

2. 包涵体的收集和洗涤

将收集的湿菌体冻存于 – 20℃,然后悬浮于缓冲液 A(50mmol/L Tris – HCl,0.5mmol/L EDTA,50mmol/L NaCl,5% 甘油,0.1 ~ 0.5mmol/L DTT,pH 7.9)(5 ~ 6mL/g 湿菌)中,加入溶菌酶(5mg/g 湿菌体),室温或 37℃ 振荡 2h。冰浴超声 10s×30 次,其间每次间隔 20s,功率为 200W。10℃ 条件下 1000g 离心 5min 去除细胞碎片。上清液中的包涵体在 4℃ 条件下 27000g 离心 15min 收集,然后用含 2mol/L 尿素的缓冲液 A 充分悬浮,室温静置 30min 后 4℃ 条件下 17000g 离心 15min,收集沉淀。沉淀再用含 2% 脱氧胆酸钠的缓冲液 A 充分悬浮,4℃ 条件下 17000g 离心 l5min,收集沉淀。最后沉淀用 pH 7.3 的 10mmol/L Tris – HCl,洗涤两次(4℃,17000g 离心 15min)。

3. RRhPI 的初步纯化

将收集的包涵体用含有 0.1% ~ 0.3% β – 巯基乙醇的缓冲液 B(30mmol/L Tris – HCl,8mol/L 尿素,pH 8.0)溶解,上于已用缓冲液 B 平衡的 DEAE – Sepha-rose FF 柱,用合适的氯化钠梯度洗脱,收集含 RRhPI 的洗脱液。

4. RRhPI 的重组复性

将初步纯化后的 RRhPI 通过 Sephadexg – 25 脱尿素,转换缓冲液为不同 pH 的

50mmol/L Gly – NaOH 重组液,或含有适量 GSSG 的 Gly – NaOH 缓冲液,使蛋白终浓度为 0.1 ~ 0.6mg/mL,收集趋于正确折叠的 RRhPI 单体组分,加入适量 GSH 和 GSSG,4℃放置 24h。

5. 酶切转化

向 RRhPI 复性液中加入一定量的胰蛋白酶和羧肽酶 B,37℃酶切一段时间,然后用 0.1mol/L ZnCl 终止反应,并沉淀生成的人胰岛素(hI)。

6. hI 的纯化

将 hI 粗品用 30mmol/L Tris – HCl、8mol/L 尿素、pH 8.0 溶液在 Superdex 75 上进行分离纯化。层析柱的平衡液和洗脱液均为 0.2mol/L 乙酸钠 – 乙酸,pH 4.0。

五、实训结果

1. 鉴别

(1)在含量测定项下记录的色谱图中,供试品溶液主峰的保留时间应与对照品溶液主峰的保留时间一致。

(2)取本品适量,用 0.1% 三氟乙酸溶液制成每 1mL 中含 10mg 的溶液,取 20μL,加 pH 7.3、0.2mol/L 三羟甲基氨基甲烷 – 盐酸缓冲液 20μL,0.1% V8 酶溶液 20μL 与水 140μL,混匀,置 37℃水浴中 2h 后,加磷酸 3μL,作为供试品溶液 I。另取胰岛素对照品适量,同法制备,作为对照品溶液。照含量测定项下的色谱条件,以 pH 2.3、0.2mol/L 硫酸盐缓冲液 – 乙腈(90∶10)为流动相 A、乙腈 – 水(50∶50)为流动相 B,按表进行梯度洗脱,取对照品溶液和供试品溶液各 25μL,分别注入液相色谱仪,记录色谱图,供试品溶液的肽图谱应与对照品溶液的肽图谱一致。

时间/min	流动相 A/%	流动相 B/%
0	90	10
60	55	45
70	55	45

2. 检查

(1)相关蛋白质 取本品适量,用 0.01mol/L 盐酸溶液制成每 1mL 中约含 3.5mg 的溶液作为供试品溶液(临用新制,置 10℃以下保存)。照含量测定项下的色谱条件,以含量测定项下 pH2.3、0.2mol/L 硫酸盐缓冲液 – 乙腈(82∶18)为流动相 A、乙腈 – 水(50∶50)为流动相 B,按下表进行梯度洗脱。调节流动相比例使胰岛素峰的保留时间约为 25min。取供试品溶液 2μL 注入液相色谱仪,记录色谱图,按峰面积归一化法计算。A21 脱氨胰岛素不得大于 5.0%,其他相关蛋白质不得大于 5.0%。

时间/min	流动相 A/%	流动相 B/%
0	78	22
36	78	22
61	33	67
67	33	67

(2)高分子蛋白质　取本品适量,用 0.01mol/L 盐酸溶液制成每 1mL 中约含 4mg 的溶液作为供试品溶液,照分子排阻色谱法试验。以亲水改性硅胶为填充剂 (3~10μL),冰乙酸－乙腈－0.1% 精氨酸溶液(15∶20∶65)为流动相,流速为 0.5mL/min,检测波长为 276nm。取胰岛素单体－二聚体对照品(或取胰岛素适量,置 60℃ 放置过夜),用 0.01mol/L 盐酸溶液制成每 1mL 中约含 4mg 的溶液,取 100μL 注入液相色谱仪,胰岛素单体峰与二聚体峰的分离度应符合要求。取供试品溶液 100μL 注入液相色谱仪,记录色谱图。除去保留时间大于胰岛素峰的其他峰面积,按峰面积归一化法计算,保留时间小于胰岛素峰的所有峰面积之和不得大于 1.0%。

(3)干燥失重　取本品约 0.2g,精密称定,在 105℃ 干燥至恒重,减失质量不得过 10.0%。

(4)锌　取本品适量,精密称定,加 0.01mol/L 盐酸溶液溶解并定量稀释制成每 1mL 约含 0.1mg 的溶液,作为供试品溶液。另精密取锌元素标准溶液(每 1mL 中含锌 1000μg)适量,用 0.01mol/L 盐酸溶液分别定量稀释制成每 1mL 中含锌 0.20μg、0.40μg、0.80μg、1.00μg 与 1.20μg 的锌标准溶液。照原子吸收分光光度法,在 213.9nm 波长处测定吸光度。按干燥品计算,含锌量不得过 1.0%。

(5)细菌类毒素　取本品,加 0.1mol/L 盐酸溶液溶解并稀释制成每 1mL 中含 5mg 的溶液,依照药典第二部附录XI检查。每 1mg 胰岛素中含内毒素的量应小于 10EU。

(6)微生物限度　取本品 0.2g,依法检查(药典第二部附录XIJ),每 1g 中含细菌数不得过 300 个。

(7)生物活性　取本品适量,照胰岛素生物测定法(药典第二部附录XIG)试验,实验时每组实验物的数量可减半,实验采用随机设计,照生物检定统计法(药典第二部附录XIV)中量反应平行线测定随机设计法计算效价,每 1mg 的效价不得少于 15 单位。

3.含量测定

(1)色谱条件与系统适用性试验　用十八烷基硅烷键合硅胶为填充剂(5~10μm),以 0.2mol/L 硫酸盐缓冲液(取无水硫酸钠 28.4g,加水溶解后加磷酸 2.7mL,乙醇胺调节 pH 至 2.3,加水至 1000mL)－乙腈(74∶26)为流动相,柱温为 40℃,检测波长为 214nm。取系统适用性试验溶液 20μL(取胰岛素对照品,用 0.

01mol/L 盐酸溶液制成每 1mL 中约含 40 单位的溶液,室温放置至少 24h),注入液相色谱仪,记录色谱图,胰岛素峰和 A21 脱氨胰岛素峰(与胰岛素峰的相对保留时间约为 1.2)之间的分离度应不小于 1.8,拖尾因子应不大于 1.8。

（2）测定法　取本品适量,精密称定,加 0.01mol/L 盐酸溶液溶解并定量稀释制成每 1mL 中约含 40 单位的溶液(临用新制,2 ~ 4℃ 保存,48h 内使用)。精密量取 20μl 注入液相色谱仪,记录色谱图;另取胰岛素对照品适量同法测定。按外标法以胰岛素峰面积与 A21 脱氨胰岛素峰面积之和计算,即得。

项目小结

项目引导部分:介绍了基因工程制药的基本知识和基本技术。

基因工程技术是按照预先设计好的蓝图,利用现代分子生物学技术,特别是酶工程技术,对遗传物质 DNA 直接进行体外重组操作与改造,将一种生物(供体)的基因转移到另外一种生物(受体)中去,从而实现受体生物的定向改造与改良的技术。

基因工程技术是在生物化学、分子生物学和分子遗传学等学科研究成果的基础上逐步发展起来的。基因工程研究的发展大致可分为基因工程的准备、基因工程问世、基因工程的迅速发展等三个阶段。

基因工程制药的基本技术主要包括凝胶电泳技术、分子杂交技术、PCR 技术、生物芯片技术等。

基因工程药物制造的主要程序包括目的基因的克隆,构建 DNA 重组体,将 DNA 重组体转入宿主菌构建工程菌,工程菌的发酵,外源基因表达产物的分离纯化,产品的检验等。

转基因动物技术的发展使动物能够组织特异性地表达外源蛋白质。需要人为地将编码这种蛋白质的基因转移到动物的胚胎中,使目的基因能够整合到动物染色体上,进而得到表达。制作转基因动物的方法主要有:显微注射法、逆转录病毒法、胚胎干细胞法、体细胞移植技术、腺病毒载体法和精子头与转移基因共注射法。

转基因植物制药是利用重组 DNA 技术将克隆的药物的目的基因整合到植物的基因组中,并使其得以表达,从而获得具有生理活性的药物。相对于动物基因技术而言,植物基因工程比较容易获得社会的认可。

在项目引导的基础上安排了两大任务:基因工程 α – 干扰素的生产和基因工程乙肝疫苗的生产。

任务 1:基因工程 α – 干扰素的生产

用分离干扰素的白细胞的 mRNA 为模板,通过反转录法使其形成 cDNA。再将 cDNA 克隆到含有四环素、氨苄青霉素抗性基因的质粒 pBR322 中,转化大肠杆菌 K12,获得干扰素基因工程菌。利用干扰素基因工程菌进行发酵,提取和纯化发酵产物得到干扰素。

任务2：基因工程乙肝疫苗的生产

目前我国生产的乙肝疫苗为基因重组乙肝疫苗。多采用哺乳动物细胞和重组酵母（酿酒酵母和汉逊酵母）等高效表达系统生产乙肝疫苗。其CHO表达系统生产乙肝疫苗工艺如下：CHO表达细胞株→转瓶细胞培养→收集培养液→沉淀→溴化钾超离心→凝胶过滤→除菌→Al(OH)$_3$吸附→分装。

在完成了两大任务的基础上，本项目还安排了实训——基因工程技术方法制备人胰岛素，以期对前面已完成的任务进行强化，培养学生综合利用基因工程技术制药知识和技能的能力和创新能力。

项目思考

一、名词解释

1. 基因工程

2. 融合蛋白

3. 载体

4. 生物技术

5. 基因工程技术

6. 基因表达

二、简答题

1. 目的基因的制备方法有哪些？

2. 常用基因表达的宿主菌有哪些？

3. 重组蛋白质的分离纯化方法有哪些？

4. 基因工程抗体类型有哪些？

5. 简述基因工程制药的基本环节。

6. 构建cDNA文库的基本步骤有哪些？

7. PCR法包括哪三个步骤？

三、论述题

1. 论述影响目的基因在酵母菌中表达的因素有哪些？

2. 怎样生产基因工程α–干扰素？

知识窗

基因工程抗体的临床应用

近年来随着生物工程技术的发展，许多基因工程抗体陆续问世，并在医学领域的许多方面都极具应用潜力，如病毒感染、肿瘤、自身免疫性疾病、同种异体移植物注射、哮喘、中风和青光眼治疗，尤其在诊断和治疗肿瘤性疾病及抗感染方面优势明显。

1. 在肿瘤性疾病诊疗方面的应用

放射性标记抗体在肿瘤影像和治疗中很重要，并可有效进行药代动力学评估。以标记抗体注入人体内显示肿瘤部位抗原与抗体结合的放射浓集称放射免疫显像，由于基因工程抗体如单链抗体、Fab 片段等分子质量小、能很快清除、组织穿透力强，所以更适于放射免疫显像。例如，中等大小的双特异性抗体（60ku）与半衰期较短的同位素相连，由于清除率快被用于临床影像学。治疗用的放射性标记抗体如小抗体（90ku）和半衰期较长的同位素相连，可在肿瘤部位达到较高浓度，适合用于肿瘤治疗。2002 年美国 FDA 批准了第一株用于肿瘤免疫治疗的放射性标记抗体（Zevalin）上市。恶性肿瘤的导向治疗是通过重组技术将抗肿瘤相关抗原的抗体与多种分子融合，这些分子在抗体结合靶分子后可提供重要辅助功能。这些分子包括：放射性核素、细胞毒药物、毒素、小肽、蛋白、酶和用于基因治疗的病毒。对肿瘤治疗来说，设计的双特异性抗体可有效针对低水平的肿瘤相关抗原，并将细胞毒物质输送到肿瘤细胞。此外，抗体还可与携带药物的脂质体、各种 PEG 偶联，从而增强体内运输和药代动力学。作为免疫脂质体，转铁蛋白受体抗体可使药物通过血脑屏障到达大脑。抗体酶复合物作为前体药物也被用于基础肿瘤治疗。

2. 基因工程抗体的抗感染作用

预防和治疗感染性疾病常用的药物是疫苗和抗生素。但对于一些尚无有效预防及治疗手段的感染性疾病如 SARS、AIDS 等，抗体治疗可做为首选方案。如在治疗 AIDS 方面，利用抗体工程技术已成功地制备出 HIV 病毒整合菌的单链抗体 ScAb2219，对 HIV 病毒感染的早期和晚期具有有效的抑制作用，并可望成为 AIDS 基因治疗的有效手段。呼吸道合胞病毒（RSV）易引起婴儿呼吸道疾病，如细支气管炎和肺炎，并可引起严重的并发症，目前已有人源化单克隆抗体 Palivizumab 经美国 FDA 批准上市，临床实验证明无毒、副反应，并可显著降低婴儿的住院率。我国率先建立了针对 SARS 的基因工程抗体库，这对于 SARS 的预防、诊断和治疗都将起到重要作用和深远影响。对于中和其他病原分子，FDA 已批准 Fab 单体分子作为抗蛇毒药物；scFv 片段和寡克隆复合物作为抗细菌毒素药物。

3. 细胞内抗体

随着细胞信号转导和抗体工程技术的发展，诞生了细胞内抗体技术。这项技术是在细胞内表达并被定位于亚细胞区室如胞核、胞浆或某些细胞器，与特定的靶分子作用从而发挥生物学功能的一类新的工程抗体，最典型的是 scFv，被称为内抗体。胞内抗体技术主要应用在抑制病毒复制特别是 HIV 21 复制、肿瘤基因治疗方面，现已逐渐拓展到中枢神经系统疾病、移植排斥和自身免疫性疾病等领域。移植用于严重烧伤病人的治疗往往会引起排斥反应，而 MHC Ⅰ类分子是引起移植排斥的重要抗原。Mhashikar 等用编码抗 MHC Ⅰ单链抗体的腺病毒转染角质形成细胞,结果显示明显降低了 MHC Ⅰ的表达,细胞内抗体介导的表型敲除是否有利于同种移植物的存活还需要进一步研究。

4. 用于未来诊断的生物传感器和微矩阵技术

生物传感器和微阵列技术在不久以后将有可能成为主要的体外诊断技术。对于大量诊断试剂盒,抗体有高敏感性和高特异性。从最初的玻璃界面到现在的多种蛋白亲和界面,用于诊断的抗体微矩阵界面不断发展。随着体外机器人的出现,这一技术将进一步发展,并用于微生物污染、寄生虫和生物病原体的检测。

项目五　抗体工程制药技术

【知识目标】

了解抗体工程的发展现状及前景应用,抗体的分子结构等。

熟悉抗体、抗体工程、单克隆抗体、抗体库及相关的概念、特征。

掌握 IgG、IgA、IgM、IgD、IgE 的特征。

掌握抗体、单克隆抗体及抗体库的原理及特点。

【技能目标】

学会抗体工程制药的基本技术和基本操作技能。

能够运用所学知识,设计单克隆抗体的制备过程,构建基因工程抗体及噬菌体抗体库。

熟练运用以上技术手段进行抗体工程制药流程的设计,抗体药物的生产、鉴定、纯化等操作。

【素质目标】

具备诚信、刻苦、严谨的工作作风;爱岗敬业、严守操作规程;具有发现和解决问题的能力;具备良好的沟通和管理能力;具备及时适应岗位需求的能力和可持续发展的能力。

项目引导

一、抗体和抗体工程

(一)抗体

1. 抗体与免疫球蛋白

抗体(antibody,Ab)是由浆细胞合成并分泌的一类能与相应抗原特异性结合的含有糖基的球蛋白。抗体分布于体液(血液、淋巴液、组织液及黏膜的外分泌液)中,主要存在于血清内(图 5 - 1)。

免疫球蛋白(Ig)是具有抗体活性或化学结构与抗体相似的球蛋白。抗体与免疫球蛋白的关系是抗体都是免疫球蛋白,但并非所有免疫球蛋白都具有抗体活性。免疫球蛋白除分布于体液中之外,还可存在于 B 细胞膜上。免疫球蛋白是多链糖蛋白,具有蛋白质的通性,对物理及化学因素敏感,不耐热,在 60 ~ 70℃时即被破坏,能被多种蛋白水解酶裂解破坏,可在乙醇、三氯乙酸或中性盐类中沉淀。通常

图 5 - 1　抗体的结构

用 50% 饱和硫酸铵或硫酸钠从免疫血清中提取抗体。

2. 免疫球蛋白的结构

　　用木瓜蛋白酶水解兔 IgG 分子,将 IgG 从铰链区二硫键的近 N 端侧切断,从而裂解免疫球蛋白为三个片段,即两个相同的 Fab 段和 1 个 Fc 段。每一个 Fab 段即抗原结合片段(Fab),含有一条完整的轻链(L 链)和重链(H 链)近 N 端侧的 1/2(图 5 - 2)。

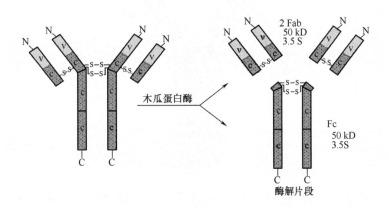

图 5 - 2　木瓜蛋白酶水解兔 IgG 片段

　　用胃蛋白酶水解兔 IgG 分子,可将 IgG 从铰链区重链间二硫键近 C 端切断,将其裂解为大小不等的两个片段。大片段为一个 Fab 双体,用 F(ab′)$_2$ 表示,它由一对 L 链和一对略大于 Fd 的 H 链(称为 Fd′)组成。Fd′约含有 235 个氨基酸残基,包括 V_H、C_{H1} 和铰链区。小片段 Fc 可被胃蛋白酶继续水解为小分子多肽,用 Fc′表示,不具有任何生物学活性(图 5-3)。

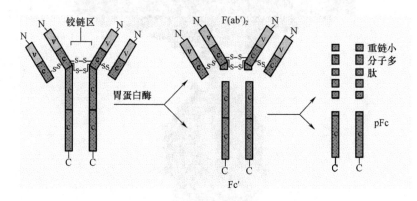

图 5-3　胃蛋白酶水解兔 IgG 片段

　　轻链(L 链)由 214 个氨基酸残基组成,通常不含碳水化合物,分子质量为 24ku,有两个由链内二硫键组成的环肽。L 链可分为 Kappa(κ)与 lambda(λ)两个亚型。

　　重链(H 链)由 450~550 个氨基酸残基组成,分子质量为 55~75ku,含糖数量不同,具有4~5个链内二硫键,可分为 μ、γ、α、δ、ε 链 5 类。不同的 H 链与 L 链(κ 或 λ)组成完整的 Ig 分子,分别称为 IgM,IgG,IgA,IgD 和 IgE(图 5-4)。

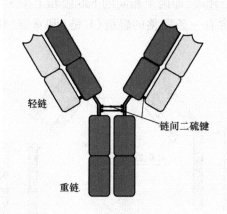

图 5-4　抗体的轻链与重链

　　L 链与 H 链都具有可变区(V 区)。V 区的氨基酸组成、排列顺序变化较大。V 区可分为高变区(HVR)和骨架区(FR)(图 5-5)。V_L 的 HVR 在第 24~34、50~56、89~97 个氨基酸的位置,V_H 的 HVR 在第 31~35、50~56、95~102 个氨基酸的位置。高变区为抗体与抗原的结合位置,称为决定簇互补区(CDR)。L 链与 H 链也都具有恒定区(C 区)。L 链的 C 区存在于 C 端 1/2 处,拥有 105 个氨基酸;H 链的 C 区存在于 C 端 3/4 ~ 4/5 处,拥有 331 ~ 431 个氨基酸。在同一种属动物中,C 区的氨基酸数量、种类、排列顺序及含糖量都比较稳定,是制备第二抗体进行标记的重要基础。

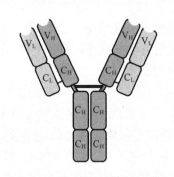

图 5 - 5 抗体的可变区与恒定区

链内二硫键折叠成球形区称为功能区,约由 110 个氨基酸组成,其氨基酸的顺序具有高度的同源性。L 链功能区有 2 个,V_L、C_L 各拥有一个;H 链功能区中,IgG、IgA、IgD 含有 4 个(V 区 1 个,C 区 3 个),IgM、IgE 含有 5 个(V 区 1 个,C 区 4 个)(图 5 - 6)。

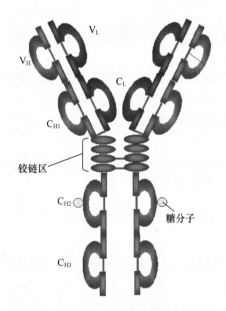

5 - 6 抗体的功能区

功能区的作用:①V_L 和 V_H 是抗原结合的部位(FV 区);②C_L 和 C_H 上具有同种异型的遗传标记;③C_{H2} 具有补体结合点;④C_{H3} 具有结合单核细胞、巨噬细胞、粒细胞、B 细胞、NK 细胞、Fc 段受体的功能。

免疫球蛋白是一群高度不均一性的复杂大分子蛋白,除具有各种抗体的生物功能外,其本身还具有不同的抗原特异性。

(二)抗体的功能

抗体是血清中最主要的特异性免疫分子,其重要生物学活性由 Fab 段和 Fc 段分别执行。Fab 段能特异性地结合抗原,Fc 段可介导一系列生物效应,包括激活补体、介导 I 型变态反应、通过胎盘等。

1. 特异性结合抗原

抗体最显著的生物学特点就是能够特异性地与抗原结合,这种特异性结合抗原的特性是由其 V 区(HVR)的空间构型决定的。Ab 的抗原结合点由 L 链和 H 链超变区组成,与相应抗原上的表位互补,借助静电力、氢键以及范德华力等次级键相结合,这种结合是可逆的,并受到 pH、温度和电解质浓度的影响。不同的抗原可能有相同的抗原决定簇,一种抗体可以与两种或两种以上的抗原发生反应,同一克隆的浆细胞产生的不同类别抗体具有相同的特异性。

2. 活化补体

IgM、IgG1、IgG2 和 IgG3 可通过经典途径活化补体,凝聚的 IgA1、IgG4、IgE 等可以通过替代途径活化补体。

3. 结合 Fc 受体

介导 I 型变态反应。IgE 诱导的细胞脱颗粒,释放组胺,合成由细胞质来源的介质,引起 I 型变态反应。

调理吞噬作用。调理作用是抗体、补体等调理素促进吞噬细胞吞噬细菌等颗粒性抗原。补体对热不稳定,称为热不稳定调理素,抗体又称为热稳定调理素。

发挥抗体依赖的细胞介导细胞毒作用。

4. 通过胎盘

IgG 是唯一可通过胎盘从母体转移给胎儿的抗体,是一种重要的自然被动免疫,对于新生儿的抗感染有重要作用。

(三)五类抗体及特点

1. IgG

IgG 主要由脾、淋巴结中的浆细胞合成和分泌,以单体形式存在,是人类血清中的主要抗体。其含量约占成人血清 Ig 总量的 75% ~ 80%,其中 IgG1 含量最多。IgG 半衰期为 20 ~ 23d,为再次免疫应答的主要抗体,通常为高亲和力抗体。IgG 是抗感染的主要抗体,大多数抗菌、抗病毒抗体和抗毒素都为 IgG 类。IgG 通过经典途径活化补体,其固定补体的能力依次是 IgG3 > IgG1 > IgG2 > IgG4。IgG 还具有调理吞噬、介导抗体依赖的细胞介导的细胞毒性作用(ADCC)、结合金黄色葡萄球菌 A 蛋白(SPA)和结合链球菌 G 蛋白的作用(图 5 - 7)。

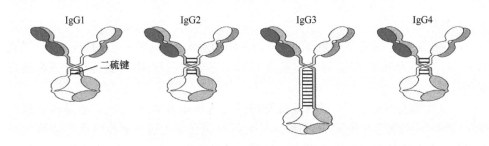

图 5-7　IgG 的 4 个亚类

2. IgA

IgA 主要由黏膜相关淋巴样组织产生,占血清 Ig 总量的 15% 左右。IgA 有 IgA1 和 IgA2 两个亚类,在结构上有单体和多聚体两种形式,半衰期为 5～6d(图 5-8)。

婴儿出生后,4～6 个月开始合成 IgA,4～12 岁血清中含量达成人水平。在体内抗体产生的顺序是第 3 位。IgA 的单体分子质量为 160ku,双体的分子质量为 390ku。产妇可通过初乳将分泌型 IgA 传递给婴儿,这也是一种重要的自然被动免疫。嗜酸性粒细胞、中性粒细胞和巨噬细胞都表达 FcaR,血清型单体 IgA 可介导调理吞噬和 ADCC 作用。IgA 不能固定补体,聚合的 IgA 可活化补体的旁路途径。此外,SIgA 具有免疫排除功能,IgA 不能通过胎盘。

3. IgM

IgM 是分子质量最大的免疫球蛋白,为 970ku,沉降系数为 19s,称为巨球蛋白。在血清中,IgM 由五个单体聚合成花环状多聚结构(图 5-9)。

在种系发育、个体发育、人工免疫或病原体感染中,最早合成的抗体均是 IgM。在个体发育过程中,无论是 B 淋巴细胞表面的膜 Ig,还是合成和分泌到血清中的 Ig,IgM 都是最早出现的 Ig。膜表面 IgM 是 B 细胞抗原受体(BCR)的主要成分,只表达 mIgM 是未成熟 B 细胞的标志,记忆 B 细胞表面的 mIgM 逐渐消失。

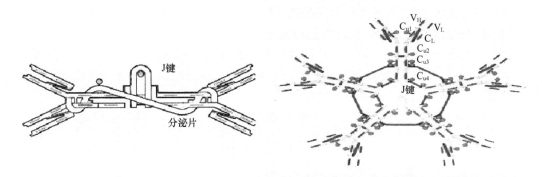

图 5-8　IgA 的二聚体结构　　　　图 5-9　IgM 的五聚体结构

4. IgD

IgD 在正常人血清中含量很低,为 20~50μg/mL,占血清总 Ig 的 1% 以下,半衰期为 3d。IgD 为单体结构,分子质量为 175ku,主要由扁桃体、脾脏等处的浆细胞合成和分泌。

在 B 细胞分化过程中,成熟 B 细胞同时表达 SmIgM 和 SmIgD,对抗原的刺激出现正应答;不成熟的 B 细胞只表达 SmIgM,抗原刺激后表现为免疫耐受。成熟 B 细胞活化后,或者变成记忆 B 细胞时,SmIgD 逐渐消失。所以,IgD 是成熟 B 细胞的标志(图 5 – 10)。

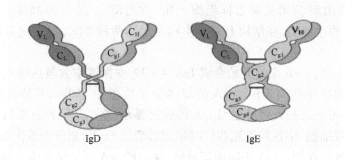

图 5 – 10   IgD 和 IgE 的结构

5. IgE

正常人血清中 IgE 含量极低,为 0.1~0.4μg/mL,仅占 Ig 总量的 0.002% 以下,含量较稳定。IgE 的半衰期也较短,仅为 2.5d。IgE 也是单体结构,分子质量约为 188ku,IgE ε 链的分子质量为 72ku。IgE 水平与个体遗传性和抗原性密切相关。血清 IgE 含量在人群中波动很大,在特应性过敏症和寄生虫感染者中,血清 IgE 浓度相对较高(图 5 – 10)。

IgE 在个体发育中合成较晚,主要由鼻咽部、扁桃体、支气管和胃肠道等黏膜固有层的浆细胞产生,这些部位常是超敏反应发生的场所。IgE 在防御寄生虫感染中的作用是很重要的。在人和动物感染蠕虫(如血吸虫)后,产生相当高的 IgE。巨噬细胞和嗜碱性粒细胞具有 F_c 片段受体 Ⅱ,IgE 与巨噬细胞结合后,使巨噬细胞激活,释放溶酶体酶,对原虫进行攻击。IgE 和嗜酸性粒细胞结合介导 ADCC 的细胞毒效应。

IgE 不能通过胎盘,不能激活补体的经典途径,但可激活补体的旁路途径。

(四)抗体工程

抗体工程是利用重组 DNA 和蛋白质工程技术,对抗体基因进行加工改造和重新装配,经转染适当的受体细胞后,表达抗体分子或用细胞融合、化学修饰等方法改造抗体分子的工程。这些经抗体工程手段改造的抗体分子是按人类设计所重新组装的新型抗体分子,可保留或增加天然抗体的特异性和主要生物学活性,去除、减少或替代无关结构,因此比天然抗体更具有潜在的应用前景。

抗体作为疾病预防、诊断和治疗的制剂已有上百年的发展历史。早期制备抗体的方法是将某种天然抗原经各种途径免疫动物,成熟的 B 细胞克隆受到抗原刺激后,将抗体分泌到血清和体液中。实际上血清中的抗体是多种单克隆抗体的混合物,因此称之为多克隆抗体。多克隆抗体是人类有目的利用抗体的第一步。多克隆抗体的不均一性,限制了对抗体结构和功能的进一步研究和应用。1975 年 Kohler 和 Milstein 首次用 B 淋巴细胞杂交瘤技术制备出均一性的单克隆抗体,杂交瘤单克隆抗体又称为细胞工程抗体。杂交瘤技术的诞生被认为是抗体工程发展的第一次质的飞跃,也是现代生物技术发展的一个里程碑。利用这种技术制备的单克隆抗体在疾病诊断、治疗和科学研究中得到广泛的应用。这种单克隆抗体多是由鼠 B 细胞与鼠骨髓瘤细胞经细胞融合形成的杂交瘤细胞分泌的,具有鼠源性,进入人体会引起机体的排异反应;完整抗体分子的相对分子质量较大,在体内穿透血管的能力较差;生产成本太高,不适合大规模工业化生产。在 20 世纪 80 年代初,抗体基因结构和功能的研究成果与重组 DNA 技术相结合,产生了基因工程抗体技术。基因工程抗体是将抗体的基因按不同需要进行加工、改造和重新装配,然后导入适当的受体细胞中进行表达的抗体分子。

二、抗体药物的特征、分类及其应用

抗体药物是以细胞工程技术和基因工程技术为主体的抗体工程技术制备的药物,具有特异性高、性质均一、可针对特定靶点定向制备等优点,在各种疾病治疗、特别是对肿瘤治疗方面的应用前景备受关注。当前,抗体药物的研究与开发已成为生物制药领域研究的热点,居近年来所有医药生物技术产品之首。

根据抗体的生产技术,可把抗体药物分为以下类型:多克隆抗体、单克隆抗体、人鼠嵌合抗体、小分子抗体、双功能抗体、改型抗体及融合抗体。根据制备的原理,可分为三类:多克隆抗体、单克隆抗体和基因工程抗体。本部分内容在后面详细讲述。

(一)人鼠嵌合抗体

由于抗体同抗原结合的功能决定于抗体分子的 V 区,同种型免疫原性则决定于抗体分子的 C 区。如果在基因水平上把鼠源性单克隆抗体的重链(H 区)和轻链(L 区)V 区基因分离出来,分别与人免疫球蛋白的重链和轻链的 C 区基因连接成人鼠嵌合抗体的 H 链和 L 链基因,再共转染骨髓瘤细胞,就能表达出完整的人鼠嵌合抗体。因此,人鼠嵌合抗体就是将鼠源抗体的 V 区与人源抗体的 C 区融合而制成的抗体,其具有鼠源抗体结合抗原的特异性和亲和力,同时降低了鼠源抗体对人体的免疫原性。

(二)小分子抗体

小分子抗体包括：Fab(由完整的轻链和 Fd 构成)、Fv(由 V_H 和 V_L 构成)、ScFv(单链抗体，V_H 和 V_L 之间由连接肽连接而成)、单域抗体(仅由 V_H 组成)、最小识别单位(MRU，由一个 CDR 组成)以及超变区多肽、双链抗体、三链抗体、微型抗体等几种类型。

小分子抗体的优点是比较明显的。

(1)制备方法较其他基因工程抗体简单。

(2)免疫原性要比原来的 McAb 弱得多。如果将改型抗体构建成小分子抗体，更有可能消除其免疫原性。

(3)由于没有 Fc 段，不能与非靶细胞的 Fc 受体结合，更能集中到达肿瘤部位。同时由于没有 Fc 调节 IgG 的分解代谢，在体内半衰期短，周转快，有利于放射免疫成像检查肿瘤。

(4)由于相对分子质量小，小分子抗体更容易通过血管壁、穿透实体瘤，有利于肿瘤的治疗。

(5)分子小，能与分布于病毒表面凹槽的抗原结合，有利于病毒性疾病的治疗。

(6)在小分子抗体基因的 3′端接上适当的酶基因或毒素蛋白基因，即可大量产生酶连抗体或免疫毒素。

(7)在大肠杆菌中表达，可发酵生产抗体，从而降低成本，使抗体治疗得以普及。

(三)双功能抗体

双功能抗体就是双特异性抗体，它是一种非天然性抗体，含有两种特异性抗原结合位点，能在靶细胞和功能分子(细胞)之间架起桥梁，激发具有导向性的免疫反应，是基因工程抗体的一种。现已成为抗体工程领域的热点，在肿瘤的免疫治疗中具有广阔的应用前景。

双功能抗体又可分为：双特异性微抗体、双链抗体、单链双价抗体和多价双特异性抗体。

(四)改型抗体(RAb)

制备人源化抗体(HAb)的主要目的是减少抗体的异源性，以便于临床应用。嵌合抗体的免疫原性确实比鼠源单抗明显降低，但由于可变区仍保留鼠源性，为了进一步降低抗体的免疫原性，近年来在嵌合抗体的基础上构建了改型抗体(RAb)。RAb 是利用基因工程技术，将人抗体可变区中互补决定簇(CDR)序列改换成鼠源单抗 CDR 序列，重构成既具有鼠源性单抗的特异性又保持抗体亲和力的人源化抗体。RAb 亦称重构型抗体，因其主要涉及 CDR 的移植，又可称为 CDR 移植抗体。RAb 的产生和发展，使得多种特异的鼠源单抗有可能应用于临床治疗，包括通过人体免疫难以诱生的特异性的抗人抗原抗体,因而有诱人的前景。

（五）融合抗体

融合抗体即抗体融合蛋白,在广义上来讲应属于双功能抗体范畴,是 20 世纪 90 年代以来发展起来的研究领域。一般有以下几种类型:配基－配基型融合蛋白;配基－Ig 型嵌合蛋白;配基－Fv 型嵌合蛋白;受体－Fv 型融合蛋白;酶－抗体型融合蛋白。其中较为成熟的是配基－Ig 型嵌合蛋白,而酶－抗体型融合蛋白在药物治疗中应用前景广阔,它可在靶向位置上将前体药物转化成有效的药物,从而避免了对正常组织的损害。

单克隆抗体在临床上主要应用于以下三个方面:肿瘤治疗、免疫性疾病治疗以及抗感染治疗。其中肿瘤的治疗是目前单抗应用最为广泛的领域,也是未来发展的主要方向。目前已经进入临床试验和上市的单抗产品中,用于肿瘤治疗的产品数量大概为 50%。

以肿瘤特异性抗原或肿瘤相关抗原、抗体独特型决定簇、细胞因子及其受体、激素及一些癌基因产物等作为靶分子,利用传统的免疫方法或通过细胞工程、基因工程等技术制备的多克隆抗体、单克隆抗体、基因工程抗体广泛应用在疾病诊断、治疗及科学研究等领域。

根据美国药物研究和生产者协会(PhRMA)的调查报告,目前正在进行开发和已经投入市场的抗体药物主要有以下几种用途:①器官移植排斥反应的逆转;②肿瘤免疫诊断;③肿瘤免疫显像;④肿瘤导向治疗;⑤哮喘、牛皮癣、类风湿性关节炎、红斑狼疮、急性心梗、脓毒症、多发性硬化症及其他自身免疫性疾病;⑥抗独特型抗体作为分子疫苗治疗肿瘤;⑦多功能抗体(双特异抗体、三特异抗体、抗体细胞因子融合蛋白、抗体酶等)的特殊用途。

三、多克隆抗体及其制备技术

（一）多克隆抗体的概念

抗原通常是由多个抗原决定簇组成的,由多种抗原决定簇刺激机体,相应地就产生各种各样的单克隆抗体,这些单克隆抗体混杂在一起就是多克隆抗体,机体内所产生的抗体就是多克隆抗体。除了抗原决定簇的多样性以外,同样一类抗原决定簇也可刺激机体产生 IgG、IgM、IgA、IgE 和 IgD 五类抗体。

多克隆抗体是由异源抗原刺激机体产生免疫反应,有机体浆细胞分泌的一组免疫球蛋白。多克隆抗体由于其可识别多个抗原表位、可引起沉淀反应、制备时间短、成本低的原因广泛应用于研究和诊断方面。

(二)免疫动物

供免疫用的动物主要是哺乳动物和禽类,常选择家兔、绵羊、山羊、马、骡和豚鼠及小鼠等。动物的选择常根据抗体的用途和量来决定,也与抗原的性质有关。如要获得大量的抗体,多采用大动物;如要是获得直接标记诊断的抗体,则直接采用本动物;如要获得间接的标记诊断用抗体,则必须用异源动物制备抗体;如果是难以获得的抗原,且抗体的需要量少,则可以采用纯系小鼠制备;一般实验室采用的抗体,多用兔和羊制备。

免疫用的动物最好选择适龄的健康雄性动物,雌性动物特别是妊娠动物用于制备免疫抗体则非常不合适,有时甚至不产生抗体。由于对免疫应答的个别差异,免疫时应同时选用数只动物进行免疫。

抗原的免疫剂量是依照给予动物的种类、免疫周期以及所要求的抗体特性等不同而异。剂量过低,不能引起足够强的免疫刺激,免疫剂量过多,有可能引起免疫耐受。在一定的范围内,抗体的效价是随注射剂量的增加而增高。蛋白质抗原的免疫剂量比多糖类抗原宽。

免疫剂量与注射途径有关。一般而言,静脉注射剂量大于皮下注射,而皮下注射又比掌内和跖内皮下注射剂量大,也可采用淋巴结内注射法。加佐剂比不加佐剂的注射剂量要小,对家兔而言,采用弗氏完全佐剂,则需注射 $0.5 \sim 1mg/（kg \cdot 次）$;如采用弗氏不完全佐剂,则注射剂量应大于 10 倍以上。如要制备高度特异性的抗血清,可选用低剂量抗原短程免疫法。如需要获得高效价的抗血清,宜采用大剂量长程免疫法。免疫周期长者,可少量多次;免疫周期短者,应大量少次。

两次注射的间隔时间应长短适宜,太短起不到再次反应的效果,太长则失去了前一次激发的敏感作用。一般间隔时间应为 $5 \sim 7d$,加佐剂者应为 2 周左右。

注射的 Ig 纯度高,则一般不易引起过敏反应,如注射血清,即使是少量,在再次免疫时,极易引起过敏反应,所以一定要采取措施。

(三)佐剂的应用

对可溶性抗原而言,为了增强其免疫原性或改变免疫反应的类型、节约抗原等目的,常采用加佐剂的方法以刺激机体产生较强的免疫应答。

(1)佐剂的类型　目前实践中常应用的佐剂有氢氧化铝、明矾、弗氏佐剂、脂质体和石蜡油等,也可采用结合杆菌如分歧杆菌、白喉杆菌以及细小棒状杆菌等。

初次免疫时,最好用弗氏完全佐剂,以刺激机体产生较强的免疫反应。再次免疫时,一般不用完全佐剂,而采用弗氏不完全佐剂。但在研究分歧杆菌及相关抗原时,一般不用弗氏完全佐剂,以免卡介苗的干扰。

(2)乳化　将抗原与佐剂混合的过程称为乳化。乳化的方法很多,可采用研钵乳化,可直接在旋涡振荡器上乳化,可用组织捣碎器乳化。少量时,特别是弗氏佐剂与抗原乳化时,常采用注射器乳化,用两个注射器,一个吸入抗原液,一个吸入佐剂,两注射器头以胶管连接,注意一定要扎紧,然后来回抽吸。当大量乳化时,可采用胶体磨进行。

乳化好的标志是取一滴乳化剂滴入水中呈现球形而不分散。如出现平展扩散即为未乳化好。乳化过的物质在保存期内出现油水分层也是未乳化好的表现。

(四)抗体的鉴定

(1)抗体的效价鉴定　不管是用于诊断还是用于治疗,制备抗体的目的都是要求较高效价。不同的抗原制备的抗体,要求的效价不一。鉴定效价的方法很多,包括有试管凝集反应、琼脂扩散试验、酶联免疫吸附试验等。常用的抗原所制备的抗体一般都有约定的鉴定效价的方法,以资比较。如制备抗体的效价,一般就采用琼脂扩散试验来鉴定。

(2)抗体的特异性鉴定　抗体的特异性是与相应抗原或近似抗原物质的识别能力。抗体的特异性高,它的识别能力就强。衡量特异性通常以交叉反应率来表示。交叉反应率可用竞争抑制试验测定,以不同浓度抗原和近似抗原分别做竞争抑制曲线,计算各自的结合率,求出各自在被抑制物一半时抑制剂的浓度(IC_{50}),并按下列公式计算交叉反应率:

$$S = y/Z \times 100\%$$

式中　S——交叉反应率

　　　y——IC_{50}时抗原浓度

　　　Z——IC_{50}时近似抗原物质的浓度

(3)抗体的亲和力　指抗体和抗原结合的牢固程度。亲和力的高低是由抗原分子的大小、抗体分子的结合位点与抗原决定簇之间立体构型的合适度决定的。有助于维持抗原抗体复合物稳定的分子间力如氢键、疏水键、侧链相反电荷基因的库仑力、范德华力和空间斥力。亲和力常以亲和常数 K 表示,K 的单位是 L/mol,通常 K 的范围在 $10^8 \sim 10^{10}$ L/mol,也有多达 10^{14} L/mol 的。抗体亲和力的测定对抗体的筛选、确定抗体的用途、验证抗体的均一性等均有重要意义。

(五)抗血清的冻存

抗血清收获后,加 1/10000 硫柳汞或 1/10000 的叠氮钠防腐,或加入等量的中性甘油。分装小瓶,置 −20℃ 以下的低温保存,数月至数年内抗体效价无明显变化,注意避免反复冻融,也可将抗血清冷冻干燥后保存。

四、单克隆抗体及其制备技术

动物脾脏有上百万种不同的 B 淋巴细胞系,具有不同基因的 B 淋巴细胞合成不同的抗体。当机体受抗原刺激时,抗原分子上的许多决定簇分别激活各个具有不同基因的 B 细胞。被激活的 B 细胞分裂增殖形成效应 B 细胞(浆细胞)和记忆 B 细胞,大量的浆细胞克隆合成和分泌大量的抗体分子分布到血液、体液中。如果能选出一个制造一种专一抗体的浆细胞进行培养,就可得到由单细胞经分裂增殖而形成细胞群,即单克隆。单克隆细胞将合成针对一种抗原决定簇的抗体,称为单克隆抗体。

(一)单克隆抗体的优点与局限性

1. 单克隆抗体的优点

(1)杂交瘤可以在体外永久地存活并传代,只要不发生细胞株的基因突变,就可以不断地生产高特异性、高均一性的抗体。

(2)可以用相对不纯的抗原,获得大量高度特异的、均一的抗体。

(3)由于可能得到无限量的均一性抗体,适用于以标记抗体为特点的免疫学分析方法,如 IRMA 和 ELISA 等。

(4)由于单克隆抗体的高特异性和单一生物学功能,可用于体内的放射免疫显像和免疫导向治疗。

2. 单克隆抗体的局限性

(1)单克隆抗体固有的亲和性和局限的生物活性限制了它的应用范围。由于单克隆抗体不能进行沉淀和凝集反应,所以很多检测方法不能用单克隆抗体完成。

(2)单克隆抗体的反应强度不如多克隆抗体。

(3)制备技术复杂,而且费时费工,所以单克隆抗体的价格也较高。

(二)单克隆抗体制备的原理

基本原理是通过融合两种细胞而同时保持两者的主要特征,这两种细胞分别是经抗原免疫的小鼠细胞作小鼠骨髓瘤细胞和小鼠的脾淋巴细胞。脾淋巴细胞的主要特征是它的抗体分泌功能和能够在选择培养基中生长,小鼠骨髓瘤细胞则可在培养条件下无限分裂、增殖,即所谓永生性。在选择培养基的作用下,只有 B 细胞与骨髓瘤细胞融合的杂交才具有持续增殖的能力,形成同时具备抗体分泌功能和保持细胞永生性两种特征的细胞克隆。

(三)单克隆抗体的制备技术

制备单克隆抗体技术的主要步骤包括动物免疫、细胞融合、杂交瘤细胞的筛选与单抗检测、杂交瘤细胞的克隆化、冻存、单抗的鉴定等(图 5 – 11)。

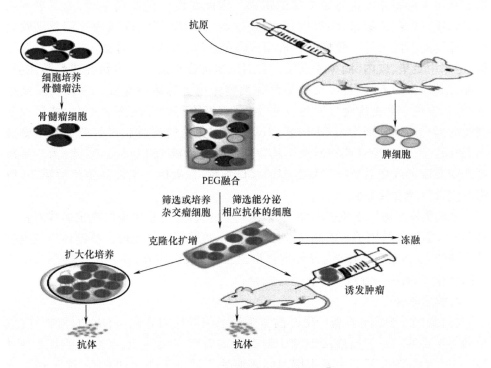

图 5 - 11　单克隆抗体的制备过程

1. 动物免疫

（1）抗原制备　制备单克隆抗体的免疫抗原，从纯度上说虽不要求很高，但高纯度的抗原使得到所需单抗的机会增加，同时可以减轻筛选的工作量。因此，免疫抗原是越纯越好，应根据所研究的抗原和实验室的条件来决定。一般来说，抗原的来源有限，或性质不稳定，提纯时易变性，或其免疫原性很强，或所需单抗是用于抗原不同组分的纯化或分析等，免疫用的抗原只需初步提纯甚至不提纯。但抗原中混杂物很多，特别是如果这些混杂物的免疫原性较强时，则必须对抗原进行纯化。检测用抗原可以与免疫抗原纯度相同，也可是不同的纯度，这主要决定于所用筛检方法的种类及其特异性和敏感性。

（2）免疫动物的选择　根据所用的骨髓瘤细胞可选用小鼠和大鼠作为免疫动物。所有的供杂交瘤技术用的小鼠骨髓瘤细胞系均来源于 BALB/c 小鼠，所有的大鼠骨髓瘤细胞都来源于 LOU/c 大鼠，一般的杂交瘤生产都是用这两种纯系动物作为免疫动物。但是，有时为了特殊目的而需进行种间杂交，则可免疫其他动物。种间杂交瘤一般分泌抗体的能力不稳定，因为染色体容易丢失。就小鼠而言，初次免疫时以 8 ～ 12 周龄为宜，雌性鼠较便于操作。

（3）免疫程序的确定　免疫是单抗制备过程中的重要环节之一，其目的在于使 B 淋巴细胞在特异抗原刺激下分化、增殖，以利于细胞融合形成杂交细胞，并增加获得分泌特异性抗体杂交瘤的机会。因此在设计免疫程序时,应考虑到抗原的性质、纯度、抗原量、免疫途径、免疫次数与间隔时间、佐剂的应用及动物对该抗原的应答能力等。免疫途径常用体内免疫法,包括皮下注射、腹腔或静脉注射,也采用足垫、皮内、滴鼻或点眼。最后一次加强免疫多采用腹腔或静脉注射,目前尤其推崇后者,因为可使抗原对脾细胞作用更迅速而充分。许多实验结果表明,初次免疫和再次免疫应答反应中,取脾细胞与骨髓瘤细胞融合,特异性杂交瘤的形成高峰分别为第 4d 和第 22d,在初次免疫应答时获得的杂交瘤主要分泌 IgM 抗体,再次免疫应答时获得的杂交瘤主要分泌 IgG 抗体。因此,为达到最高的杂交瘤形成率需要有尽可能多的浆母细胞,在最后一次加强免疫后第 3d 取脾细胞进行融合较适宜。

体内免疫法适用于免疫原性强、来源充分的抗原,对于免疫原性很弱或对机体有害的抗原就不适用了。因此,针对这些情况,可采用体外免疫。所谓体外免疫就是将脾细胞(或淋巴结细胞,或外周血淋巴细胞)取出体外,在一定条件下与抗原共同培养,然后再与骨髓瘤细胞进行融合。

2. 细胞融合

(1)骨髓瘤细胞的准备　融合前骨髓瘤细胞维持的方式,对成功得到杂交瘤是最为重要的。目的是使细胞处于对数期的时间尽可能长,融合前不能少于1周。冻存的细胞在复苏后要2周时间才能处于适合于融合的状态,生长过了的骨髓瘤细胞至少几天才可能恢复。在实验室中处于对数期的骨髓瘤细胞维持在含10% 小牛血清的培养基中,一周后等到细胞相当密而又未生长过的重新移植。

(2)脾淋巴细胞的准备　取已经免疫的 BALB/c 小鼠,摘除眼球采血,并分离血清作为抗体检测时的阳性对照血清。同时通过颈脱位致死小鼠,浸泡于75% 酒精中5min,于解剖台板上固定后掀开左侧腹部皮肤,可看到脾脏,换眼科剪镊,在超净台中用无菌手术剪剪开腹膜,取出脾脏置于已盛有 10mL 不完全培养基的平皿中,轻轻洗涤,并细心剥去周围结缔组织。将脾脏移入另一盛有 10mL 不完全培养基的平皿中,用弯头镊子或装有 1mL 注射器上的弯针头轻轻挤压脾脏,使脾细胞进入平皿中的不完全培养基。用吸管吹打数次,制成单细胞悬液。为了除去脾细胞悬液中的大团块,可用 200 目铜网过滤。收获脾细胞悬液,1000r/min 离心 5~10min,用不完全培养基离心洗涤 1~2 次,然后将细胞重悬于 10mL 不完全培养基中混匀,取上述悬液,加台盼蓝染液作活细胞计数后备用。通常每只小鼠可得 $1 \times 10^8 \sim 2.5 \times 10^8$ 个脾细胞,每只大鼠脾脏可得 $5 \times 10^8 \sim 10 \times 10^8$ 个脾细胞。

(3)饲养细胞的制备　在细胞融合后的选择性培养过程中,由于大量骨髓瘤细胞和脾细胞相继死亡,此时单个或少数分散的杂交瘤细胞多半不易存活,通常必须加入其他活细胞使之繁殖,这种被加入的活细胞称为饲养细胞。常用的饲养细胞有胸腺细胞、正常脾细胞和腹腔巨噬细胞。其中以小鼠腹腔巨噬细胞的来源及制备较为方便,且有吞噬清除死亡细胞及其碎片的作用,因此使用最为普遍。

(4)细胞融合 细胞融合的程序已报道的有很多种。目前普遍采用的方法是融合时先将骨髓瘤细胞与脾细胞按1∶10或1∶5的比例混合在一起,在50mL离心管中用无血清不完全培养液洗1次,离心后弃上清,用吸管吸净残留液体,以免影响PEG浓度。轻轻弹击离心管底,使细胞沉淀略松动。在90s内加入37℃预温的1mL 45% PEG(相对分子质量4000)溶液,边加边轻微摇动。37℃水浴作用90s。每隔2min分别加入1mL、2mL、3mL、4mL、5mL和6mL的不完全培养液以终止PEG作用。离心弃上清,用含20%小牛血清HAT选择培养液重悬。将上述细胞,加到已有饲养细胞层的96孔板内,每孔加100μL,一般一个免疫脾脏可接种4块96孔板。将培养板置37℃、5% CO_2培养箱中培养。

3. 杂交瘤细胞的筛选

脾细胞和骨髓瘤细胞经PEG处理后,形成多种细胞的混合体,只有脾细胞与骨髓瘤细胞形成的杂交瘤细胞才有意义。在HAT选择培养液中培养时,由于骨髓瘤细胞缺乏胸苷激酶或次黄嘌呤鸟嘌呤核糖转移酶,故不能生长繁殖,而杂交瘤细胞具有上述两种酶,在HAT选择培养液中可以生长繁殖。

在用HAT选择培养1~2d内,大量瘤细胞死亡,3~4d后瘤细胞消失,杂交细胞形成小集落,HAT选择培养液维持7~10d后应换用HT培养液,再维持2周,改用一般培养液。在上述选择培养期间,杂交瘤细胞布满孔底1/10面积时,即可开始检测特异性抗体,筛选出所需要的杂交瘤细胞系。在选择培养期间,一般每2~3d换一半培养液。

抗体检测的方法很多,通常根据所研究的抗原和实验室的条件而定。但作为杂交瘤筛选抗体的检测方法必须具有快速、准确、简便,便于一次处理大量样品等特点,所以选用抗体检测方法的原则是快速、敏感、特异、可靠、花费小和节省人力。一般来说,在融合之前就必须建立好抗体检测方法,并克服可能存在的问题。检测方法的选择还受所需杂交瘤抗体的类型和预定用途的影响。结合补体的抗体可以用基于细胞毒性反应的检测方法来筛选。

4. 杂交瘤细胞的克隆化

从原始孔中得到的阳性杂交瘤细胞,可能来源于两个或多个杂交瘤细胞,因此它们所分泌的抗体是不同质的。为了得到完全同质的单克隆抗体,必须对杂交瘤细胞进行克隆化。另一方面,杂交瘤细胞培养的初期是不稳定的,有的细胞丢失部分染色体,可能丧失产生抗体的能力。为了除去这部分已不再分泌抗体的细胞,得到分泌抗体稳定的单克隆杂交瘤细胞系,也需要克隆化。另外,长期液氮冻存的杂交瘤细胞,复苏后其分泌抗体的功能仍有可能丢失,因此也应作克隆化以检测抗体的分泌情况。通常在得到针对预定抗原的杂交瘤以后,需连续进行2~3次克隆化,有时还需进行多次。所谓克隆化指使单个细胞无性繁殖而获得该细胞团体的整个培养过程。克隆化的方法很多,如有限稀释法、软琼脂法、单细胞显微操作法、单克隆细胞集团显微操作法和荧光激活细胞分类仪分离法。

5. 杂交瘤细胞的冻存与复苏

（1）杂交瘤细胞的冻存　在建立杂交瘤细胞的过程中,有时一次融合产生很多阳性孔,来不及对所有的杂交瘤细胞做进一步的工作,需要把其中一部分细胞冻存起来;另一方面,为了防止实验室可能发生的意外事故,如停电、污染、培养箱的温度或 CO_2 控制器失灵等给正在建立中的杂交瘤带来灾难,通常尽可能早地冻存一部分细胞作为种子,以免遭到不测。在杂交瘤细胞建立以后,更需要冻存一大批,以备今后随时取用。

细胞冻存的原理是细胞在加血清和二甲基亚砜的培养基中以一定的缓慢速度下降温度,可在 $-196℃$ 液氮或液氮蒸气中长期保存。

（2）杂交瘤细胞的复苏

杂交瘤细胞、骨髓瘤细胞或其他细胞在液氮中保存,若无意外情况时,可保存数年至数十年。复苏时融解细胞速度要快,使之迅速通过最易受损的 $-5℃ \sim 0℃$,以防细胞内形成冰晶引起细胞死亡。

通常情况下,冻存时细胞数量多。生长状态好的杂交瘤细胞系以及其他细胞的复苏可采用以下方法,即复苏时,从液氮中取出安瓿,立即在 $37℃$ 水浴融化,待最后一点冰块快要融化时,从水浴中取出,置冰浴上。用 $5 \sim 10mL$ HT 培养基稀释,$1000r/min$ 离心 $10min$,弃上清,再悬浮于适量 HT 培养基中,转入培养瓶或 24 孔板,置 $37℃$、7.5% CO_2 培养箱中培养。如果细胞存活力不高,死细胞太多,可加 $10^4 \sim 10^5$ 个/mL 小鼠腹腔细胞进行培养。

冻存的细胞并不都能 100% 复苏成功,其原因较多,如冻存时细胞数量少或生长状态不良,或复苏时培养条件改变或方法不当,也可能细胞受细菌或支原体污染,以及液氮罐保管不善等。在出现上述情况时,可采用一些补救方法复苏细胞,如小鼠皮下形成实体瘤法、脾内接种法、小鼠腹腔诱生腹水和实体瘤法、以及 96 孔板培养法等。

6. 单抗特性的鉴定

（1）单克隆性的确定　包括杂交瘤细胞的染色体分析、单抗免疫球蛋白重链和轻链类型的鉴定和单抗纯度鉴定等。

①杂交瘤细胞的染色体分析:对杂交瘤细胞进行染色体分析可获得其是否是真正的杂交瘤细胞的客观指标之一。杂交瘤细胞的染色体数目应接近两种亲本细胞染色体数目的总和,正常小鼠脾细胞的染色体数目为 40,小鼠骨髓瘤细胞 SP2/0 为 $62 \sim 68$,NS -1 为 $54 \sim 64$;同时骨髓瘤细胞的染色体结构上反映两种亲本细胞的特点,除多数为端着丝点染色体外,还出现少数标志染色体。另一方面,杂交瘤细胞的染色体分析对了解杂交瘤分泌单抗的能力有一定的意义。一般来说,杂交瘤细胞染色体数目较多且较集中,其分泌能力则高;反之,其分泌单抗的能力则低。

检查杂交瘤细胞染色体的方法最常用秋水仙素法,其原理是应用秋水仙素特异地破坏纺锤丝而获得中期分裂细胞;再用 0.075mol/L KCl 溶液等低渗处理,使细胞膨胀,体积增大,染色体松散;经甲醇–冰醋酸溶液固定,即可观察检查。

②抗免疫球蛋白类别和亚类的鉴定:抗体的类别和亚类对决定提纯的方法有很大的帮助。除采用特殊的免疫方法和检测方法,最经常得到的单抗是 IgM 和 IgG,分泌 IgE 的杂交瘤细胞很少见,而分泌 IgA 的杂交瘤通常只有在用于融合的淋巴细胞来自肠道相关淋巴组织时才能得到。如在抗体检测中使用葡萄球菌 A 蛋白试剂,则不可能得到 IgG 以外的其他类抗体。鉴定单抗 Ig 类和亚类的方法主要有两种,一种是免疫扩散,另一种是 ELISA。

③单抗纯度的鉴定:聚丙烯酰胺凝胶电泳(PAGE)、SDS–PAGE、等电点聚焦电泳(IEF)及免疫转印分析(WB)等方法都可用于鉴定单抗的纯度。

(2)单抗理化特性的鉴定 从实用意义上说,单抗对温度和 pH 变化的敏感性以及单抗的亲和力都是理化特性鉴定的主要项目,它们可为单抗的使用和保存提供重要依据。抗体亲和力是抗体与抗原或半抗原结合的强度,其高低主要是由抗体和抗原分子的大小、抗体分子结合簇(部)和抗原决定簇之间的立体构型的合适程度决定的。

单抗亲和力测定是十分重要的,它可为正确选择不同用途的单抗提供依据。在建立各种检测方法时,应选用高亲和力的单抗,以提高敏感性和特异性,并可节省试剂。而在亲和层析时,应选用亲和力适中的单抗作为免疫吸附剂,因为亲和力过低不易吸附,亲和力过高不易洗脱。精确测定单抗的亲和力是较困难的,但在实际应用中选择单抗时,通常只需测定各单抗的相对亲和力及其高低排列次序。常用的方法有竞争 ELISA、非竞争性 ELISA、间接 ELISA、间接法夹心 ELISA 等。

(3)单抗与相应抗原的反应性测定 单抗与相应抗原的反应性决定于它所识别的抗原表位。确定单抗针对的表位在抗原结构上的位置,是单抗特性鉴定的关键环节。同时,进一步分析这类表位的差别,可正确评价单抗的特异性和交叉反应性,如一些抗原为同属不同血清型共有,甚至是科内不同属所共有,而另一些抗原表位则是某种血清型乃至某一菌株或毒株所特有。此外,单抗的反应性往往呈现一种或几种免疫试验特异性,这在建株时予以测定,有利于正确使用这些单抗。

单抗反应性测定的方法很多,包括各类免疫血清学试验、生物学试验和免疫化学技术等,选择何种方法依据不同的单抗特性和试验目的而定。

(四)单克隆抗体的生产

获得稳定的杂交瘤细胞系后,即可根据需要大量生产单抗,以用于不同目的。

1. 单抗的大规模制备

目前大量制备单抗的方法主要有两种,一是动物体内生产法,这被国内外实验室所广泛采用;另一是体外培养法。

（1）动物体内生产单抗的方法　迄今为止，通常情况下均采用动物体内生产单抗的方法。鉴于绝大多数动物用杂交瘤均由 BALB/c 小鼠的骨髓瘤细胞与同品系的脾细胞融合而得，因此使用的动物当然首选 BALB/c 小鼠。本方法即将杂交瘤细胞接种于小鼠腹腔内，在小鼠腹腔内生长杂交瘤，并产生腹水，因而可得到大量的腹水单抗且抗体浓度很高。该法操作简便、经济，不过，腹水中常混有小鼠的各种杂蛋白，因此在很多情况下要提纯后才能使用，而且还有污染动物病毒的危险，故而最好用 SPF 级小鼠。

（2）体外培养生产单抗的方法　总体上讲，杂交瘤细胞系并不是严格的贴壁依赖细胞（ADC），因此既可以进行单层细胞培养，又可以进行悬浮培养。杂交瘤细胞的单层细胞培养法是实验室最常用的手段，即将杂交瘤细胞加入培养瓶中，以含 $10\% \sim 15\%$ 小牛血清的培养基培养，细胞浓度以 $1 \times 10^6 \sim 2 \times 10^6$ 个/mL 为佳，然后收集培养上清，其中单抗含量为 $10 \sim 50\mu g/mL$。显然，这种方法制备的单抗量极为有限，无疑不适用于单抗的大规模生产。要想在体外大量制备单抗，就必须进行杂交瘤细胞的高密度培养。单位体积内细胞数量越多，细胞存活时间越长，单抗的浓度就越高，产量就越大。

目前在杂交瘤细胞的大量培养中，主要有两种类型的培养系统：其一是悬浮培养系统，采用转瓶或发酵罐式的生物反应器，其中包括使用微载体；其二是细胞固定化培养系统，包括中空纤维细胞培养系统和微囊化细胞培养系统。

（3）杂交瘤细胞的无血清培养　杂交瘤细胞的体外培养绝大多数应用 DMEM 或 RPMI – 1640 为基础培养基，添加 $10\% \sim 20\%$ 胎牛或新生小牛血清。

无血清培养的实质就是用各种不同的添加剂来代替血清，然后进行杂交瘤细胞的培养。目前已报道的各类无血清培养基有含有大豆类脂的、含有酪蛋白的、化学限定性的、无蛋白的、含有血清低分子质量成分的无血清培养基，其中一部分已有产品出售。综合这些无血清培养基，约有几十种不同的添加剂可用于无血清培养基，在其中至少必须添加胰岛素、转铁蛋白、乙醇胺和亚硒酸钠这四种成分，才能起到类似血清的作用，其他较重要的添加剂包括白蛋白、亚油酸、油酸、抗坏血酸以及锰等一些微量元素。

采用无血清培养基培养杂交瘤细胞制备单抗，有利于单抗的纯化，有助于大规模生产，可减少细胞污染的机会，且成本较低。但无血清培养细胞的生产率低、细胞密度小，影响了单抗的产量；同时无血清培养基还缺少血清中保护细胞免受环境中蛋白酶损伤的抑制因子等。尽管如此，无血清培养基终究会成为杂交瘤细胞培养的理想培养基。

2. 单抗的纯化

在单抗纯化之前，一般均需对腹水进行预处理，目的是为了进一步除去细胞及其残渣、小颗粒物质以及脂肪滴等。常用的方法有二氧化硅吸附法和过滤离心法，以前者处理效果为佳，而且操作简便。

单抗纯化的方法有很多种,应根据具体单抗的特性和实验条件选择适宜的方法。常用的技术有 DEAE 离子交换层析柱、凝胶过滤法和亲和层析法三种。

3. 单抗的标记

目前动物用单抗,在动物疫病诊断和检疫、妊娠检测、性别鉴定等方面有广泛的应用,大多以诊断试剂盒的形式提供,其中核心试剂为标记的单抗。

(五)单克隆抗体的应用

单克隆抗体问世以来,由于其独有的特征已迅速应用于医学很多领域,主要表现在以下几个方面。

1. 检验医学诊断试剂

作为检验医学实验室的诊断试剂,单克隆抗体以其特异性强、纯度高、均一性好等优点,广泛应用于酶联免疫吸附试验、放射免疫分析、免疫组化和流式细胞仪等技术。单克隆抗体的应用,很大程度上促进了商品化试剂盒的发展。目前,应用单克隆抗体制作的商品化试剂盒广泛应用于:病原微生物抗原、抗体的检测;肿瘤抗原的检测;免疫细胞及其亚群的检测;激素测定;细胞因子的测定。

单克隆抗体对抗原的识别,与多克隆抗体有很大的不同。不同试剂盒因使用的单克隆抗体不同,识别抗原的位点不同,导致检测结果有一定差异。因此,标准化问题还需要进一步研究。

2. 蛋白质的提纯

单克隆抗体是亲和层析中重要的配体,将单克隆抗体吸附在一个惰性的固相基质(如 Speharose 2B、4B、6B 等)上,并制备成层析柱,当样品流经层析柱时,待分离的抗原可与固相的单克隆抗体发生特异性结合,其余成分不能与之结合,将层析柱充分洗脱后,改变洗脱液的离子强度或 pH,欲分离的抗原与抗体解离,收集洗脱液便可得到欲纯化的抗原。

3. 肿瘤的导向治疗和放射免疫显像技术

将针对某一肿瘤抗原的单克隆抗体与化疗药物或放疗物质连接,利用单克隆抗体的导向作用,将药物或放疗物质携带至靶器官,直接杀伤靶细胞,称为肿瘤导向治疗。另外,将放射性标记物与单克隆抗体连接,注入患者体内可进行放射免疫显像,协助肿瘤的诊断。目前单克隆抗体主要为鼠源性抗体,异种动物血清可引起人体过敏反应。因此,制备人－人单克隆抗体或人源化抗体更为重要,但此方面仍未取得明显进展。

五、基因工程抗体及其制备技术

(一)概述

基因工程抗体是以基因工程技术等高新生物技术为平台,制备生物药物的总称。由于目前制备的抗体均为鼠源性,临床应用时,对人是异种抗原,重复注射可使人产生抗鼠抗体,从而减弱或失去疗效,并增加了超敏反应的发生。因此,在20世纪80年代早期,人们开始利用基因工程制备抗体,降低鼠源抗体的免疫原性及其功能。目前多采用人抗体的部分氨基酸序列代替某些鼠源性抗体的序列,经修饰制备基因工程抗体,称为第三代抗体。

基因工程抗体主要包括嵌合抗体、人源化抗体、完全人源抗体、单链抗体、双特异性抗体等,具体内容前面已经讲述。

(二)特点

与单克隆抗体相比,基因工程抗体具有如下优点:

(1)通过基因工程技术的改造,可以降低甚至消除人体对抗体的排斥反应。

(2)基因工程抗体的分子质量较小,可以部分降低抗体的鼠源性,更有利于穿透血管壁,进入病灶的核心部位。

(3)根据治疗的需要,制备新型抗体。

(4)可以采用原核细胞、真核细胞和植物等多种表达方式,大量表达抗体分子,大大降低生产成本。

(三)基本原理

基因工程抗体技术依赖于两个基础:一是抗体结构与功能的关系以及抗体多样性的遗传机制;二是分子生物学技术的进展,特别是 PCR 技术,为基因片段的大量扩增提供了简单有效的途径。基因工程抗体技术的基本原理是首先从杂交瘤细胞、免疫脾细胞或外周血淋巴细胞中提纯 mRNA,逆转录为 cDNA,再经 PCR 分别扩增抗体的重链和轻链可变区编码基因,经适当方式将二者连接形成单链抗体可变区基因片段(ScFv),在一定的表达系统中得以表达。另外,重链和轻链可变区基因还能在同一宿主的两个载体中分别表达,然后在胞浆内组装成单链抗体可变区片段(ScFv),或二价抗体片段。

(四)抗体的基因结构

免疫球蛋白的轻链和重链是由两个不同类型的基因分别编码的,属于多基因家族。Ig 的 V 基因和 C 基因均由多个外显子组成。Ig 分子的每一个多肽区由不同的外显子编码,尤其是重链基因有多个外显子供选择,这也是抗体形成多样性的物质基础。形成抗体的基因在 DNA 水平上切断、重组,在 RNA 水平上拼接,与哪一类 C 基因片段连接,即组成哪一类 Ig。杂交瘤技术使得从分泌特异性鼠 McAb 的杂交瘤细胞中获得特异活性 Ig 基因组成成熟的 mRNA 成为可能,蛋白质基因工程技术使得两种来源不同的编码 Ig 的结构基因重组相嵌,获取目的性基因片段,舍弃非目的性基因片段,从而构建成嵌合 Ig 基因克隆,经表达而制成嵌合 McAb。

（五）基本技术路线

目前基因工程抗体主要在酵母、大肠杆菌、动物非淋巴细胞中表达有功能活性的 Ig,生产技术路线与重组性细胞因子相类似,但由于抗体分子结构复杂,并且具有一些特性,因此,基因工程抗体的操作过程也有其独特的地方。在技术上包括三大环节:①分泌单克隆抗体的杂交瘤细胞株的建立;②构建 McAb 的基因文库及其表达载体;③转化到非淋巴细胞中进行表达。

1. 抗体基因的克隆及重组

进行基因工程抗体制备的首要任务是获得能表达抗体肽链的基因片段。C 区基因的序列比较恒定,可以很容易地获得,关键是准确地获得编码抗体 V 区(特别是抗原结合位点区)的基因。目前可从分泌特异性抗体的杂交瘤株的 cDNA 文库和基因组文库中进行筛选。正常情况下 V 区基因不表达,只有经过重排使 VJ 相连接后的基因才可以表达出具有抗原结合能力的 Fv 段。因此,人们无需事先弄清 V 区氨基酸的排列顺序,只需使用 J 链基因探针即可从构建的 cDNA 文库中筛选出含 V 区基因外显子的基因克隆。但杂交瘤细胞系经常会有一些异常重排的 V 区基因,其中部分还可以具有转录活性。因此,为获得正确的目的基因,还有必要进一步鉴定。利用基因组文库的优点在于所获得的 V 区基因含有完整的转录单位,包括自身的启动子、增强子成分及剪接功能,有助于重组后的顺利高效表达,而利用 cDNA 文库时,可通过 PCR 技术合成较多的 V 区基因,较容易获得目的基因。

Ig 的 V 基因和 C 基因均由不同的外显子构成,抗体的每个功能区蛋白均由独自的外显子编码,这给体外加工和重组抗体基因组 V 区和 C 区的基因带来了便利,可较容易地进行缺失、插入、交换及改变外显子的次序。

2. 抗体基因表达载体的构建

为了能运载 Ig 基因,并得以在持续稳定转染的相容细胞中分泌表达,必须构建相应的真核表达载体质粒,这种质粒须具备如下特点:①具备完整的真核转录单位,可以整合到宿主细胞染色体中,并表达或能自行复制其 DNA;②由于只有 $10^3 \sim 10^6$ 个真核细胞被转换,要从中筛选出被转染的阳性表达细胞,该质粒必须具备选择性基因标记,且其基因产物可在选择性培养基中进行鉴别;③质粒 DNA 片段容易被修饰,可进行适宜的插入或剪接;④质粒 DNA 内含适宜的限制酶的酶切位点,使适宜的 DNA 片段容易克隆。根据表达时选用的受体细胞类型,可构建各自相应的载体。为生产出具有功能活性的新型抗体分子,需将编码轻、重链的 H 和 L 基因同时导入受体细胞,并使之等量(或接近等量)地表达和装配。目前采用了两种方法:①分别构建表达 H 基因和 L 基因的载体,并用两个载体同时转染受体细胞。该法便于遗传学操作,但只有两种载体同时转染成功并产生等量轻、重链时,才能有效地装配成功能性抗体。因此,两种载体应载有不同的抗性基因,并同时使用两种制剂做双重抗性筛选。②将轻、重链基因插入同一载体。该法利于筛选,但插入的基因序列过长,给基因操作带来一定的困难(图5-12)。

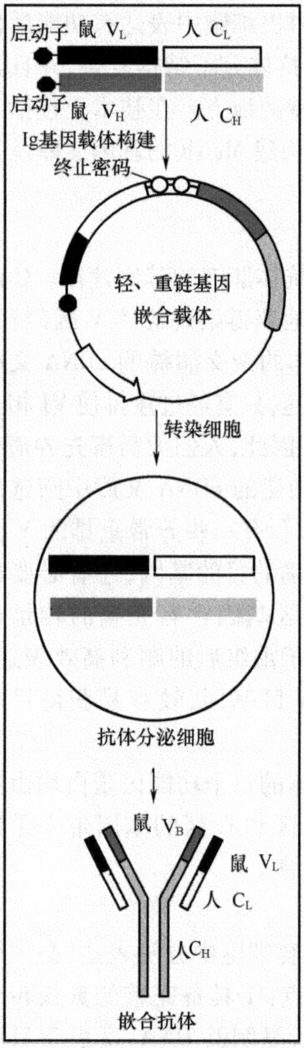

3. 抗体基因的表达

抗体结构较复杂,与其他单链蛋白或多肽相比,高效表达功能性抗体分子尚有很大困难。目前,许多学者主要是利用哺乳类动物非淋巴细胞,导入用质粒重组的目的基因,表达后,制备基因工程抗体,这是目前制备这类抗体的主要方法。

(六)基因工程抗体的临床应用

基因工程抗体构建形式灵活多样,不仅能通过减少抗体中的鼠源成分降低免疫原性,而且可以将抗体的部分片段与其他功能性分子连接,使抗体除了与抗原结合外,还能发挥其他效应分子的生物学作用。基因工程抗体在医学领域的许多方面都极具应用潜力,尤其在诊断和治疗肿瘤性疾病及抗感染方面优势明显。

1. 在肿瘤性疾病诊疗方面的应用

以标记抗体注入人体内显示肿瘤部位抗原与抗体结合的放射浓集称为放射免疫显像,显像效果受抗体亲和力、特异性、半衰期和组织穿透力等因素影响。同时,用鼠源单抗会引起人抗鼠抗体反应,改变抗体药物代谢动力学而导致显像失败,并产生副作用。用基因工程抗体可解决上述问题,而且基因工程抗体中如单链抗体、$F(ab')$ 等,分子质量小、能很快清除、组织穿透力强、显像本底低,更加适合放射免疫显像。恶性肿瘤的导向治疗是通过重组技术将抗肿瘤相关抗原的抗体,与毒性蛋白如绿脓杆菌外毒素、蓖麻毒素及白喉毒素等,或是

图 5-12 嵌合抗体的制备

细胞因子如白介素、肿瘤坏死因子、干扰素等融合形成的重组毒素或免疫毒素可将细胞杀伤效应引导到肿瘤部位,对肿瘤细胞进行直接杀伤或调动机体免疫系统杀伤肿瘤细胞。

2. 基因工程抗体的抗感染作用

预防和治疗感染性疾病常用的药物是疫苗和抗生素,但对于如 SARS、AIDS 等难以获得相应疫苗或疫苗效果不理想的病毒感染,目前仍缺乏有效的治疗方法。

在这一方面,基因工程抗体应用前景十分广阔,如在治疗 AIDS 方面,利用抗体工程技术已成功地制备出 HIV 病毒整合菌的单链抗体 ScAb2 – 19,对 HIV 病毒感染的早期和晚期具有有效的抑制作用,并可望成为 AIDS 基因治疗的有效手段。我国率先建立了针对 SARS 的基因工程抗体库,这对于 SARS 的预防、诊断和治疗都将起到重要作用和深远影响。

3. 基因工程抗体在器官移植中的应用

移植排斥反应是器官移植的主要障碍之一。T 淋巴细胞和细胞因子在急性排斥反应中所起的核心作用已经被公认,虽然,现有的免疫抑制剂能有效地控制 75% ~85% 的急性排斥反应,但随着病人长期存活率的提高,他们将面临真菌感染、病毒感染和肿瘤等危险。基因工程抗体在这一领域也崭露头角,其中抗 CD3 及抗 IL – 2 基因工程抗体的研究较为多见。目前,Murmonab CD3 和 Anti – IL – 2R 已被 FDA 批准用于预防器官移植排斥反应并取得了较好的疗效。基因工程抗体不仅在上述疾病中有着重要的应用,而且在自身免疫性疾病、中毒性疾病、变态反应性疾病等的治疗方面也显示出独特的优势。

六、基因工程抗体库的构建技术

噬菌体抗体库技术是近年发展起来的一项新的基因工程抗体技术,它是将体外克隆的抗体基因片段插入噬菌体载体,转染工程细菌进行表达,然后用抗原筛选即可获得特异的单克隆噬菌体抗体。利用这一技术可以得到完全人源性的抗体,在 HIV 等病毒感染和肿瘤的诊断与治疗方面有其独特的优越性。

(一)基本原理和程序

噬菌体抗体库技术的原理是用 PCR 技术从人免疫细胞中扩增出整套的抗体 V_H 和 V_L 基因,克隆到噬菌体载体上并以融合蛋白的形式表达在其外壳表面。使噬菌体 DNA 中有抗体基因的存在,同时在其表面又有抗体分子的表达,这样就可以方便地利用抗原 – 抗体特异性结合而筛选出所需要的抗体,并进行克隆扩增。使抗体基因以分泌的方式表达,则可获得可溶性的抗体片段。在建库过程中如果将 V_H 和 V_L 随机组合,则可建成组合抗体文库;如果抗体 mRNA 来源于未经免疫的正常人,则可以在不需要细胞融合的情况下建立起人天然抗体库。

构建噬菌体抗体库通常包括以下过程:①从外周血或脾、淋巴结等组织中分离 B 淋巴细胞,提取 mRNA 并反转录为 cDNA;②应用抗体轻链和重链引物,根据建库的需要通过 PCR 技术扩增不同的 Ig 基因片段;③构建噬菌体载体,噬菌体抗体库载体有 λ 噬菌体、丝状噬菌体和噬菌粒三种,其中后二者是目前构建表面表达的噬菌体抗体库常用载体;④表达载体转化细菌,构建全套抗体库。通过多轮的抗原亲和吸附 – 洗脱 – 扩增,最终筛选出抗原特异的抗体克隆。

（二）噬菌体抗体库技术的特点

1. 模拟天然全套抗体库

抗体文库可以达到或超过 10^{11} 库容,能包含 B 细胞的全部克隆。建库的外源基因来自人体外周血、骨髓或脾脏的淋巴细胞提取的 mRNA 反转录形成的 cDNA 扩增,这是人体多克隆细胞的总 mRNA。使用的通用引物采自多个人体,具有人的种属普遍性。抗体的 V_H 和 V_L 基因的随机重组也增加了抗体的多样性。

2. 避免使用人工免疫和杂交瘤技术

由于抗体库的大容量和极高的筛选效率,使得可以调出任意抗体基因,用基因工程方法制备抗体,从而避免了使用人工免疫动物和细胞融合技术。

3. 可获得高亲和力的人源化抗体

在噬菌体抗体库技术中,V_H 和 V_L 基因的随机重组模拟了体内抗体亲和力成熟的过程,所用的抗体基因又来自人体,因此,所产生的抗体必然都是高亲和力的人源化抗体。

（三）噬菌体抗体库的应用

1. 研制疫苗和诊断试剂

有学者用乙肝病人的阳性血清中的抗体,从噬菌体随机肽库中分离到乙肝病毒特异性的噬菌体模拟肽;Lundin 等对 HIV－1 病毒也做了相应的研究,从噬菌体抗体库中分离到能够诱发针对 HIV－1 的免疫反应的噬菌体肽。

2. 表位研究

3. 确定核酸结合蛋白

通过构建锌指的随机肽库,采用核酸作为靶分子进行筛选,可以得到其相应结合蛋白。

4. 药物开发

利用噬菌体肽库的多样性,筛选出能同受体特异结合的重组噬菌体多肽,可作为受体的激动剂或拮抗剂。

5. 基因治疗

有学者将呼吸道内皮细胞暴露于随机肽库中,筛选出与之相结合的高亲和力的肽分子,分离相应的基因,以重组腺病毒作为载体,将外源基因导入呼吸道内皮细胞内,使外源基因得到高效表达,治疗效果明显。

（四）难点与存在的问题

1. 库容量及多样性问题

构建大容量的主要限制因素是细菌转化率,用目前有效的电穿孔法可构建到

10^8 的库容,则最终形成的抗体库在理论上具有 $10^8 \sim 10^{16}$ 的潜力,但实际构建过程中,细菌的转化率达不到要求。目前构建多样性抗体库的技术路线有以下三种方法:①天然抗体库:从初生的未经免疫的个体中获取 B 淋巴细胞,减少因抗原刺激所引起的 B 细胞库的变化。另外从人体淋巴细胞克隆抗体基因,选用多个体、多来源的淋巴细胞,从中筛选出多种不同的抗体。②半合成抗体库:人工随机合成部分 CDR 区,得到半合成抗体库。③全合成抗体库:人工合成全部的 CDR 区,构建全合成抗体库。

2. 提高抗体亲和力问题

可变区基因的突变是以随机方式引入突变的,如错配、链替换等。在实验室中,通过模拟体内过程的体外诱发突变成为改变亲和力的一条途径,但是这种诱变存在着不确定性,因此,诱变后的抗体亲和力高低不一。

任务1 抗 HBsAg 单克隆抗体的生产

乙型肝炎是一种世界范围流行的严重危害人类健康的传染性疾病,临床缺乏有效的治疗方法。基因工程生产的人源性小分子抗体可代替血源性抗体,在临床上可用于防止新生儿乙型肝炎病毒的垂直传播、肝脏移植病人的病毒控制等。

一、生产工艺路线

重组乙型肝炎疫苗 $\xrightarrow[\text{乳化、注射}]{\text{弗氏佐剂}}$ 小鼠 $\xrightarrow[\text{滴度检测}]{\text{9 周}}$ 小鼠脾脏细胞 $\xrightarrow[\text{50\% PEG 融合}]{\text{骨髓瘤细胞}}$ HAT 培养基

$\xrightarrow{\text{检测、挑选}}$ 杂交瘤细胞 $\xrightarrow{\text{有限稀释克隆}}$ 克隆化培养 $\xrightarrow[\text{Protein G Sepharose}]{}$ 亲和层析 $\xrightarrow{\text{纯化}}$ 抗体检测

$\longrightarrow$ 包装成品

二、生产过程

1. 生物材料

重组乙型肝炎疫苗(内含乙型肝炎病毒表面抗原 HBsAg),SP2/0 骨髓瘤细胞,羊抗鼠 IgG - Ap,羊抗鼠 IgG - HRP,弗氏佐剂,PEG4 000,小牛血清,Proteing G Sepharose 亲和层析,BALB/c 小鼠(质量 20g 左右,6~8 周龄,雌性)等。

2. 生产过程

(1)BALB/c 小鼠的免疫 用 BCA 法测定重组乙肝疫苗 HBsAg 蛋白的浓度,与等体积的弗氏完全佐剂混合至完全乳化,对 BALB/c 小鼠腋下、腹股沟及背部皮下多点注射,剂量为每只 50μg,进行基础免疫。此后,每隔 2 周以 50μg HBsAg 加等体积弗氏不完全佐剂完全乳化后加强免疫,共 3 次。最后一次加强免疫后两周,

即在追加前先用乙肝病毒表面抗体试剂盒,以间接 ELISA 方法测定免疫小鼠的血清抗体滴度,当达到 $1:10^6$ 后,取 $100\mu g$ 抗原尾静脉注射追加免疫。

(2)杂交瘤细胞的建立及 mAb 腹水的制备　在追加免疫后的第5d,用 50% 的 PEG 4000 作为融合剂,取免疫小鼠的脾脏细胞与 Sp2/0 小鼠的骨髓瘤细胞按常规方法进行细胞融合,用 HAT 培养基进行选择培养,用间接 ELISA 法筛选能分泌特异性抗体的杂交瘤细胞,用乙肝病毒表面抗体诊断试剂盒测定其培养上清 A_{450} 值,其 A_{450} 值大于阴性值 2.1 倍以上为阳性。通过有限稀释法克隆化培养使杂交瘤细胞 100% 呈阳性,共经 3 次克隆化培养。按常规方法制备腹水,用盐析法及 Proteing G Sepharose 亲和层析法分离纯化腹水中 HBsAg 蛋白的 mAb,并用 Bradford 法测定 mAb 的浓度。

3. 生产条件及其控制注意事项

(1)用 BCA 法测定重组乙肝疫苗 HBsAg 蛋白的浓度,应根据具体采用的小鼠进行适当的增减。

(2)对小鼠免疫注射可采用多点注射同时进行,但要注意剂量。选择具有一定体重要求的健康小鼠。

(3)在注射期间,注意小鼠的饲养及健康状态记录。

(4)用 50% 的 PEG 融合剂进行体外融合,注意融合时间及间断融合的操作方法。

(5)有限稀释法,将需要再克隆的细胞株自培养孔内吸出并做细胞计数,计出 1mL 的细胞数。用 HT 培养液稀释,使细胞浓度为 50 ~ 60 个/mL,于 96 孔培养板中每孔加 0.1mL(5 ~ 6 个/孔),接种 2 排,剩余细胞悬液用 HT 培养液倍比稀释,再接种 2 排,如此类推,直至使每孔含 0.5 ~ 1 个细胞。培养 7 ~ 10d 后,选择单个克隆生长的阳性孔再一次进行克隆。一般需要如此重复 3 ~ 5 次,直至达 100% 阳性孔率时即可,以确保抗体由单个克隆所产生。

(6)Bradford 法即考马斯亮蓝法。

三、结果及其鉴定

记录实验过程与 mAb 的分离结果,采用 Bradford 法测定 mAb 的浓度,分析可能存在的影响因素。

四、讨论与分析

基因工程的人源性抗 HBsAg 的单克隆抗体能很好地保持抗原结合特异性和生物学活性,在慢性乙型肝炎等疾病的防治中有广泛的应用价值。采用重组乙型肝炎疫苗与弗氏佐剂多点同时免疫 BALB/c 小鼠,目的在于能够获得足够产生单抗的脾脏细胞。然后与 Sp2/0 小鼠的骨髓瘤细胞进行融合处理,在 HAT 培养基上筛选杂交瘤细胞进行克隆化培养,最终获得能抗 HBsAg 的单克隆抗体。通过进行抗 HBsAg 单克隆抗体的生产,使人们能够掌握抗体生产的基本技术及锻炼实践经验,提高抗体生产的技能。

在生产抗 HBsAg 的单克隆抗体过程中,亲和层析分离腹水中的 mAb 和检测 mAb 的浓度,也是抗体生产中非常关键的步骤。采用什么方法比 Proteing G Sepharose 亲和层析分离 mAb 的效果更好,目前还在探索中。利用 Bradford 法检测 mAb 的优势明显高于紫外检测法,但在实践中也有不足之处,这有待于今后进一步优化与完善。

任务 2　嵌合抗 CD20 基因工程抗体的制备

一、生产工艺路线

抗 CD20 基因——▶PCR 扩增——▶酶切——▶噬菌粒表达载体——▶文库建立筛选鉴定——▶嵌合抗体构建——▶表达及分离纯化

二、生产过程

1. 生物材料

人 B 淋巴瘤细胞系 Raji 与 Daudi 细胞,用含有 10% 热灭活胎牛血清的 RPMI1640 培养基于 5% CO_2、37℃条件下培养;抗 CD20 单克隆抗体 HI47;辣根过氧化酶标记的羊抗人 IgG,FITC 标记的羊抗鼠 IgG。

2. 生产方法及工艺条件

(1)抗 CD20 单克隆抗体轻、重链基因的克隆　利用 RT – PCR 法,采用抗体通用的兼并性引物,HI47 杂交瘤细胞特异性地分别扩增抗体轻链、重链可变区基因(V_L 和 V_H)后,利用编码短肽的连接链 DNA 片段,经 overlap PCR,将 V_H 和 V_L 基因连接构成 $ScFv$ 基因(约 750bp),在 PCR 扩增 $ScFv$ 基因的过程中,在 $ScFv$ 基因片段的 5′端、3′端分别引入 SfiI 和 NotI 酶切位点,$ScFv$ 基因 PCR 扩增产物经 SfiI 和 NotI 酶切后,重组到 pCANTAB 5E 载体相应的酶切位点中,构建噬菌粒表达载体 pCANTAB5Ecd20scFv。

(2)抗 CD20 ScFv 噬菌体显示文库的建立、筛选及鉴定　采用电穿孔法将 pCANTAB5Ecd20scFv 质粒转入 TG1 细菌中,接种 2YTAG 培养基,37℃、200r/min 摇床培养至 OD_{600} 为 0.8,加入 M13K07 辅助噬菌体,继续培养 1h 后,4000r/min 离心 10min,弃上清,将菌株悬浮于适当体积的 2YTAK 培养基,30℃培养过夜,提取噬菌体。将提取的噬菌体与已用 10% 胎牛血清的 PBS(pH 7.4)封闭 1h 的 Daudi 细胞(10^7 个)培养,4℃振荡 2h,然后离心,弃上清,再用 PBS(含 0.1% Triton – X100)洗 10 次,0.1mol/L 甘氨酸(pH 2.2,含 0.1% BSA)洗脱噬菌体,离心,弃沉淀,上清中加入适量 PEG/NaCl 沉淀噬菌体,8000r/min 离心 15min,弃上清,沉淀用 PBS 洗 2 次后,沉淀溶于适量 TE(pH 8.0)中,用该噬菌体再去感染适量对数期的 TG1 菌体后,涂 2YTAG 平板,30℃培养过夜。ELISA 方法鉴定重组噬菌体抗体表达,简而言之,在重组噬菌体上清中加入 PEG/NaCl(2.5mol/L NaCl 中含 20% PEG 6000),冰上放置 30 ~ 60min,10000r/min、4℃离心 20min,弃上清,立即用适量的 2×YT 或 PBS 溶解沉淀,加入事先已加好的 Raji 靶细胞,培养至少 30min,用含有 0.05% Tween – 20 的 PBS(PBST)洗 5 次后,如上所述过程依次向反应体系中加入二抗、三抗进行反应,进行显色。重组噬菌体抗体 binding 活性鉴定采用免疫组织化学法(ApAAp 法)。

(3)抗 CD20 嵌合抗体 Fab 的构建　利用 PCR 法从抗 CD20ScFv 表达载体上分别扩增 V_H、V_L 基因,V_H 用引物 1 和引物 2,V_L 用引物 3 和引物 4,分别组装到带有人免疫球蛋白相应 C_{H1}、C_L 的 pYZH、pYZL 载体,将所得的重组子 pYZHcd20、pYZLcd20 扩增后,分别用 MluI + NheI、SpeI + SphI 消化,获得 V_L、V_H 的相应 DNA 片段,将这两个片段和经 MluI + SphI 消化 pYZF 载体所得的载体片段连接成抗 CD20Fab 表达载体 pYZFcd20。

引物 1:5′ – GCTACAAACGCGTACGCTCAGGTGAAGCTG – 3′

引物 2:5′ – GACCGATGGGCCCTTGGTGGAGGCTGAGGAGACGGT – 3′

引物 3:5′ – GCTACAAACGCGTACGCTGACATCGAGCTC – 3′

引物 4:5′ – TTTCAGCTCCACCTTGGTCC – 3′

(4)抗 CD20 嵌合抗体 F(ab)$_2$ 的构建　以质粒 pYZFcd20 为模板,利用 PCR 扩增并修饰 C_{H1} 基因,酶切后组装到 pYZF 载体,构成表达载体 pYZcpp3。

引物 1:5′ – GTCTCCTCAGCCTCCACCAA – 3′

引物 2:5′ – GCCGTCGCATGCTCACGGTGGGCACGGAGGACAGGGTGGGCATGT GTGAGTTTTGTC – 3′

(5)抗 CD20Fab 和 F(ab)$_2$ 片段的表达及分离纯化　挑取将载体 pYZFcd20 转化 16C9 菌株的单菌落,接种 5mL 含氨苄青霉素 50g/mL 的 2×YT 培养基,37℃、200r/min 振荡培养 6h;6000r/min、4℃离心 10min 收集菌株,将菌株重新悬浮于 20mL 含氨苄青霉素 50g/mL 的 AP5 培养基,30℃、250r/min,振荡培养 20h;6000r/min、4℃离心 10min 收集菌体,将菌体于 – 20℃冻存 1h 以后,化冻,加 1mL 细菌周质腔蛋白提取液(三羟甲基氨基甲烷 25mmol/L,乙二胺四乙酸 1mmol/L,苯甲基磺酰氟 0.1mmol/L,蔗糖 200g/L,氯化钠 200mmol/L,过滤灭菌,100mL 培养物/5mL 细菌周质腔蛋白提取液),振荡混匀,置于 4℃轻摇 1h,12000r/min、4℃离心 20min,取上清。将提取物用 PBS 透析过夜,在 FPLC 上,用 0.01mol/L pH 7.4 PBS 平衡 Proteing G Agarose 亲和层析柱,上样,先用 0.01mol/L pH 7.4 PBS 平衡,至基线稳定后,用 0.1mol/L pH 2.8 甘氨酸缓冲液洗脱,收集洗脱液。

（6）Fab 和 F(ab)$_2$ 竞争免疫荧光结合实验　将浓度为 4μg/μL 的 HI47 溶液与 Raji 细胞在 4℃下培养 1h,2000g、4℃ 离心 10min,弃上清液,PBS 洗三次,将细胞重悬于 20μg、30μL 的抗 CD20 Fab 或 F(ab)$_2$ 片段溶液、4℃ 放置 1h,2000g,4℃ 离心 10min,弃上清液,PBS 洗三次,将细胞重悬于 30μL 的工作液羊抗鼠 IgG – FITC 溶液,4℃ 放置 30min,2000g 离心 10min,弃上清液,PBS 洗三次,FACS 测定 HI47 结合 Raji 细胞的阳性率。

（7）Fab 和 F(ab)$_2$ 对 Raji、Daudi 细胞毒作用　按 10^4 个/孔接种 96 孔培养板,分别加入不同浓度的 Fab 或 F(ab)$_2$ 溶液,每个浓度做三个平行孔,37℃、5% CO$_2$ 培养 72h,2000r/min 离心 10min,弃上清,每孔加入浓度为 0.2mg/mL 新鲜配制的 MTT 200μL,继续培养 4h,2000r/min 离心 10min,弃上清,每孔加 DMSO 200μL,振荡摇匀,546nm 波长下测量 OD 值。

（8）Fab 和 F(ab)$_2$ 诱导 Raji、Daudi 细胞凋亡实验　按 10^6 个/孔接种 24 孔培养板,加入 Fab 溶液至终浓度为 50g/mL,每个样品做三个平行孔,以 PBS 为空白对照,37℃、5% CO$_2$ 培养 24h,2000r/min 离心 10min,收集细胞,PBS 洗 2 次,加 70% 的乙醇混匀,4℃,固定 1h,2000r/min 离心 10min,弃上清,PBS 洗 2 次,加 20mL PI 室温避光放置 15min,进行荧光激活细胞分类仪(FACS)测定。

三、结果及其鉴定

1. 抗 CD20 ScFv 噬菌体显示文库的建立、筛选及鉴定

CD20 ScFv 噬菌体抗体库的大小约为 3×10^6,即 1μgDNA 转化后获得 10^6 个克隆。第一次淘选前的文库大小为 10^6,经 5 轮淘选后,获得均一文库,文库的大小约为 10^7。利用 ELISA 方法,以 Daudi 细胞为抗原,随机挑选克隆进行筛选,找出与靶抗原有反应,且克隆颜色较深的克隆,利用 ApAAp 法进一步检测其结合活性,筛选出能和 Daudi 细胞特异结合的表达产物。对此表达产物进行测序和氨基酸序列分析,看其是否具备 PDB 库中抗体所具有的若干保守的框架氨基酸特点;若是具备,则表明此表达产物的基因序列是一抗体的基因序列,反之,则不是。

2. 抗 CD20 嵌合抗体 Fab 和 F(ab)$_2$ 的表达与纯化

SDS – PAGE 电泳结果表明 Protein G 可有效纯化 Fab 和 F(ab′)$_2$ 表达产物。载体 pYZFcd20 的表达产物经 Protein G 纯化后,SDS – PAGE 电泳可见在 48ku 处有一条蛋白带,与 Fab 分子质量相一致,而载体 pYZcpp3 的表达产物经 Protein G 纯化后,SDS – PAGE 电泳可见在 48ku 和 97ku 分子质量处各有一条带,前者与 Fab 分子质量相一致,后者与 F(ab′)$_2$ 分子质量一致。经激光扫描分析显示 Fab 表达产物约占总蛋白量的 30%,F(ab′)$_2$ 约占 15%。蛋白 G 亲和层析所得产物经巯基乙醇还原之后,纯化的 Fab 和 F(ab′)$_2$ 表达产物在 25ku 处分别出现一条

带,与轻重链的预期分子质量相一致。F(ab')$_2$ 经 S200 分子筛柱分离纯化其纯度可达 80%。

3. 抗 CD20 嵌合抗体 Fab 和 F(ab')$_2$ 与 Burkitt's 细胞的结合竞争实验

F(ab')$_2$ 与 Raji 和 Daudi 的结合阳性率可达 95% 以上,Fab 结合阳性率可达 57%。以上结果说明,表达的 Fab、F(ab')$_2$ 可以特异性地识别 CD20 + 细胞,并与 CD20 相结合,Fab 由于为单价,结合阳性率要小于 F(ab')$_2$。

4. 抗 CD20 嵌合抗体 Fab 和 F(ab')$_2$ 对 Burkitt's 细胞的生长抑制作用

为了检验抗 CD20 抗体 Fab 的细胞毒性,以 PBS 为阴性对照,用 MTT 法分别测定 Fab、F(ab')$_2$ 对 Daudi、Raji 细胞生长的抑制作用。实验结果表明,F(ab')$_2$ 和 Fab'对 Raji 和 Daudi 细胞的生长都具有剂量依赖性的生长抑制作用,与 Fab'相比,F(ab')$_2$ 对 Raji 和 Daudi 细胞的生长抑制作用更强。F(ab')$_2$ 对 Raji 细胞的 IC_{50} 值为 22.8μg/mL,Fab'对 Raji 细胞的 IC_{50} 值为 45.9μg/mL,F(ab')$_2$ 对 Daudi 细胞的 IC_{50} 值为 14.6μg/mL,Fab'对 Daudi 细胞的 IC_{50} 值为 39.5μg/mL。

5. FACS 分析细胞凋亡率

流式细胞术进行分析结果显示:在 G1 期之前出现一个亚二倍体峰(凋亡峰),用软件 ModFitLT for Mac 2.0 对流式细胞仪检测结果进行分析,得到用 100μg/mL F(ab')$_2$ 处理 Raji 细胞在不同时间点的凋亡率分别为 24h 的凋亡率为 26.9%、48h 的凋亡率为 46.6%、72h 的凋亡率为 53.4%、96h 的凋亡率为 76.3%,与未用 F(ab')$_2$ 处理的对照组相比,有显著性差异($P < 0.001$)。

6. 抗 CD20 嵌合抗体 Fab 和 F(ab')$_2$ 对裸鼠移植瘤模型的治疗

体外生物学活性实验已证明:Fab'和 F(ab')$_2$ 可以抑制 Daudi、Raji CD20 阳性细胞的生长,诱导 Daudi、Raji 细胞发生凋亡。为了进一步考察 Fab'和 F(ab')$_2$ 的抗肿瘤活性,建立了裸鼠移植瘤动物实验模型,并使用 Fab'和 F(ab')$_2$ 对荷瘤裸鼠进行治疗。在进行治疗之前,挑选肿瘤大小均匀的荷瘤鼠,将其随机分成三组,每组 5 只,分别为治疗组和对照组,同时,测量每只鼠的体重和瘤块体积。经六次治疗之后,Fab'(50mg/kg,iv.) 和 F(ab')$_2$(50mg/kg,ip.) 对荷瘤鼠瘤块体积增长的抑制率分别为 52.83%、64%。

四、讨论与分析

长期以来肿瘤的临床治疗一直受到三大难题的困扰:

(1)常规的放、化疗方案选择性较差。

(2)肿瘤细胞产生耐药性。

(3)肿瘤病灶发生微小转移。

肿瘤的免疫治疗为解决这些问题提供了一条新途径,其中,能靶向杀伤肿瘤细胞的特异性抗体疗法因具有较好的临床应用前景,现已成为这一新途径中的研究热点之一,并使得肿瘤的导向治疗更加接近现实。在导向治疗中,嵌合抗体去除了鼠原性抗体中免疫原性较强的恒定区,已将鼠原性降到最低,减少了人抗鼠反应,因此最有应用前景。嵌合抗体在临床应用所引起的 HAMA 反应的发生率完全可为人们接受。

抗体可变区与抗原的结合不受糖基化的影响,因此可在无糖基化作用的大肠杆菌中表达具有抗原结合功能的抗体活性片段,如 Fv、Fab、$F(ab')_2$ 和 ScFv 等分子。虽然 $F(ab')_2$ 不能引发抗体依赖的细胞毒作用(ADCC)和补体依赖的细胞毒作用(CDCC),但 $F(ab)_2$ 分子质量较小,肿瘤穿透力较强,如果使用大肠杆菌表达,生产成本较低,便于工业化生产。药代动力学研究表明,IgG、$F(ab)_2$、Fab、ScFv 从血液到组织的血管渗出半衰期分别为 6.1h、4.4h、0.4h、0.5h,在肿瘤部位滞留的生物半衰期分别为 170h、30h、5.1h、5.2h。Fab、ScFv 具有较高的血液清除率,在静脉注射后,Fab 和 ScFv 在肿瘤部位和血液中的分布也能很快达到较高的比例,但由于 Fab 和 ScFv 是单价的抗体,亲和力较低,解离常数较高,导致 Fab 和 ScFv 在肿瘤部位的滞留时间较短;而双价的 $F(ab)_2$ 既具有较高的血液清除率,在肿瘤部位滞留的时间也较长。因此利用抗体治疗肿瘤时,临床应用中以 $F(ab)_2$ 的形式比较恰当。此外,Fab 可以应用于显像定位,$F(ab)_2$ 可以和一些放射性元素或毒素结合,作为载体应用于临床,应用前景诱人。

实训 抗人 IgM 单克隆抗体的制备

一、实训目标

掌握单克隆抗体制备的原理与方法。

二、实训原理

利用人的 IgM 作为抗原免疫小鼠,获得杂交瘤细胞株,然后对杂交瘤细胞株进行筛选,获得能产生抗人 IgM 单克隆抗体的杂交瘤细胞,而后在体外进行扩大化培养,收集分离纯化抗人 IgM 单克隆抗体。

三、实训器材

标准人 IgM 血清、8 周龄雌性 BALB/c 小鼠、小鼠骨髓瘤细胞系 Sp2/0、弗氏佐剂、20% 小牛血清、RPMI1640 培养基干粉(使用前配成液体培养基)、45% 的 PEG 4000、5% 的 DMSO、HAT 培养基、HT 培养基等。

低速离心机、50mL 塑料离心管、一次性注射器、滴管、96 孔板等。

四、实训操作

1. 特异性 B 淋巴细胞的制备

用人 IgM 抗原加弗氏完全佐剂皮下注射免疫 BALB/c 小鼠,第 2、3 次加弗氏不完全佐剂,间隔 4 周,20μg/(只·次),融合前 3d 腹腔加强免疫 1 次,无菌条件下,取小鼠脾脏 B 细胞,研磨,悬浮成 2×10^8 个/mL 左右。

2. 细胞融合

(1)取对数期的骨髓瘤细胞 Sp2/0,1000r/min 离心 5min,弃上清,用不完全培养液混悬细胞后计数,取所需的细胞数,用不完全培养液洗涤 2 次。

(2)同时采用获得的免疫脾细胞悬液,用不完全培养液洗涤 2 次。

(3)将骨髓瘤细胞与脾细胞按 1:10 或 1:5 的比例混合在一起,在 50mL 塑料离心管内用不完全培养液洗 1 次,1200r/min 离心 8min。

(4)弃上清,用滴管吸净残留液体,以免影响 PEG 的浓度。

(5)轻轻弹击离心管底,使细胞沉淀略加松动。

(6)在室温下融合。

①30s 加入预热的 1mL 45% PEG(含 5% DMSO),边加边搅拌。

②作用 90s,若冬天室温较低时可延长至 120s。

③加预热的不完全培养液,终止 PEG 作用,每隔 2min 分别加入 1mL,2mL,3mL,4mL,5mL 和 10mL。

(7)800r/min 离心 6min。

(8)弃上清,先用 6mL 左右 20% 小牛血清 RPMI1640 轻轻混悬,切记不能用力吹打,以免使融合在一起的细胞散开。

(9)根据所用 96 孔培养板的数量,补加完全培养液,每块 96 孔板 10mL。

(10)将融合后的细胞悬液加入含有饲养细胞的 96 孔板,100μL/孔,置于 37℃、5% CO_2 培养箱中培养。一般每块 96 孔板含有 1×10^7 个脾细胞。

3. HAT 选择杂交瘤细胞

在融合 24h 后,加 HAT 选择培养液。HT 和 HAT 均有商品化试剂 50×贮存液,使用时将 1mL 加入 50mL 20% 小牛血清完全培养液中。HAT 选择培养液维持培养两周后,改用 HT 培养液,再维持培养两周,改用一般培养液。

4. 抗体的检测

筛选杂交瘤细胞通过选择性培养而获得的杂交细胞系中,仅少数能分泌针对免疫原的特异性抗体。一般在杂交瘤细胞布满孔底 1/10 面积时,即可开始检测特异性抗体,筛选出所需要的杂交瘤细胞系。

检测抗体的方法应根据抗原的性质、抗体的类型不同,选择不同的筛选方法,一般以快速、简便、特异、敏感的方法为原则。

常用的方法有：

（1）ELISA 用于可溶性抗原（蛋白质）、细胞和病毒等 McAb 的检测。

（2）RIA 用于可溶性抗原、细胞 McAb 的检测。

（3）FACS 用于细胞表面抗原的 McAb 检测。

（4）IFA 用于细胞和病毒 McAb 的检测。

5. 克隆化培养

（1）有限稀释法

①制备饲养细胞悬液（同融合前准备）。

②阳性孔细胞的计数，调细胞数在 $(1 \sim 5) \times 10^3$ 个/mL。

③取 130 个细胞放入 6.5mL 含饲养细胞完全培养液中，即细胞 20 个/mL，100μL/孔，加 A、B、C 三排，为每孔 2 个细胞。余下 2.9mL 细胞悬液补加 2.9mL 含饲养细胞的完全培养液，细胞数为 10 个/mL，100μL/孔，加 D、E、F 三排，为每孔 1 个细胞。余下 2.2mL 细胞悬液补加 2.2mL 含饲养细胞的完全培养液，细胞数 5 个/mL，100μL/孔，加 G、H 两排，为每孔 0.5 个细胞。

④培养 4~5d 后，在倒置显微镜上可见到小的细胞克隆，补加完全培养液 200μL/孔。

⑤第 8~9d 时，肉眼可见细胞克隆，及时进行抗体检测。

（2）软琼脂法

①软琼脂的配制：含 20% FCS（小牛血清）的 2 倍浓缩的 RPMI1640。

1% 琼脂水溶液：高压灭菌，42℃ 预热。

0.5% 琼脂：由 1 份 1% 琼脂加 1 份含 20% 小牛血清的 2 倍浓缩的 RPMI1640 配制而成。置 42℃ 保温。

②用上述 0.5% 琼脂液（含有饲养细胞）15mL 倾注于直径为 9cm 的平皿中，在室温中待凝固后作为基底层备用。

③按 100 个/mL、500 个/mL 或 5000 个/mL 等浓度配制需克隆的细胞悬液。

④1mL 0.5% 琼脂液（42℃ 预热）在室温中分别与 1mL 不同浓度的细胞悬液相混合。

⑤混匀后立即倾注于琼脂基底层上，在室温中 10min，使其凝固，于 37℃、5% CO_2 培养箱中培养。

⑥4~5d 后即可见针尖大小的白色克隆，7~10d 后，直接移种至含饲养细胞的 24 孔板中进行培养。

⑦检测抗体，扩大培养，必要时再克隆化。

6. 大量生产单克隆抗体

先腹腔注射 0.5mL 降植烷或液体石蜡于 BALB/c 鼠，1~2 周后腹腔注射 1×10^6 个杂交瘤细胞，接种细胞 7~10d 后可产生腹水，密切观察动物的健康状况与腹水征象，待腹水尽可能多，而小鼠濒于死亡之前，处死小鼠，用滴管将腹水吸入试管中，一般一只小鼠可获 1~10mL 腹水。也可用注射器抽取腹水，可反复收集数次。腹水中单克隆抗体含量可达 5~20mg/mL。

7.纯化及鉴定

离心去沉淀,上清经400g/L饱和硫酸铵沉淀后,Q FastFlow阴离子交换柱层析进行纯化。纯化后的单克隆抗体需进行以下鉴定。

(1)抗体特异性的鉴定。

(2)McAb的Ig类与亚类的鉴定。

(3)McAb中和活性的鉴定。

(4)McAb亲和力的鉴定 用ELISA或RIA竞争结合试验来确定McAb与相应抗原结合的亲和力。

五、实训结果

做好详细的实验过程记录。分析抗人IgM单克隆抗体生产过程中的影响因素。

六、注意事项

(1)由于制备实验周期长、环节多,所以影响因素就比较多。

(2)操作基本应在无菌条件下进行。

(3)细胞融合鉴定时应注意混合抗体的非特异性问题。

项目小结

项目引导部分:介绍了抗体工程制药的基本知识和基本技术。

抗体是由浆细胞合成并分泌的一类能与相应抗原特异性结合的含有糖基的球蛋白。抗体分布于体液中,主要存在于血清内。抗体具有"Y"字形结构,能够被胃蛋白酶、木瓜蛋白酶等水解,产生不同的片段,每个片段都具有不同的特殊作用。

抗体结构中具有重链和轻链,在重链和轻链中均有可变区与稳定区,其中不同区域具有不同的功能。总体来讲,抗体具有能特异性结合相应抗原、活化补体、结合Fc受体、通过胎盘等功能。五类抗体分别具有不同的形态与特征,它们在机体内起着不同的免疫功能。

抗体工程对抗体的修饰、改造使其比天然抗体更具有潜在的应用前景。抗体药物具有特异性高、性质均一、可针对特定靶点定向制备等特征。根据抗体的生产技术,可把抗体药物分为以下类型:多克隆抗体、单克隆抗体、人鼠嵌合抗体、小分子抗体、双功能抗体、改型抗体及融合抗体。根据制备的原理,可分为三类:多克隆抗体、单克隆抗体和基因工程抗体。

单克隆抗体在临床上主要应用于以下三个方面:肿瘤治疗、免疫性疾病治疗以及抗感染治疗。其中肿瘤的治疗是目前单抗应用最为广泛的领域,也是未来发展的主要方向。目前已经进入临床试验和上市的单抗产品中,用于肿瘤治疗的产品数量大概为 50%。

以肿瘤特异性抗原或肿瘤相关抗原、抗体独特型决定簇、细胞因子及其受体、激素及一些癌基因产物等作为靶分子,利用传统的免疫方法或通过细胞工程、基因工程等技术制备的多克隆抗体、单克隆抗体、基因工程抗体广泛应用在疾病诊断、治疗及科学研究等领域。

抗原通常是由多个抗原决定簇组成的,由多种抗原决定簇刺激机体,相应地就产生各种各样的单克隆抗体。这些单克隆抗体混杂在一起就是多克隆抗体,机体内所产生的抗体就是多克隆抗体。除了抗原决定簇的多样性以外,同样一类抗原决定簇也可刺激机体产生 IgG、IgM、IgA、IgE 和 IgD 五类抗体。

多克隆抗体是由异源抗原刺激机体产生免疫反应,有机体浆细胞分泌的一组免疫球蛋白。多克隆抗体由于其可识别多个抗原表位、可引起沉淀反应、制备时间短、成本低的原因广泛应用于研究和诊断方面。

动物脾脏有上百万种不同的 B 淋巴细胞系,具有不同基因的 B 淋巴细胞可合成不同的抗体。当机体受抗原刺激时,抗原分子上的许多决定簇分别激活各个具有不同基因的 B 细胞。被激活的 B 细胞分裂增殖形成效应 B 细胞(浆细胞)和记忆 B 细胞,大量的浆细胞克隆合成和分泌大量的抗体分子分布到血液、体液中。如果能选出一个制造一种专一抗体的浆细胞进行培养,就可得到由单细胞经分裂增殖而形成细胞群,即单克隆。单克隆细胞将合成针对一种抗原决定簇的抗体,称为单克隆抗体。

制备单克隆抗体技术的主要步骤包括:动物免疫、细胞融合、杂交瘤细胞的筛选、杂交瘤细胞的克隆化、杂交瘤细胞的冻存与复苏、单抗特性的鉴定等。

基因工程抗体是以基因工程技术等高新生物技术为平台,降低鼠源抗体的免疫原性及其功能,采用人抗体的部分氨基酸序列代替某些鼠源性抗体的序列,经修饰制备的基因工程抗体。在医学领域的许多方面都极具应用潜力,尤其在诊断和治疗肿瘤性疾病及抗感染方面优势明显。

噬菌体抗体库技术是近年发展起来的一项新的基因工程抗体技术,它是将体外克隆的抗体基因片段插入噬菌体载体,转染工程细菌进行表达,然后用抗原筛选即可获得特异的单克隆噬菌体抗体。利用这一技术可以得到完全人源性的抗体,在 HIV 等病毒感染和肿瘤的诊断与治疗方面有其独特的优越性。目前存在库容量及多样性的问题和提高抗体亲和力的问题。

任务 1:抗 HBsAg 单克隆抗体的生产

通过利用重组乙型肝炎疫苗接种到 BALB/c 系小鼠体内,而后采集小鼠脾脏细胞与骨髓瘤细胞,经过体外的 50% PEG 融合技术构建并在相应培养基上筛选出杂交瘤细胞,扩大化培养,最终采用亲和层析技术纯化抗体并进行检测,制备抗HBsAg 单克隆抗体。本法制备的单克隆抗体纯度较高,能达到生产质量要求,但相对产量不足。

任务2：嵌合抗 CD20 基因工程抗体的制备

利用 RT – PCR 法，采用抗体通用的兼并性引物，HI47 杂交瘤细胞特异性地分别扩增抗体轻链、重链可变区基因，重组到 pCANTAB 5E 载体相应的酶切位点中，构建噬菌粒表达载体 pCANTAB5Ecd20scFv。采用电穿孔方法将 pCANT-AB5Ecd20scFv 质粒转入 TG1 细菌中，接种 2YTAG 培养基，37℃、200r/min 摇床培养，构建噬菌体文库并进行筛选与鉴定，而后进行抗 CD20 的嵌合抗体构建与表达纯化，最终获得抑制 B 淋巴瘤生产的嵌合抗 CD20 基因工程抗体。本方法工作量大，制备过程中存在一定的困难。

在完成了两大任务的基础上，本项目还安排了实训——抗人 IgM 单克隆抗体的制备，以期对前面已完成的任务进行强化，培养学生综合利用抗体工程技术制药知识和技能的能力和创新能力。

项目思考

一、选择题

1. 单克隆抗体制备过程中，使用的骨髓瘤细胞是一种缺陷型细胞，在含有次黄嘌呤、氨基喋呤和胸腺嘧啶的培养基 HAT 中无法生长；而小鼠脾细胞是正常细胞，在 HAT 培养基上可正常存活。用聚乙二醇诱导细胞融合后，经过数代培养，最终可在 HAT 培养基上存活并能产生单克隆抗体的细胞是（　　）。

A. 骨髓瘤细胞之间形成的融合细胞　　　　B. 脾细胞之间形成的融合细胞

C. 骨髓瘤细胞与脾细胞之间形成的融合细胞　　D. 脾细胞

2. 只能使动物细胞融合的常用诱导方法是（　　）。

A. PEG　　　B. 灭活的病毒　　　C. 电刺激　　　D. 离心

3.（多选）下列关于单克隆抗体的制备和应用的叙述中正确的是（　　）。

A. B 淋巴细胞与骨髓瘤细胞的融合，一般不需要灭活的仙台病毒或聚乙二醇诱导

B. 融合后形成的杂交瘤细胞既能无限增殖，又能产生单克隆抗体

C. 体外培养时，一个效应 B 淋巴细胞可以产生抗体，但不能无限增殖

D. 单克隆抗体与常规抗体相比，特异性强，灵敏度高，优越性明显

4.（多选）1975 年米尔斯坦和柯勒成功地获得了单克隆抗体。下列细胞中与单克隆抗体的制备有关的是（　　）。

A. 效应 B 细胞　　　B. T 淋巴细胞　　　C. 骨髓瘤细胞　　　D. 杂交瘤细胞

二、名词解释

1. 抗体

2. 免疫球蛋白

3. 单克隆抗体

4. 噬菌体抗体库

5. 嵌合抗体

三、简答题

1. 抗体的结构有哪些？简述常见的五类抗体特征。

2. 单克隆抗体有哪些不足之处？

3. 如何利用杂交瘤技术制备单克隆抗体？

4. 基因工程抗体有哪些类型？其特征是什么？

5. 噬菌体抗体库的原理是什么？如何构建噬菌体抗体库？

知识窗

抗体工程的新纪元：SELEX 技术（摘自丁香园）

回顾 20 世纪，分子生物学及其相关学科的发展给科学研究和人类生活带来了日新月异的变化，同时也更新了一些传统概念。比如，自 20 世纪 30 年代以来，人们一直认为"所有的酶都是蛋白质"。1986 年，Lerner 等首次研制成功催化水解羧酸酯的抗体，称之为抗体酶。1987 年，Cech 等发现了具有催化活性的 RNA 分子，称之为核酶。新近又发现了特异切割 RNA 的 DNA 分子，称之为脱氧核酶。现在，可以给酶下这样的定义："酶是生物体内一类具有催化活性和特殊空间构象的生物大分子物质，包括蛋白质和核酸等"。

抗体是机体免疫系统中最重要的效应分子，具有结合抗原、结合补体、中和毒素、介导细胞毒、促进吞噬和通过胎盘等功能，发挥抗感染、抗肿瘤、免疫调节与监视等作用。抗体的研究始于 18 世纪末，即 1890 年德国学者 Von Behring 证明免疫动物血清中存在抗毒素（抗体）。随后又相继发现了凝集素、沉淀素、溶血素、溶菌素和补体结合素等。

随着 DNA 结合蛋白研究的深入，受组合化学、抗体库和随机噬菌体肽库技术的启发，Gold 等于 1990 年构建了随机核酸库，并从中筛选出与靶蛋白特异结合的核酸配基，命名为指数富集的配基系统进化技术，简称 SELEX 技术。目前已从核酸库中筛选出多种与蛋白质、核酸、小肽、氨基酸、有机物、金属离子等特异结合的配基并应用于临床治疗和诊断。为此，人们提出这样的设想：核酸（脱氧核酸）能否作为抗体分子而替代免疫球蛋白？能否在体外合成抗体分子而改变抗体生产的传统途径，开创抗体工程的新纪元？

1. 抗体的产生途径

抗体的产生途径有三条：一是经典途径，即通过免疫动物产生多克隆抗体；二是细胞工程途径，即用杂交瘤技术生产单克隆抗体；三是利用基因工程途径表达和改造抗体。但是，蛋白类抗体的生产与应用存在如下限制：毒性抗原免疫动物承受不了，免疫原性弱的难以产生抗体；杂交瘤产生于鼠，治疗应用受限（HAMA）；异源抗体在诊断中产生非特异性反应（假阳性），还受到类风湿因子和自身抗体的干扰；成本高、费时费事，罕见抗体需大量筛选才能得到；克隆株（细胞）的有效保存不易,有些杂交瘤难以在体内生长;批间质量不一,诊断时要重新优化;体内与体外的识别特异性有差别;抗体－靶相互作用的动力学参数无法依要求改变;寿命有限;对温度敏感,发生不可逆变性。

2. SELEX 技术及其优越性

核酸类抗体(配基)的筛选过程称之为 SELEX 技术,其基本原理就是利用分子生物学技术,构建人工合成的单链随机寡核苷酸文库,其中随机序列长度在 20～40bp,文库容量在 10^{14}～10^{15}。由于单链随机寡核苷酸片段特别是 RNA 易形成发卡、口袋、假节、G－四聚体等二级结构,能与蛋白质、核酸、小肽、氨基酸、有机物,甚至金属离子结合,形成具有很强结和力的复合物。利用这一原理,将随机寡核苷酸文库与抗原或药物等靶分子相互作用,洗脱筛选出特异寡核苷酸配基,经 RT－PCR 及体外转录生成新的次一级文库,再与该靶子结合。反复数个循环,即可筛选出能与该靶子特异结合的寡核苷酸片段。

随机寡核苷酸文库,特别是随机 RNA 文库,与现在常用的蛋白、多肽以及合成的小分子有机化合物库相比,具有如下优点。

(1)作用的靶分子范围更广　对靶无限制,包括金属离子、有机染料、药物、氨基酸、复合因子、糖、抗生素、核酸、碱基类似物、核苷酸、多肽、酶、生长因子、抗体、基因调节因子、细胞黏附因子、植物血凝素、完整的病毒颗粒和致病菌等。

(2)筛选出的配基与靶分子的结合能力更强　甚至强于天然配基,解离常数(K_d)多在"pmol/L"级～"nmol/L"级。

(3)与靶分子结合的特异性更强　能够分辨出靶分子结构上细微的差别,可以区分 1 个甲基或 1 个羟基的差别。如茶碱与其他黄嘌呤类似物咖啡因、可可碱的结构非常相似,常规的茶碱单抗检测与后二者有交叉反应,而通过 SELEX 技术筛选到的寡核苷酸配基只特异结合茶碱,与其他两种物质无反应,其中与茶碱的亲和力比与咖啡因的亲和力高一万倍。通过反向 SELEX 筛选,可以有效减弱以至消除既与靶分子结合,又与靶分子类似物结合的寡核苷酸配基,从而筛选出特异结合靶分子的寡核苷酸配基。从混合体系中筛选某一已知或未知靶分子的寡核苷酸配基,反向 SELEX 技术显示出其独特的价值,比如,用于寻找特异结合某种肿瘤标志物的寡核苷酸配基,就可以用健康个体的组织细胞进行预筛选,除去与背景结合的序列,从而筛选出目的寡核苷酸配基。

(4)异质性程度更高　随机寡核苷酸文库中每一条随机寡核苷酸,其随机区的每个核苷酸位置都存在四种可能性。如果随机区有 n 个核苷酸,那么随机序列的多样性有 n^4 种,再加上稀有碱基或人为修饰碱基,随机序列的多样性会更多。一般随机区域的长度为 30 个核苷酸左右,文库的容量能达到 10^{14}～10^{15}。比同等长度的肽热温度结构多,$10nt$ 即可形成发卡、环攀等结构单元,尤其是可以引入 iso G/iso C 等分子进一步增加多样性。而随机肽库因为受编码肽的基因偏性、大肠杆菌转化效率和生物系统选择的限制,其多样性有限。

（5）筛选周期更短　一般只需要 8～15 个循环，2～3 个月的时间，并且目前其筛选过程已经可以自动化。而制备单克隆抗体，如果顺利的话，至少也需要 3～6 个月时间。

（6）与蛋白类抗体相比，核酸类抗体（配基）的优越性

①在体外而非体内（动物、细胞）条件下筛选，特性可依要求改变。

②筛选条件不同而结果（目的物）不同，动力学参数可依体外诊断条件的要求而改变。

③克服毒性抗原和免疫原性弱的抗原所受的限制。

④在体外化学合成，可以保证时间、质量和数量。

⑤特异性和亲和力不受组织或样品中非靶蛋白的干扰。

⑥可以在合成时精确、定点、随意连接其他功能基团和分子，如巯基、氨基和荧光素、生物素、酶等。

⑦比抗体的分子小，方便体内影像诊断和治疗，如接上硫代磷酸，可用于细胞内诊断和治疗。

⑧变性与复性可逆且速度快，可反复使用、长期保存和室温运输。

3. SELEX 技术在诊断学中的应用现状与展望

在 SELEX 技术创立不到 10 年的期间内，已经筛选出大量的配基并开展了应用于临床诊断的研究。凡是涉及抗体的诊断领域，几乎都可以用核酸配基代替，其应用模式包括以下几方面。

（1）双位点结合试验（夹心法）　双抗原/抗体夹心法是目前最常用的诊断模式。其间，抗原/抗体即作为捕捉分子又作为检测分子。已有研究表明，核酸配基也可以作为捕捉分子和检测分子，如血管内皮细胞生长因子和 CD4 的检测。但核酸配基尚不能同时发挥捕捉和检测两方面的作用，原因是竞争结合配体（抗原）的相同部位。解决的方法有应用抗 2 个不同表位（非重叠位点）的核酸配基。可以通过改变筛选条件和方法或核酸库的类型（RNA/DNA）来得到；也可以通过进一步筛选配基－靶复合物来得到第二个不同的配基，尤其针对小分子抗原。另外，该模式还可以应用于抗原－抗体复合物的检测。

核酸配基可能更适合应用于单克隆抗体难以区分的结构类似物或交叉抗原的鉴别诊断，因为前者与靶抗原结合的特异性更强。如筛选出的 RNA 配基在四种雌类激素 hTSH、hLH、hCG、hFSH 之间无交叉反应，尽管该四种激素的 α 链相同、β 链的结构相似。又如糖基化血红蛋白与正常血红蛋白的区分，一些毒品的鉴别诊断等，应用单克隆抗体都难以解决。

筛选出具有催化活性的核酸配基用于均相检测是非常有意义的。最近，Wilson 和 Szostak 在 DNA 库中筛选出与一种荧光素前体特异结合，并使其氧化发光的配基。

（2）流式细胞术　流式细胞术是细胞和微球颗粒多参数分析的有力工具，以往是通过不同染色荧光素标记的单抗来实施的。核酸配基在流式细胞术中代替单

抗的优越性体现在两个方面:一是结合在细胞表面上的核酸配基的半衰期比单抗长;二是不受细胞表面上 Fc 受体的干扰。比如,用荧光素或藻红素标记的抗 CD4 的 RNA 配基,在流式细胞仪上检测细胞表面表达的 CD4 分子。

(3)传感器　传感器由于能快速、简便且定量检测而受到重视,但抗体介导的免疫传感器的重复使用受限,需要温和的条件以免破坏抗体的功能。而核酸配基可以在热、不同盐浓度、金属螯合剂等条件下反复变性和复性,可修饰和固化,容易标记报告基团。已有荧光标记的抗人凝血素核酸配基用于体内诊断的报道。这种传感器的另一个优点是不需要对靶分子进行标记,还可以用于体内诊断。

(4)荧光偏振　在基于荧光偏振原理的小分子激素类的简便快速检测方法中,采用的是竞争性模式,其缺点是抗体介导的荧光偏振检测灵敏度低,动力学范围窄,需要精确的试剂对照。而荧光标记在核酸配基上,比抗体分子小 1/10,翻滚快,荧光偏振大;结合小分子后引起构象改变,更适宜非竞争性荧光偏振试验。已有应用该技术检测人中性粒细胞弹性蛋白酶和凝血素的报道。

(5)荧光淬灭　近年来,应用荧光淬灭原理建立了新型的定性与定量基因诊断方法,其特点是灵敏、特异、容易自动化。但截至目前,荧光淬灭只能用于核酸的检测。核酸配基作为桥梁可将其应用于非核酸如蛋白质等的检测。其基本设想是:当无靶分子存在时,标记两种相互淬灭的荧光素的环状配基信标与核酸配基碱基配对结合,配基信标链拉直,荧光淬灭消失。当有靶分子存在时,靶分子与其相应核酸配基的结合,引起其构型改变(非直线型),阻碍了配基信标与核酸配基的结合,荧光淬灭依然存在。由此,可达到检测靶分子的目的。目前,此项研究正在进行之中。

(6)毛细管电泳　毛细管电泳技术因其快速、灵敏、自动化和多参数分析等优点而应用范围越来越广,包括免疫学检测。基于抗体的毛细管电泳检测难以建立非竞争法,因为不易分离标记抗体与标记抗体/抗原复合物,也难以得到均一的抗体标记小分子复合物。另外,由于抗体的糖基化而呈现异常的电泳行为,不利于结果分析。German 等发明了一种亲和探针毛细管电泳技术,即利用荧光标记的核酸配基检测 IgE,其优点是核酸配基与靶分子的结合使其构象和质量改变,导致其电泳行为的显著变化。

(7)分子开关　核酸配基在多种环境条件下可以反复变性与复性和与靶分子结合后引起构型改变的特点,预示其能够成为良好的分子开关。例如,利用 AMP－核酸配基筛选出核酶,称之为配基酶,是一个灵敏的分子传感器。核酸配基区识别配体,催化区放大信号。抗－DNA 聚合酶的核酸配基在 PCR 反应热启动应用中的效果优于单抗:在 40℃ 下使 Taq 酶失活,而且对 Taq、Tth、Stoffel 片段均有效。还有人将核酸配基作为亲和层析的介质,优点是亲和力强,可以反复使用。

(8)蛋白质组研究　随着人类基因组计划的进展,对其功能的研究已提到议事日程,蛋白质组计划悄然兴起。虽然 2－D 电泳和免疫阵列是蛋白质组研究的主要工具,但核酸配基阵列有其独特的优势。

①简便快速,容易形成自动化平台。

②密度高,可以精确固化。

③可以从化学合成得到均相的核酸配基。

④坚固、长寿。

⑤含 5 环尿嘧啶的核酸配基能够可逆锁定所结合的蛋白。

⑥除亲和特异性外,还存在着交联特异性。

SELEX 技术自问世以来,其技术本身发展也非常迅速,混合 SELEX、复合靶子 SELEX、基因组 SELEX 等改进的 SELEX 技术的相继建立,使得 SELEX 技术的应用前景更加广阔。而寡核苷酸配基作为诊断试剂,单独或与抗体组合应用于多种诊断模式已显示出其独特的优越性,特别是可以弥补抗体在诊断领域中应用的不足。相信在不久的将来,寡核苷酸配基阵列将会成为蛋白质组研究中的主要工具之一,不仅可极大地促进疾病的诊断,还有助于发现新的治疗方法。

项目六　生物化学制药技术

【知识目标】

了解生物化学药物的分类、特点。

熟悉生化制药的基本技术和基本工艺流程。

掌握典型生物化学药物胸腺肽、L-亮氨酸、花青素和溶菌酶的生产技术。

【技能目标】

学会生化制药的基本技术和基本操作技能。

能够熟练确定典型生化药物胸腺肽、L-亮氨酸等的制备工艺。

熟练控制典型生化药物的相关参数，并能编制这些药物的工艺方案。

【素质目标】

具有科学严谨的学习态度，乐观向上的生活态度，沟通协作的团队意识，探索实践的创新精神。

项目引导

一、生物化学药物的特点与分类

生物化学药物简称生化药物，一般是从动物、植物及微生物提取的，也可用生物-化学半合成或用现代生物技术制得的生命基本物质，如氨基酸、多肽、蛋白质、酶、辅酶、多糖、核苷酸、脂和生物胺等，及其衍生物、降解物及大分子的结构修饰物等。

（一）生化药物的特点

1. 相对分子质量不是定值

生化药物除氨基酸、核苷酸、辅酶及甾体激素等属化学结构明确的小分子化合物外，大部分为大分子的物质，如蛋白质、多肽、核酸、多糖类等，其相对分子质量一般为几千至几十万。对大分子的生化药物而言，即使组分相同，往往由于相对分子质量不同而产生不同的生理活性。例如，肝素是由 D-硫酸氨基葡萄糖和葡萄糖醛酸组成的酸性黏多糖，能明显延长血凝时间，有抗凝血作用；而低相对分子质量肝素，其抗凝活性低于肝素。所以，生化药物常需进行相对分子质量的测定。

2. 需检查生物活性

在制备多肽或蛋白质类药物时,有时因工艺条件的变化,导致蛋白质失活。因此,对这些生化药物,除了用通常采用的理化法检验外,尚需用生物检定法进行检定,以证实其生物活性。

3. 需做安全性检查

由于生化药物的性质特殊,生产工艺复杂,易引入特殊杂质,故生化药物常需做安全性检查,如热原检查、过敏试验、异常毒性试验等。

4. 需做效价测定

生化药物多数可通过含量测定,以表明其主药的含量。但对酶类药物需进行效价测定或酶活力测定,以表明其有效成分含量的高低。

5. 结构确证难

在大分子生化药物中,由于有效结构或相对分子质量不确定,其结构的确证很难沿用元素分析、红外、紫外、核磁、质谱等方法加以证实,往往还要用生化法如氨基酸序列等法加以证实。

6. 高效、低毒

生化药物来源于生物体,是生物体的基本生化成分,因而,具有高效、低毒、量小的临床效果。

(二)生化药物的分类

生化药物可按照其来源、药物的化学本质和化学特性、生理功能及临床用途等不同进行分类。本教材按照生化药物的化学本质和化学特性进行分类,该分类方法有利于对同类药物的结构与功能的相互关系进行比较研究,也有利于对制备方法、检测方法的研究。

1. 氨基酸类药物及其衍生物类药物

这类药物包括天然的氨基酸和氨基酸混合物以及氨基酸的衍生物,如谷氨酸、天冬氨酸、N – 乙酰半胱氨酸、L – 多巴等。氨基酸类药物有单一氨基酸制剂和复方氨基酸制剂两类。

2. 多肽和蛋白质类药物

多肽和蛋白质类药物的化学本质相同,性质相似,只因其相对分子质量不同,而生物功能差异较大,主要包括多肽和蛋白质类激素及细胞生长因子。

活性多肽是由多种氨基酸按一定顺序连接起来的多肽链化合物,相对分子质量一般较小,多数无特定空间构象,如催产素(9 肽)、加压素(9 肽)、胰高血糖素(29 肽)、降钙素(32 肽)等。

蛋白质类药物有单纯蛋白质与结合蛋白类(包括糖蛋白、脂蛋白、色蛋白等),单纯蛋白质类药物有人白蛋白、人丙种球蛋白、抗血友病球蛋白、鱼精蛋白、胰岛素等,结合蛋白有促黄体激素、促甲状腺激素等、植物凝集素等。特异免疫球蛋白制剂的发展十分引人注目,如丙种球蛋白 A、丙种球蛋白 M、抗淋巴细胞球蛋白等。

细胞生长因子是在体内对动物细胞的生长有调节作用,并在靶细胞上具有特异受体的一类物质,已发现的细胞生长因子均为多肽或蛋白质,如集落细胞刺激因子(CSF)、神经生长因子(NGF)等。

3. 酶类药物

酶制剂也广泛用于疾病的诊断和治疗。酶类药物按功能分为:助消化酶类,如胃蛋白酶;消炎酶类,如溶菌酶;心血管疾病的治疗酶类,如尿激酶;抗肿瘤类,如 L - 天冬酰胺酶;氧化还原酶类;如超氧化物歧化酶。

4. 核酸及其降解物和衍生物类药物

这类药物有核酸(DNA 和 RNA)、多聚核苷酸、单核苷酸、核苷、碱基及其衍生物,如 ATP、肌苷等。

5. 糖类药物

糖类药物以多糖类药物为主,如肝素、胎盘脂多糖等。

6. 脂类药物

脂类药物具有相似的非水溶性性质,但其化学结构差异较大,生理功能较广泛,主要有磷脂类、胆酸类、固醇类、卟啉类等。

7. 维生素与辅酶类药物

维生素大多是一类必须由食物提供的小分子化合物,结构差异较大,不是组织细胞的结构成分,不能为机体提供能量,但对机体代谢有调节和整合作用。

8. 动物器官和组织液类药物

这是一类化学结构、有效成分不完全清楚,但在临床上确有一定疗效的药物,俗称脏器制剂,如眼宁、骨宁等。

二、生化制药的基本技术

(一)生物材料的预处理技术

生物材料的预处理技术指在常规处理工艺之前,采用适当的物理、化学或生物的方法,改变培养液、发酵液等生物材料的特性或去除其中部分杂质,为后续的固液分离等工序做好准备。生物材料包括各种生物组织、动植物细胞培养液、微生物发酵液、动物血液、乳液等,是含有细胞、细胞碎片、蛋白质、核酸、脂类、糖类、无机盐类等多种物质的混合物。这些材料中目标物含量一般都比较低,组分非常复杂,杂质较多,目标物分布方式分为胞内与胞外两种,不同的存在方式决定了不同的处理方法。此外,有些目标物在分离过程中受空气氧化、微生物污染、蛋白水解作用、pH、离子强度、温度等因素影响而发生变化,比如发生失活现象。因此,只有在进行固液分离之前对生物材料进行适当预处理,才能为后续操作奠定基础,并保护目标物不被破坏。

预处理的目的:其一,改变发酵液的过滤特性,以利于固液分离,主要方法有加热、调节 pH、凝聚和絮凝等。其二,去除发酵液中的部分杂质,以利于提取和精制后续工序的顺利进行。

预处理的主要方法有以下几种。

1. 凝聚和絮凝技术

凝聚是在中性盐等电解质的作用下,破坏细胞、菌体和蛋白质等胶体粒子的分散状态,使胶体粒子聚集沉淀的过程。

絮凝是使用高分子絮凝剂(通常是天然或合成的大分子质量聚电解质),在悬浮粒子之间产生架桥作用而使细胞和蛋白质聚集成粗大的絮凝团而沉淀。

凝聚和絮凝在预处理中,常用于细小菌体或细胞、细胞碎片以及蛋白质等胶体粒子的去除,其处理过程就是将一定的化学药剂预先投加到发酵液,改变细胞、菌体和蛋白质等胶体粒子的分散状态,破坏其稳定性,或悬浮粒子间产生架桥作用使胶体形成粗大颗粒,使它们聚集成可分离的絮凝体,再进行分离。

2. 加热

最简单、最经济的预处理方法是加热,即把发酵液加热到所需温度并保温适当时间,加热能使杂蛋白变性凝固,从而降低发酵液的黏度,使固液分离变得容易。加热不仅可以增加料液的操作特性,也可以对其进行灭菌,但加热变性的方法只适合于对热稳定的产物,一般加热用 65~80℃。

3. 调节 pH

适当的 pH 可以提高产物的稳定性,减少其在随后分离纯化过程中的损失。此外,发酵液 pH 的改变会影响发酵液中某些成分的电离程度,从而降低发酵液的黏度。在调节 pH 时要注意选择比较温和的酸和碱,以防止局部过酸或过碱,草酸是一种较常用的 pH 调节剂。

4. 杂质去除的方法

(1)杂蛋白去除方法

①等电点沉淀法(常需结合它法):蛋白质在等电点时溶解度最小,能沉淀而除去。

②变性沉淀法:加热变性、大幅度改变 pH、加有机溶剂(丙酮、乙醇等)、加重金属离子(Ag^+、Cu^{2+}、Pb^{2+} 等)、加有机酸(三氯乙酸、水杨酸、苦味酸、鞣酸、过氯酸等)及表面活性剂使蛋白质变性沉淀。

③吸附法:在发酵液中加入一些反应剂,生成的沉淀物对蛋白质具吸附作用而使其凝固。

(2)不溶性多糖的去除方法　当发酵液中含有较多不溶性多糖时,黏度增大,液固分离困难,可用酶将它转化为单糖以提高过滤速度。例如,在蛋白酶发酵液中加 α-淀粉酶,将培养基中多余的淀粉水解成单糖,就能降低发酵液黏度,提高滤速。

（3）高价金属离子的去除方法　一般加入阴离子盐,形成不溶性盐沉淀。例如,去除钙离子,常采用草酸钠或草酸;镁离子的去除也可用草酸,但草酸镁溶解度较大,故沉淀不完全,也可采用磷酸盐,使生成磷酸钙盐和磷酸镁盐沉淀而除去;除去铁离子,可采用黄血盐,形成普鲁士蓝沉淀。

（二）细胞破碎技术

细胞破碎技术是利用外力破坏细胞膜和细胞壁,使细胞内物质包括目的产物成分释放出来的技术,它是分离纯化细胞内合成的非分泌型生化物质（产品）的基础。有效的细胞破碎可使胞内产物获得最大限度的释放,因此,对分离和纯化任何细胞内活性药物成分都是必要的。

1. 常用的细胞破碎技术

细胞的破碎方法很多,可分为机械法和非机械法。机械法主要是通过机械剪切力和压缩力的作用使组织细胞破碎的方法,包括研磨法、高压匀浆、高速珠磨、超声波破碎等方法。非机械法主要包括物理法、化学法和生物法等。物理法是通过各种物理因素如温度差、压力差等的作用,使组织、细胞的外层结构破坏,而使细胞破碎。化学法是通过各种化学试剂破坏细胞膜的结构或改变细胞膜的通透性而抽提某些细胞成分。生物法多用的是酶解法,通过细胞本身的酶系或外加酶制剂的催化作用,使细胞外层结构受到破坏,而达到细胞破碎的目的。

常用的细胞破碎方法如表 6－1 所示。

表 6－1　　　　　　　　　　常用的细胞破碎方法

方法	技术	原理	效果	成本	举例
机械法	匀浆法（片形）	细胞被搅拌器劈碎	适中	适中	动物组织及动物细胞
	匀浆法（孔形）	细胞通过小孔,使细胞受到剪切力而破碎	剧烈	适中	细胞悬浮液大规模处理
	研磨法	细胞被研磨物磨碎	适中	便宜	细菌和植物组织细胞小规模处理
	超声波法	用超声波的空穴作用使细胞破碎	适中	昂贵	细胞悬浮液小规模处理
	珠磨破碎法	细胞被玻璃珠或铁珠捣碎	剧烈	便宜	细胞悬浮液和植物细胞的大规模处理
物理法	反复冻溶法	因突然冷冻,细胞内冰晶的形成及剩余胞液的盐浓度突然改变而引起细胞破碎	温和	便宜	动物细胞的破坏
	急热骤冷法	材料在沸水中维持 85～90min,至水浴中急速冷却而破坏细胞	较剧烈	便宜	细菌及病毒材料
	渗透压冲击法	渗透压的突然变化而破坏细胞	温和	便宜	血红细胞的破坏

续表

方法	技术	原理	效果	成本	举例
物理法	干燥法	使细胞结合水分丧失，从而改变细胞的渗透性，同时部分菌体会发生自溶			气流干燥主要适用于酵母菌；真空干燥多用于细菌；冷冻干燥适用于不稳定的生化物质生物法
	增溶法	表面活性剂溶解细胞壁	温和	适中	胆盐作用于大肠杆菌
	脂溶法	有机溶剂溶解细胞壁并使之失稳	适中	便宜	甲苯破碎酵母细胞
	碱处理法	碱的皂化作用使细胞壁溶解	剧烈	便宜	不常用
生物法	酶消化法（酶解法）	细胞壁被外加酶或内源性酶消化，使细胞破碎	温和	昂贵	微生物和植物细胞

2. 破碎技术的研究方向

（1）多种破碎方法相结合　以上细胞破碎的方法各有优劣，如果将它们有机地结合起来，可达到更好的效果。如化学处理可提高细胞的通透性，引起部分蛋白释放而没有破碎细胞；而机械法对细胞破碎程度高，内容物释放充分，但需高能量且不断产生大量碎片，阻碍了下一步分离。将化学处理如碱处理或增溶法与高压匀浆法结合，破碎率可大幅度提高，产生的碎片量减少，对下一步的不利影响也小。同样，化学法、酶法、机械法相结合，酶法与高压匀浆、超声波振荡、螯合剂、渗透压法结合等都将比单一的方法更有优势。如用溶解酶预处理面包酵母，然后高压匀浆，95MPa 压力下匀浆 4 次，总破碎率接近 100%；而单独采用高压匀浆法，同样条件下破碎率只有 32%。

（2）与上游过程相结合

①控制发酵或培养条件，在发酵培养过程中，培养基、生长期、操作参数等因素都对细胞壁的结构与组成有一定的影响。在生长后期，加入某些能抑制或阻止细胞壁物质合成的抑制剂，继续培养一段时间后，新分裂的细胞其细胞壁有缺陷，利于破碎。

②选择较易破碎的菌种作为寄主细胞，如革兰阴性细菌。

③用基因工程的方法对菌种进行改造，如在细胞内引进噬菌体基因，培养结束后，控制一定条件，激活噬菌体基因，使细胞自内向外溶解，释放出内含物。

（3）与下游过程相结合　细胞破碎与固液分离紧密相关。对于可溶性产品来讲，碎片必须除净，否则将造成层析柱和超滤膜的堵塞，缩短设备的寿命。因此必须从后分离过程的整体角度来看待细胞破碎操作，机械破碎操作尤其如此。

（三）固液分离技术

固液分离是将悬浮液中的固体和液体分离的过程，如将生物组织的提取液与细胞碎片分离,将发酵液中的细胞、菌体、细胞碎片以及蛋白质沉淀物分离等。固液分离的目的包括两方面,其一是收集胞内产物的细胞或菌体等沉淀,分离除去液相;其二收集含目的产物的液相,分离除去固体悬浮物,如细胞、菌体、细胞碎片、蛋白质的沉淀物和它们的絮凝体等。

常规的固液分离技术主要有过滤分离和离心分离两类单元操作技术。对于那些固体颗粒小、外形尺寸在 $1 \sim 10 \mu m$ 范围内、溶液黏度大的发酵液,选用离心分离技术,如细菌、酵母等微粒的分离,也可在预处理后,使用过滤技术。对于含体形较大颗粒的发酵液,选用过滤分离技术,如霉菌、丝状放线菌等粒子的分离。

1. 过滤技术

过滤就是利用多孔性介质的截留作用,将悬浮在发酵液中的固体颗粒与液体进行分离的过程。制药生产中有多种过滤过程,如中药提取液中有效成分与多糖及其他无效成分的分离,发酵液的预处理,液体制剂去除热原等单元操作都是过滤过程。按照料液流动方向的不同可将其分为常规过滤(料液流动方向与过滤介质垂直)和错流过滤(料液流动方向与过滤介质平行)两种。按照过滤的原理不同,又可将其分为滤饼过滤(固体堆积在滤材上并架桥形成滤饼层的过滤方式)和深层过滤(颗粒沉积在床层内部的孔道壁上而并不形成滤饼的过滤方式)。按照过滤方式分类,则可将过滤分为常压过滤、加压过滤、减压过滤、离心过滤等。

2. 离心技术

离心分离技术是借助于离心机旋转所产生的离心力,根据物质颗粒的沉降系数、质量、密度及浮力等因子的不同,而使物质分离的技术。离心分离技术特别适用于固体颗粒很小、液体黏度大、过滤速度很慢、甚至难以过滤的悬浮液及忌用助滤剂或助滤剂无效的悬浮液的分离。离心分离不但可用于悬浮液中液体和固体的直接回收,而且可用于两种不相溶液体的分离和不同密度固体或乳浊液的分离。离心分离的优点是分离速率快、分离效率高、液相澄清度好,但也存在设备投资高、能耗大、连续排料时固相干度不如过滤设备等缺点。离心分离可分为离心沉降、离心过滤和超离心三种方式。

(四)固相析出技术

固相析出技术是根据物质溶解度的不同,控制溶液条件或利用沉析剂使溶质的溶解度降低,生成固体凝聚物而使溶液中的成分分离的技术。

固相析出技术的目的包括两个,其一通过固相析出技术使目标成分达到浓缩和去杂质的目的。当目标成分是以固相形式回收时,固液分离可除去留在溶液中的非必要成分;如果目标成分是以液相形式回收时,固液分离可使不必要的成分以沉淀形式去除。其二固相析出沉淀可使已纯化的产品由液态变成固态,有利于保存和进一步的加工处理。

在生化物质提取和纯化的整个过程中,目标物经常作为溶质而存在于溶液中,改变如 pH、离子强度等溶液条件,使目标物的溶解度发生变化,可以使它以固体形式从溶液中分离出来,这种方法广泛应用于抗生素、有机酸、多肽、核酸、蛋白质等小分子物质的分离。一般析出物为无定形固体称为沉淀法,析出物为晶体时称为结晶法。

1. 沉淀技术

沉淀技术是采取适当的措施改变溶液的理化参数,控制溶液中各种成分的溶解度,使溶液中的欲提取目标物和杂质分开的技术,所以称溶解度法,形成的沉淀是无规则排列的无定形粒子。沉淀技术是一种初级分离技术,也是一种浓缩技术,多步沉淀操作可制备高纯度的目标产品。根据操作过程不同,沉淀技术主要分为盐析技术、有机溶剂沉淀技术、等电点沉淀技术等。

2. 结晶技术

结晶是新相生成的过程,是利用溶质之间溶解度的差别进行分离纯化的一种扩散分离操作,这一点与沉淀的生成原理是一致的。结晶是内部结构的质点元(原子、分子、离子)做三维有序规则的排列,形成形状一定的固体粒子。结晶的形成需要在严密控制的操作条件下进行,因此结晶的纯度远高于沉淀。在生物技术中,结晶主要应用于抗生素、氨基酸、有机酸等小分子的生产中,是精制的一种手段。

(五)膜分离技术

膜分离技术是在分子、离子水平上,不同粒径分子、离子的混合物在通过半透膜时,实现选择性分离的技术。膜分离技术与过滤分离技术较为相似,过滤介质是实现分离的直接手段,普通过滤分离是在固体颗粒水平实现液固分离,膜过滤主要是集中在分子、离子水平的操作,所用的介质是半透膜。半透膜又称分离膜或滤膜,膜壁布满小孔,根据孔径大小可以分为微滤膜(MF)、超滤膜(UF)、纳滤膜(NF)、反渗透膜(RO)等,它们都依赖于各种新型人工膜和膜分离装置的出现,成为现代生化分离、制备的有效手段。膜分离都采用错流过滤方式。

(六)色谱分离技术

色谱分离技术是一组相关分离方法的总称,又称层析分离技术或色谱分离技术,是利用不同物质在互不相溶的固定相和流动相构成的体系中分配行为的差别,引起迁移速率不同而进行分离的技术

层析系统由两个相组成,一是固定相,也称为分离介质或基质,它可以是固体物质(如吸附剂、凝胶、离子交换剂等),也可以是液体物质(如固定在硅胶或纤维素上的溶液),常被填充于层析柱中,这些基质能与待分离的化合物进行可逆的吸附、溶解、交换等作用。另一是流动相,推动固定相上待分离的物质朝着一个方向移动的液体、气体等,柱色谱中一般称为洗脱剂,薄层色谱时称为展层剂。流动相流过整个层析柱,并与分离介质接触,当待分离的混合物随流动相通过固定相时,

由于各组分的理化性质存在差异,在流动相和固定相中的分配能力不同;当两相做相对运动时,样品中各个组分随流动相一起向前移动,并在两相间进行反复多次的分配,距离逐渐拉开,并相继流出层析柱,从而达到将各组分分离的目的。

根据流动相的物态可将色谱分为气相色谱和液相色谱。气相色谱法系采用气体为流动相流经装有填充剂的色谱柱进行分离测定的色谱方法,物质或其衍生物气化后,被载气带入色谱柱进行分离,各组分先后进入检测器,用记录仪、积分仪或数据处理系统记录色谱信号。高效液相色谱的流动相是液体,是用高压输液泵将具有不同极性的单一溶剂或不同比例的混合溶剂、缓冲液等流动相泵入装有固定相的色谱柱,经进样阀注入供试品,由流动相带入柱内,在柱内各成分被分离后,依次进入检测器,色谱信号由记录仪或积分仪记录。

根据原理不同,色谱分离技术可分为吸附色谱技术、分配色谱技术、凝胶色谱分离技术、离子色谱交换分离技术、亲和色谱分离技术等。

1. 吸附色谱技术

吸附色谱技术是色谱分离技术中应用最早的一类,常称为液固色谱技术(LSC),是利用溶质与吸附剂之间分子吸附力的差异实现分离的色谱技术。吸附剂是具有大表面积的活性多孔固体,活性位点如硅胶的表面硅烷醇,一般与待分离化合物的极性官能团相互作用,分子的非极性部分对分离只有较小的影响。吸附剂可以装填于柱中、覆盖于板上,或浸渍于多孔滤纸中,常用的吸附剂有氧化铝、硅胶、活性炭、纤维素、聚酰胺、硅藻土等。吸附色谱技术根据操作方法的不同,可分为吸附薄层色谱技术、吸附柱色谱技术等。薄层色谱是将作为固定相的支持剂均匀地铺在支持板上,成为薄层,把样品点到薄层上,用适宜的溶剂展开,从而使样品各组分达到分离的层析技术。吸附柱色谱技术是将固体吸附剂装填在径高比为1:(10~30)的玻璃或不锈钢的管状柱内,用液体流动相进行洗脱的色谱技术。

2. 分配色谱技术

分配色谱技术是利用被分离物质中各成分在两种互不相溶的液体之间的分配系数不同而使混合物得到分离的技术。分配色谱过程本质上是组分分子在固定相和流动相之间不断达到溶解平衡的过程,这种过程不经过吸附程序,仅由溶剂的提取完成,它相当于一种连续性的溶剂提取方法。分配色谱其中一相为液体,涂布或使之键合在固体载体上,称为固定相,常用的载体有硅胶、硅藻土、硅镁型吸附剂与纤维素粉等;另一相为液体或气体,称为流动相。当溶质在两种不相混溶的溶剂中达到平衡时,溶质在两种溶剂(即两相)中的浓度比值为一常数,称为分配系数(K)。

$$K = \frac{\text{固定相中溶质的浓度}}{\text{流动相中该溶质的浓度}} = \frac{\text{固定相中溶质的量}}{\text{流动相中该溶质的量}}$$

各种组分具有各自的分配系数 K,同一物质温度不同时,K 不同。

3. 凝胶色谱技术

凝胶色谱又称凝胶过滤层析、分子筛层析、排阻层析、分子筛凝胶色谱,是以各种多孔凝胶为固定相,在样品通过一定孔径的凝胶固定相时,利用溶液中各组分相对分子质量的不同、流经体积相对分子质量的不同而使不同相对分子质量的组分得以分离的技术。

4. 离子交换色谱技术

以离子交换树脂作为固定相,选择合适的溶剂作为流动相,利用离子交换树脂上可离解的离子,与流动相中具有相同电荷的组分,离子之间进行可逆交换。在短时间内,样品离子会附着在固定相中的固定电荷上,然后用洗脱剂进行洗脱。由于不同的样品离子对固定相亲和力的不同,因此只要选择适当的洗脱剂及洗脱条件,便可将混合物中的组分依次从树脂上洗脱下来,从而使样品中多种组分实现分离。离子交换树脂按活性基团的不同可分为阳离子交换树脂和阴离子交换树脂,前者可分为强酸性阳离子交换树脂和弱酸性阳离子交换树脂两种,后者可分为强碱性阴离子交换树脂和弱碱性阴离子交换树脂两种。强型离子交换树脂适用的 pH 范围广,选择性较弱;弱型离子交换树脂适用的 pH 范围窄,选择性较强。当目的物具有较强的碱性和酸性时,宜选择弱酸性或弱碱性的树脂,以提高选择性,并便于洗脱;如果目的物是弱酸性或弱碱性的小分子物质时,往往选用强酸性或强碱性树脂,以保证有足够的结合力,便于分步洗脱。

5. 亲和色谱技术

亲和色谱技术是利用固定相的配基(体)与生物大分子间特异的生物亲和力来纯化生物大分子的一种色谱技术,如抗原和抗体、酶和底物或辅酶或抑制剂、激素和受体、RNA 和其互补的 DNA 等。将待纯化物质的特异配基(体)通过适当的化学反应共价连接到载体上,待纯化的物质可被配基(体)吸附,杂质则不被吸附,从层析柱流出,变换洗脱条件,即可将欲分离的物质洗脱下来,实现分离提纯。

(七)电泳分离技术

在电解质溶液中,位于电场中的带电粒子在电场力的作用下,以不同的速度向其所带电荷相反的电极方向迁移的现象,称为电泳。不仅是小的离子,生物大分子,如蛋白质、核酸、病毒颗粒、细胞器等带电颗粒也可以在惰性支持介质(如纸、乙酸纤维素、琼脂糖凝胶、聚丙烯酰胺凝胶等)中,于电场的作用下,向其对应的电极方向按各自的速度进行泳动。由于不同组分的结构、所带电荷及性质的不同,迁移也就速率不同,因此可分离成狭窄的区带而实现分离。电泳分离技术包括聚丙烯酰胺凝胶电泳、等电聚焦、双向电泳、毛细管电泳等。

(八)浓缩与成品干燥技术

1. 浓缩技术

浓缩是低浓度溶液通过除去溶剂(包括水)变为高浓度溶液的过程,是生物化学药物生产中常用的技术之一。用溶剂进行药物有效成分提取后,回收溶剂一般用浓缩方法;物质的提取液由于有效成分的含量过低,需要经过浓缩达到一定的含量;提取液进行后续处理如结晶、喷雾干燥等,也常需要浓缩提高浓度,浓缩有时也贯穿在整个生化制药的过程中。通过浓缩使大量提取精制液缩小体积成半成品或成品,单体有效成分经浓缩成过饱和溶液析出而提纯,并增加产品的贮藏时间。在工厂中浓缩主要有蒸发浓缩、冷冻浓缩、反渗透膜浓缩等。

(1)蒸发浓缩技术　蒸发浓缩是用加热的方法,将含有不挥发性溶质的溶液加热至沸腾状况,使部分溶剂汽化并被移除,从而提高溶剂中溶质浓度的单元操作。按操作压力分为常压蒸发、减压蒸发和加压蒸发。常压蒸发适用于耐热性药物成分的浓缩,减压蒸发特别是真空蒸发适用于不耐热的药物成分的浓缩,在工业生产中应用极为普遍。

(2)冷冻浓缩技术　冷冻浓缩操作应用了冰晶与水溶液固液相平衡的原理。当水溶液中所含溶质浓度低于共溶浓度时,溶液被冷却后,水(溶剂)便部分成冰晶析出,将冰晶分离出来,剩余溶液的溶质浓度则由于冰晶数量和冷冻次数的增加而大大提高。因此,冷冻浓缩实质上是水或其他溶剂从待浓缩提取液中结晶分离出来的过程。冷冻浓缩方法特别适用于热敏生化药品的浓缩。

(3)反渗透浓缩技术　反渗透浓缩是近20年来发展起来的新技术,膜分离是一种使用半透膜的分离方法。分离膜是一类坚固的、具有一定大小孔径的合成材料,在一定压力或电场的作用下,溶剂通过半透膜向非溶液方向渗透,从而使溶液获得浓缩。整个过程不加热、无相变,常温下即可完成操作。

(4)其他浓缩技术　另外,还有吸附分离浓缩技术、薄膜浓缩技术等。

2. 干燥技术

干燥是从湿的固体生化药物中除去水分和溶剂而获得相对或绝对干燥制品的工艺过程,通常包括原料药的干燥和临床制剂的干燥。通过干燥可提高药物的稳定性或便于物料进一步处理或便于制备各种制剂,还可使产品质量减轻、容积缩小,可以显著地节省包装、贮藏和运输费用,并且便于贮藏和流通。常用的干燥技术主要有以下几种。

(1)气流干燥技术　气流干燥就是将粉末或颗粒物料悬浮在热气流中进行干燥的方法。气流干燥也属流态化干燥技术之一,具有干燥强度大、干燥时间短、处理量大、所用设备简单等特点,广泛应用于含非结合水的粉末或颗粒物料(乙酰氨基酚片、阿司匹林、胃酶、胃黏膜素、四环素等)的干燥。

(2)喷雾干燥技术　喷雾干燥是采用雾化器将料液分散为雾滴,并用热空气干燥雾滴而完成的干燥过程。喷雾干燥过程分为料液雾化为雾滴、雾滴与空气接触、雾滴干燥、干燥产品与空气分离四个阶段,具有干燥速率快、时间短、干燥温度低、制品有良好的分散性和溶解性、产品纯度高、生产过程简化、操作控制方便、适宜于连续化生产等特点,因而适用于抗生素、酵母粉和酶制剂等热敏性物料的干燥。

（3）冷冻干燥技术　冷冻干燥又称升华干燥,是被干燥的物料首先进行预冻(冻结),然后在低温、低压甚至高真空状态下,物料中的水分直接由冰晶体升华成水蒸气的干燥过程。冷冻干燥在真空度较高、物料温度低的状态下干燥,可避免物料中成分的热破坏和氧化作用,干燥过程对物料物理结构和分子结构破坏极小,能较好地保持原有体积及形态,制品容易复水恢复原有性质与状态,因此,一些生物制品如血浆、疫苗、抗生素及一些需呈固体而临用前溶解的注射剂多用该法干燥。冷冻干燥的设备投资及操作费用较高,生产成本较高,为常规干燥方法的 2~5 倍。

（4）其他干燥技术　另外,还有红外线干燥、微波干燥等。

三、生化药物生产的工艺流程

生化药物的生产一般分为四大步骤,预处理、固液分离、提取、精制和成品加工,如图 6-1 所示。通过加热、调节 pH、凝聚或絮凝等预处理方式,改变发酵液的

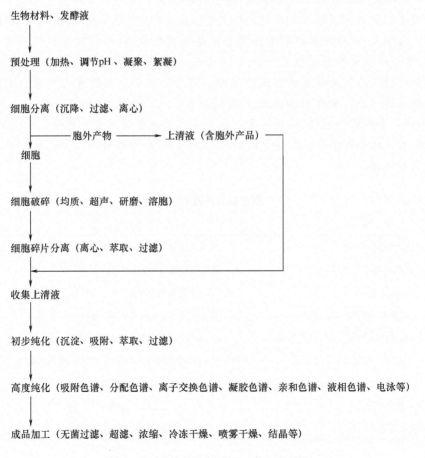

图 6-1　生化药物提取的一般工艺流程

物理性质,初步去除发酵液中的部分杂质。用沉降、过滤或离心的方式进行固液分离,去除细胞或细胞碎片和部分杂质,以利于后续各步操作。提取又称初步分离,除去与产物性质差异较大的杂质,为精制工序创造有利条件,提取操作中,通常目的产物要求有较大的浓缩比,可选技术也比较多,如沉淀、吸附、萃取或过滤等。精制又称高度纯化,目的是去除与产物的物理化学性质比较接近的杂质,通常采用对产物有高度选择性的技术,如色谱分离技术,结晶和重结晶也能获得纯度高的产物。成品加工是生化药物生产的最后工序,主要包括无菌过滤、超滤、浓缩、干燥、制丸、挤压、造粒、制片等步骤,成品形式与产品的最终用途有关,有液态产品也有固态产品,美观的产品形态也是产品档次的一个标志。

任务 1　胸腺肽的生产

　　知识链接　胸腺肽又名胸腺素、胸腺因子,是牛、猪、羊等动物胸腺组织分泌的具有生理活性的一组多肽。临床上常用的胸腺肽是从小牛胸腺中发现并提纯的具有非特异性免疫效应的小分子多肽,其生物活性主要是诱导 T 细胞分化成熟、增强细胞因子的生成和增强 B 细胞的抗体应答,从而调节人体免疫功能,维持机体免疫平衡。临床上,胸腺激素制剂主要用于自身免疫性疾病,如类风湿性关节炎、红斑狼疮、肾小球肾炎和重症肌无力等,也用于恶性肿瘤、病毒性肝炎、抗衰老及抗生素不能有效控制的感染等疾病的辅助治疗。随着分离和合成技术的发展,胸腺肽的应用越来越广泛。重要的胸腺激素制剂如表 6 – 2 所示,其中使用最多的是胸腺F5,即以小牛胸腺为原料,采用一定提取纯化工艺制备的第 5 种成分。我国研究并已正式生产的猪胸腺素注射液是以猪胸腺为原料,参考牛胸腺组分 5 的提取、纯化方法而制得的。

表 6 – 2　　　　　　　　　　　重要的胸腺激素制剂

名　称	化学性质
胸腺 F5	一族酸性多肽,相对分子质量 1000 ~ 15000
猪胸腺素注射液	多肽混合物,相对分子质量 15000 以下
胸腺素 α1	具有 28 个氨基酸的多肽,相对分子质量 3108
胸腺体液因子	多肽,相对分子质量 3200,等电点 5.7
血清胸腺因子	9 肽,相对分子质量 857,等电点 7.5
胸腺生成素	具有 49 个氨基酸残基的多肽,相对分子质量 5562
胸腺因子 X	多肽,相对分子质量 4200
胸腺刺激素	多肽混合物
自身稳定胸腺激素	糖肽,相对分子质量 1800 ~ 2500

　　胸腺 F5 是由 40 ~ 50 种多肽组成的混合物,这些多肽热稳定性好,短时 80℃的

高温不能影响其免疫活性,相对分子质量在 1000 ~ 15000,等电点在 3.5 ~ 9.5。根据等电点以及在等电聚焦分离时的顺序命名,共分三个区域,α 区包括等电点低于 5.0 的组分、β 区包括等电点在 5.0 ~ 7.0 的组分、γ 区则指等电点在 7.0 以上的组分(此区内组分很少)。对分离的多肽进行免疫活性测定,有活性的称为胸腺素,如胸腺素 α1,无活性的称为多肽,如多肽 β1。胸腺 F5 中,胸腺素 α1、α5、α7、β3 和 β4 等是具有调节胸腺依赖性淋巴细胞分化和体内外免疫反应的活性组分,主要生物学功能为连续诱导 T 细胞分化发育的各个阶段,放大并增强成熟 T 细胞对抗原或其他刺激物的反应,维持机体的免疫平衡状态。

一、生产工艺路线

以小牛胸腺为原料的生产工艺路线:

$$
小牛胸腺 \xrightarrow[\text{绞碎}]{[\text{预处理}]} 胸腺碎片 \xrightarrow[\text{100r/min 匀浆 1min,} -20℃,48h]{\substack{[\text{匀浆、提取}] \\ \text{冷重蒸水(料水比为 1:1)}}} 匀浆液 \xrightarrow[\text{500r/min 离心 40min,过滤}]{[\text{热变性、除杂}]80℃,5min}
$$

$$
微滤液 \xrightarrow[\text{超滤}]{[\text{提纯}]} 精制液 \xrightarrow[\text{-20℃冷藏,3%甘露醇,微孔过滤}]{[\text{除菌、分装、冻干}]} 注射用胸腺肽
$$

二、生产工艺过程

1. 原料预处理

取新鲜或 -20℃ 冷藏的小牛胸腺,除去脂肪和结缔组织,用冷无菌蒸馏水冲洗干净后,置于灭菌的绞肉机中绞碎。

2. 匀浆、提取

向绞碎的小牛胸腺碎片中按 1:1 的比例加入预冷的重蒸水并充分混合,将混合液置于组织捣碎机中以 1000r/min 的速度捣碎 1min,制成匀浆,在 10℃ 以下浸渍提取,并于 -20℃ 以下冷藏 48h。

3. 加热、离心、过滤除杂

将冻结的匀浆置于 80℃ 水浴中保温 5min,迅速降温,并于 -20℃ 以下冷藏 2 ~ 3d,取出室温融化,在 2℃ 下以 5000r/min 离心 40min,除去杂蛋白沉淀,收集上清液,用 0.22μm 的微孔滤膜减压抽滤,得除杂后的微滤液。

4. 超滤,精制

将微滤液用相对分子量截流值为 15000 以下的超滤膜进行超滤,收集含相对分子量在 15000 以下的活性多肽精制液,置于 -20℃ 冷藏。

5. 除菌、分装、冻干

向检验合格的精制液中加入 3% 的甘露醇作赋形剂,用微孔滤膜过滤除菌后分装,冷冻干燥,得注射用胸腺肽。

三、技术要点

1. 温度

除加热和冷藏步骤外,所有步骤应在 0~4℃下进行。

2. 原料预处理

采自健康小牛,每头可得胸腺 100g,所得的胸腺用无菌操作方法放入无菌容器内,立即置于 -20℃以下冷藏。操作过程和所用器具均应洗净、无菌、无热原。

3. 提取液的选择

国外报道,提取液可用生理盐水或 pH 为 2 的蒸馏水,国内采用重蒸水低渗提取,冷融处理胸腺匀浆,使活性多肽充分溶于水中,可提高产品收率。

四、质量检测

1. 纯度测定

蛋白质鉴定:取 10mg/mL 胸腺素溶液 1mL,加入 25% 磺基水杨酸 1mL,不应出现浑浊。

相对分子质量测定:用葡聚糖高效液相色谱法测定药品的相对分子质量,样品中所有多肽的相对分子质量均小于 15000。

2. 多肽含量测定

按《中国药典》中规定的方法测定样品无机氮含量及用半微量凯式定氮法测定总氮量,按以下公式计算胸腺素中多肽含量。

$$样品胸腺素多肽含量 = \frac{(总氮量 - 无机氮量) \times 6.25}{测定时的取样量} \times 100\%$$

3. 活力测定

E-玫瑰花结升高百分数不得低于 10%。

任务2 L-亮氨酸的生产

知识链接 L-亮氨酸又称白氨酸,化学名为 α-氨基异己酸,1819 年 Proust 首先从奶酪中分离得到,后来 Braconnot 从肌肉与羊毛的酸水解物中得到其结晶,并定名为亮氨酸(L-Leu)。L-亮氨酸是组成蛋白质的常见 20 种氨基酸,也是哺乳动物的必需氨基酸和生酮生糖氨基酸。由于 L-亮氨酸和 L-异亮氨酸、L-缬氨酸的分子结构中都含有一个甲基侧链而被称为支链氨基酸(BCAA)。L-亮氨酸广泛存在于蛋白质中,尤以玉米麸质及动物血粉中含量最丰富,其次在角甲、棉籽饼和鸡毛中含量也较多。L-亮氨酸的化学名称为 2-氨基-4-甲基戊酸或 2-氨基异己酸,分子式为 $C_6H_{13}NO_2$,相对分子质量为 131.17,结构式如下:

$$CH_3-CH-CH_2-CH-COO^-$$

（结构式中 CH_3 与 NH_3^+ 分别位于对应碳原子下方）

L-亮氨酸可调节氨基酸与蛋白质代谢,是骨骼肌与心肌中唯一可调节蛋白质周转的氨基酸,并促进骨骼肌蛋白质的合成。L-亮氨酸参与人体内氨代谢,是一种重要的保肝剂。L-亮氨酸很容易转化为葡萄糖,有助于调节血糖水平,L-亮氨酸缺乏的人会出现类似低血糖的症状,如头痛、头晕、疲劳、抑郁、精神错乱和易怒等。L-亮氨酸是临床选用的复合氨基酸静脉注射液中不可缺少的原料,在氨基酸静脉注射液以及作为补品的氨基酸口服制剂中,L-亮氨酸都占有较大的比例。L-亮氨酸是大面积烧伤、外伤、感染及手术前后恢复体力的不可缺少的营养剂,对于维持危重病人的营养需要,抢救患者的生命起着积极的作用。临床上 L-亮氨酸还可用于幼儿体内缺乏亮氨酸引起的特发性高血糖症、糖代谢失调、伴有胆汁分泌减少的肝病、贫血等的治疗。亮氨酸的代谢产物酮异己酸也具有调节蛋白质代谢的作用,其衍生物重氮氧代正亮氨酸可用于治疗白血病。L-亮氨酸还是许多重要物质合成的前体物,例如,以 L-亮氨酸为前体物合成的乙酰-L-亮氨酸和乙醇脂可作为头晕治疗及营养滋补类药物,L-亮氨酸 Schiff 碱金属配合物具有抗癌、抗病毒、抑制细菌生长等生物活性功能,选用 L-亮氨酸作为氨基酸部分的 N-稀有脂肪酰基-L-亮氨酸具有较高的抗菌活性。L-亮氨酸与稀土配合物是氨基酸肥料和农药的一种,不仅能增产、防止农作物病虫害,而且能被日光和微生物降解,是目前深受人们喜爱的绿色农药,这种农药的降解产物还可促进农作物对微量元素的吸收利用,增加产量,改善作物的品质。

L-亮氨酸的生物生产方法主要有蛋白质水解提取法、酶催化法、微生物发酵法等。本项目介绍蛋白质水解提取法,即在酸性条件下,将 L-亮氨酸含量较高的蛋白质原料水解,得到各种氨基酸的混合物,经分离、纯化、精制等工序获得 L-亮氨酸产品。L-亮氨酸是一种极其重要的生化产品。

一、生产工艺路线

以动物血粉为原料的生产工艺路线:

$$动物血粉 \xrightarrow[HCl,110℃,24h]{[水解]} 水解液 \xrightarrow[70\sim80℃,减压浓缩]{[赶酸]} 除酸液 \xrightarrow[活性炭]{[吸附、脱色]} 脱色液 \xrightarrow[减压]{[浓缩]}$$

$$浓缩液 \xrightarrow[邻二甲苯-4-磺酸,过滤]{[沉淀]} 沉淀 \xrightarrow[氨水,过滤]{[解析]} 亮氨酸粗品 \xrightarrow[活性炭,70℃,24h]{[脱色]} 滤液 \xrightarrow[减压]{[浓缩、结晶]}$$

$$L-亮氨酸结晶 \xrightarrow[水]{[洗涤、干燥]} L-亮氨酸精品$$

二、生产工艺过程

1. 水解、赶酸

按 5:1[体积(L)/质量(kg)]的比例向 1t 水解罐中加入 6mol/L HCl 500L 和动物血粉 100kg,110~120℃回流水解 24h 后,于 70~80℃减压浓缩至糊状,加 50L 水稀释后,再浓缩至糊状,如此赶酸 3 次,冷却至室温滤除残渣。

2. 吸附、脱色

上述滤液稀释 1 倍后,将其以 0.5L/min 的流速流进颗粒活性炭柱(30cm×180cm),至流出液出现丙氨酸,将用去离子水以同样流速洗至流出液 pH 4.0,将流出液与洗涤液合并。

3. 浓缩、沉淀与解析

上述流出液减压浓缩至进柱液体积的 1/3,搅拌下加入 1/10 体积(体积比)的邻二甲苯 – 4 – 磺酸,亮氨酸与邻二甲苯 – 4 – 磺酸生成不溶性的磺酸盐沉淀而析出,甲硫氨酸、异亮氨酸等杂质则残存在溶液中。滤取沉淀,用 2 倍体积(质量体积比)去离子水搅拌洗涤沉淀 2 次,抽滤压干即得亮氨酸磺酸盐。向滤饼中加 2 倍体积(质量体积比)去离子水,摇匀,用 6mol/L 氨水中和至 pH 6~8,于 70~80℃保温搅拌 1h,冷却过滤。沉淀用 2 倍体积(质量体积比)去离子水搅拌洗涤 2 次,过滤得亮氨酸粗品。

4. 精制

用 40 倍体积(质量体积比)离子水加热溶解 L – 亮氨酸粗品,然后加 0.5% 活性炭于 70℃保温搅拌脱色 1h,过滤,滤液浓缩至原体积的 1/4,冷却后即析出白色片状亮氨酸结晶。过滤收集结晶,用少量水洗涤结晶后抽干,于 70~80℃下烘干,即得 L – 亮氨酸精品。

三、质量检测

1. 质量标准

本品为白色结晶或结晶性粉末,无臭,味微苦,在甲酸中易溶,在水中略溶,在乙醇或乙醚中极微溶解。干燥品含 $C_6H_{13}NO_2$ 的量应大于 98.5%,比旋度为 +14.9°~ +15.6°,其 1% 水溶液的 pH 应为 5.5~6.5,在 430nm 的波长处的透光率不得低于 98.0%。氯化物不得大于 0.02%,硫酸盐不得大于 0.02%,铵盐不得大于 0.02%,其他氨基酸不得大于 0.5%。干燥失重不得超过 0.2%,炽灼残渣不得超过 0.1%。铁盐不得大于 0.001%,重金属含量不得超过百万分之十,砷盐小于 0.0001%。每 1g 亮氨酸中含细菌内毒素的量应小于 25EU(供注射用)。

2. 鉴别

本品 0.4mg/mL 溶液的色谱图显示的主斑点的位置和颜色与对照溶液的主斑点相同,红外光吸收图谱应与对照的图谱(光谱集 987 图)一致。

3. 含量测定

取本品约 0.1g,精密称定,加无水甲酸 1mL 溶解后,加冰乙酸 25mL,采用电位滴定法,用高氯酸滴定液(0.1mol/L)滴定,并将滴定的结果用空白试验校正。每 1mL 高氯酸滴定液(0.1mol/L)相当于 13.12mg 的 $C_6H_{13}NO_2$。

任务3　花青素的生产

知识链接　花青素又称花色素,是自然界广泛存在于植物中的一类水溶性色素,属类黄酮化合物,是构成植物花瓣和果实颜色的主要色素之一。花青素存在于植物细胞的液泡中,可由叶绿素转化而来。在植物细胞液泡不同的 pH 条件下,花瓣、叶片或果实等呈现蓝、红、紫和黄色等五彩缤纷的颜色。花青素的颜色受许多因素的影响,低温、缺氧和缺磷等不良环境也会促进花青素的形成和积累。

花青素的基本结构单元是 2 - 苯基苯并吡喃型阳离子,即花色基元。由于 B 环上 R_1、R_2 位置的取代基不同(羟基或甲氧基),形成了各种各样的花青素(图 6 - 2)。花青素分子中存在 $C_6 - C_3 - C_6$ 高度分子共轭体系,具有酸性与碱性基团,易溶于水、甲醇、乙醇、稀碱与稀酸等极性溶剂中。在紫外与可见区域均具较强吸收,紫外区最大吸收波长在 280nm 附近,可见光区域最大吸收波长在 500 ~ 550nm 范围内,可用分光光度计快速测定。

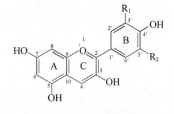

图 6 - 2　花青素的结构

花青素是一种强有力的抗氧化和抗辐射剂。对于植物而言,花青素绚丽的色泽在植物授粉和避免紫外线伤害方面起着重要作用。对于人类而言,花青素可以清除人体内致病的自由基,减缓细胞死亡和细胞膜变性,从而预防多种与自由基有关的疾病,包括癌症、心脏病、过早衰老和关节炎等。花青素的自由基清除能力是维生素 E 的 50 倍,是维生素 C 的 20 倍。花青素可被人体 100% 地吸收,与其他抗氧化剂不同,花青素有跨越血脑屏障的能力,可以直接保护大脑中枢神经系统。花青素还能通过抑制酶的活性来降低血压,达到防止中风、偏瘫的作用,而且花青素能通过降低胆固醇水平,减少血管壁上的胆固醇沉积,通过提高血管壁弹性而达到改善循环系统和降压的功能。花青素可通过对弹性蛋白酶和胶原蛋白酶的抑制使皮肤变得光滑而富有弹性,从内部和外部同时防止由于过度日晒所导致的皮肤损伤,并抑制炎症和过敏,改善关节的柔韧性。花青素还具有抗辐射的作用。花青素颜色因 pH 不同会发生变化,大部分花青素具有良好的光、热、pH 稳定性,对于白领或是长期处于日晒、电辐射环境中的人群,花青素的功效可是不可或缺的。花青素亦可以促进视网膜细胞中视紫质的再生,预防近视,增进视力。因此,花青素作为一种安全、无毒、资源丰富的天然色素,已广泛应用于食品、化妆品领域。

目前,花青素的生化制备法主要有提取法和分离纯化法,其中取法包括有机溶剂萃取法、水溶液提取法、超临界流体萃取法、微波提取法等。

一、生产工艺路线

以茶叶红紫色芽叶为原料的生产工艺路线:

茶叶红紫色芽叶 $\xrightarrow[\text{1\%盐酸甲醇溶液,超声10min}]{[\text{提取}]}$ 混合液 $\xrightarrow[\text{4℃,24h}]{[\text{冷浸}]}$ 冷浸液 $\xrightarrow{[\text{过滤}]}$ 滤液 $\xrightarrow[\text{30℃,旋转蒸发}]{[\text{浓缩}]}$

浓缩液 $\xrightarrow[\text{蒸馏水、三氯甲烷、乙酸乙酯}]{[\text{萃取}]}$ 萃取液 $\xrightarrow[\text{70\%乙醇,0.5h}]{[\text{吸附、洗脱}]}$ 洗脱液 $\xrightarrow[\text{40℃,旋转蒸发}]{[\text{浓缩}]}$ 浓缩液

$\xrightarrow[\text{-40~-30℃}]{[\text{冷冻干燥}]}$ 花青素粗品

二、生产工艺过程

1. 提取

取适量茶叶红紫色芽叶样品于三角瓶中,按4∶1[体积(mL)/质量(g)]的比例加入200mL 1%盐酸甲醇溶液,超声提取10min,4℃低温下冷浸2h,过滤至1000mL棕色试剂瓶中,按上述方法重复处理2次,合并提取液。

2. 除溶剂、浓缩

将提取液在30℃下进行真空旋转浓缩,至样品呈膏状,无甲醇残留,得膏状浓缩液。

3. 萃取

用少量蒸馏水将膏状样品溶解,样液依次用三氯甲烷、乙酸乙酯萃取3次,收集水层。

4. 吸附提纯

将收集的水层过HPD-700大孔树脂柱吸附12h,用2倍体积的70%乙醇水溶液洗脱0.5h,解吸0.5h,洗脱2次,收集合并洗脱液。

5. 浓缩、干燥

将上述洗脱液在30℃下进行真空旋转浓缩,去除乙醇。浓缩液在-40~-30℃下进行真空冷冻干燥,得花青素粗品。

三、技术要点

1. 提取溶剂的选择

对于提取溶剂,甲醇是最佳选择,酸性溶剂在破坏植物细胞膜的同时可溶解水

溶性色素,最常用的提取溶剂是 1% 的盐酸甲醇溶液,考虑到甲醇的毒性,可以选择 1% 盐酸乙醇溶液。为了提高提取的效率,用超声波辅助提取。

2. 真空(或减压)旋转蒸馏

低温 30℃ 下除去有机溶剂甲醇,以保证花青素结构和含量不变。

3. 冷冻干燥

采用真空冷冻干燥法除去溶剂,既保证花青素的质量稳定性,又可以有效除去溶剂和杂质。

四、质量检测

1. 颜色反应

水溶液中分别加入浓 HCl 溶液、1% 香荚兰 HCl 溶液和 KI – I$_2$ 试剂进行颜色反应,在浓 HCl 溶液中显粉红色、在 1% 香荚兰 HCl 溶液中显红色、在 KI – I$_2$ 试剂的作用下不产生棕色沉淀。

2. 薄层鉴别

点样于硅胶 GF254 薄板上,以三氯甲烷和乙酸乙酯(1:40)为展开剂进行薄层层析。观察所得斑点在可见光和紫外光下的颜色,并分别用碘蒸气、氨蒸气熏蒸,以及 50% 硫酸溶液喷雾,使斑点显色。可见光下显蓝紫色,紫外光下显浅蓝色;氨蒸气熏蒸后,可见光下显蓝紫色,紫外光下显浅蓝色;碘蒸气熏蒸后,可见光下显粉红色。

3. 紫外分光光度法

溶液加浓 HCl 溶液少许,在紫外 – 可见分光光度计中扫描鉴定,在 270 ~ 280nm 都有吸收峰,而在 465 ~ 550nm 有花青素特征吸收峰。

4. 高效液相色谱法

美国 Waters 510 型高压液相色谱,Waters 2487 紫外检测器。分析柱为 BD-SHYPERSIL C18,520nm 波长检测,流动相为 20% A 相(乙腈)、80% B 相(2% 甲酸水溶液),等梯度洗脱,流速 0.8mL/min,进样量 10μL,柱温 28℃。

五、含量测定

1. 标准曲线的制作

配制浓度为 1.0mg/mL 的花青素标准溶液,分别取 0.5mL、1.0mL、1.5mL、2.0mL、2.5mL,然后以 60% 乙醇水溶液定容至 5.0mL,各取 1.0mL(另取 1.0mL 60% 乙醇水溶液为空白液)分别加入 6.0mL 香草醛 – 盐酸溶液和 3.0mL 的浓盐酸,摇匀,避光,在 30℃ 恒温水浴中保持 30min 比色,取出后在 500nm 波长下测其吸光值,绘制标准曲线,得回归方程。

2. 样品溶液比色

精密称取花青素样品配成 1.0mg/mL 的花青素样品溶液,取 1.0mL,然后以 60% 乙醇水溶液定容至 5.0mL,各取 1.0mL(另取 1.0mL 60% 乙醇水溶液为空白液)分别加入 6.0 mL 香草醛 – 盐酸溶液和 3.0mL 的浓盐酸,摇匀,避光,在 30℃ 恒温水浴中保持 30min 比色,取出后在 500nm 波长下测其吸光值,带入回归方程中计算花青素的浓度。

3. 含量计算

将样品中花青素的浓度代入公式计算含量。

$$花青素的含量 = \frac{样品定容体积 \times 样品中原花青素的浓度 \times 稀释倍数}{样品质量} \times 100\%$$

实训　溶菌酶的制备

一、实训目标

(1)熟悉溶菌酶的功能、分布以及作用特性。

(2)掌握从蛋清中提取分离溶菌酶的工艺和活力测定方法。

二、实训原理

溶菌酶又称细胞壁质酶或 N – 乙酰胞壁质聚糖水解酶,是由英国科学家 Fleming 于 1922 年在鼻黏液中发现的一种有效的抗菌物质,活性中心为天冬氨酸$_{52}$和谷氨酸$_{35}$,是一组糖苷水解酶的总称,能催化水解革兰阳性细菌细胞壁黏多糖的 N – 乙酰氨基葡萄糖(NAG)与 N – 乙酰胞壁酸(NAM)间的 β – 1,4 – 糖苷键。分子质量约 14ku,由 129 个氨基酸残基构成,由于其中含有较多碱性氨基酸残基,所以其等电点高达 10.8,最适温度为 50℃,最适 pH 为 6 ~ 7,在 280nm 的消光系数 $[A_{1cm}^{1\%}]$ 为 13.0。该酶活性可被一些金属离子 Cu^{2+}、Fe^{2+}、Zn^{2+} 以及 N – 乙酰葡萄糖胺所抑制,能被 Mg^{2+}、Ca^{2+}、$NaCl$ 所激活。

溶菌酶广泛存在于人体心、肝、脾、肺、肾等多种组织中,以肺与肾含量最高,鸟类和家禽的蛋清、哺乳动物的泪、唾液、血浆、尿、乳汁等体液以及微生物中也含此酶,其中以蛋清中含量最为丰富。人体内的溶菌酶常与激素或维生素结合,以复合物的形式存在。该酶由粒细胞和单核细胞持续合成与分泌,对革兰阳性细菌有较强杀灭作用,因此,被认为是人体非特异性免疫中的一种重要的体液免疫因子。

鸡蛋清溶菌酶占蛋清总蛋白的 3.4% ~ 3.5%,作为溶菌酶类的典型代表,是目前重点研究的对象,也是了解最清楚的溶菌酶之一。鸡蛋清溶菌酶由 18 种 129 个氨基酸残基构成单一肽链,富含碱性氨基酸,有四对二硫键维持酶构型,是一种碱性蛋白质,其 N 末端为赖氨酸,C 末端为亮氨酸。鸡蛋清溶菌酶的相对分子质量为 14000 ~

15000,最适 pH 为 6.6,pI 为 10.5～11.0,可分解溶壁微球菌、巨大芽孢杆菌、黄色八叠球菌等革兰阳性菌。该酶非常稳定,耐热、耐干燥,室温下可长期稳定。吡啶、盐酸胍、尿素、十二烷基磺酸钠等对酶有抑制作用,但酶对变性剂相对不敏感。

目前,溶菌酶仍属于紧俏的生化物质,广泛应用于医学临床,具有抗感染、消炎、消肿、抗肿瘤、增强体内免疫反应等多种药理作用。溶菌酶常温下在中性盐溶液中具有较高的天然活性,在中性条件下溶菌酶带正电荷,因此在分离制备时,先后采用等电点法、D152 型树脂柱层析法除杂蛋白,再经 Sephadex G－50 层析柱进一步纯化。采用福林－酚法测蛋白含量,分光光度法测定酶活性。工艺路线为:

$$鸡蛋清\xrightarrow[\text{pH 8.0,过滤}]{[预处理]}预处理后的蛋清\xrightarrow[\text{pH 7.0,过滤}]{[粗分离]}滤液\xrightarrow[\text{D152 树脂,pH 6.5}]{[层析]}层析液\xrightarrow[\text{聚乙二醇}]{[浓缩]}浓缩液$$

$$浓缩液\xrightarrow[\text{蒸馏水,24h}]{[透析除盐]}透析液\xrightarrow[\text{Sephadex G－50}]{[层析]}层析液\xrightarrow[\text{聚乙二醇}]{[浓缩]}浓缩液\xrightarrow[\text{蒸馏水,24h}]{[透析除盐]}透析液$$

$$\xrightarrow[\text{－40～－30℃}]{[冷冻干燥]}溶菌酶干粉\xrightarrow[\text{压片等}]{[制剂]}片剂等制剂$$

三、实训器材

1. 主要实训仪器

循环水式真空泵 HSB－IⅡ,蛋白紫外检测仪,记录仪,紫外分光光度计,梯度混合器(500mL),721 型分光光度计,冷冻离心机,冰箱,酸度计,部分收集器,恒流泵,恒温水浴锅,层析柱(2.6cm×50cm,1.6cm×30cm),布氏漏斗(500mL),吸滤瓶(1000mL),G－3 砂芯漏斗(500mL)。

2. 主要实训材料与药品

鲜鸡蛋、底物微球菌粉、D152 大孔弱酸性阳离子交换树脂、Sephadex G－50、透析袋、氯化钠、硫酸铵、磷酸氢二钠、磷酸二氢钠、磷酸钠、乙醇、蒸馏水、甲醇、三氯乙酸、溶菌酶标准品、N－乙酰葡萄糖胺、硫酸铜、硫酸亚铁、硫酸锌、氯化镁、氯化钙、氢氧化钠、盐酸、Folin－酚试剂、PEG 20000、两性电解质。

四、实训操作

1. 蛋清的制备

将 4～5 个新鲜的鸡蛋两端各敲一个小洞,使蛋清流出(鸡蛋清 pH 不得小于8),轻轻搅拌 5min,使鸡蛋清的稠度均匀,用两层纱布过滤除去脐带块、蛋壳碎片等,约为 100mL。

2. 鸡蛋清粗分离

按过滤好的蛋清量边缓慢搅拌边加入等体积的去离子水,均匀后在不断搅拌下用 1mol/L HCl 调 pH 至 7 左右,用脱脂棉过滤收集滤液。

3. D152 大孔弱酸性阳离子交换树脂层析

（1）D152 树脂处理　将 D152 树脂先用蒸馏水洗去杂物,滤出;用 1mol/L NaOH 浸泡并搅拌 4 ~ 8h,抽滤干 NaOH;用蒸馏水洗至近 pH 7.5,抽滤干;再用 1mol/L HCl 按上述方法处理树脂,直到全部转变成氢型,抽滤干 HCl;用蒸馏水洗至近 pH 5.5,保持过夜,如果 pH 不低于 5.0,抽滤干 HCl,用 2mol/L NaOH 处理树脂使之转变为钠型,pH 不小于 6.5。吸干溶液,加 pH 6.5、0.02mol/L 的磷酸盐缓冲液平衡树脂。

（2）装柱　取直径 1.6cm、长度为 30cm 的层析柱,自顶部注入经处理的上述树脂悬浮液,关闭层柱出口,待树脂沉降后,放出过量的溶液,再加入一些树脂,至树脂沉积至 15 ~20cm 高度即可。于柱子顶部继续加入 pH 6.5、0.02mol/L 磷酸盐缓冲液平衡树脂,直至流出液 pH 为 6.5,关闭柱子出口,保持液面高出树脂表面 1cm 左右。

（3）上柱吸附　仔细将上述蛋清溶液直接加到树脂顶部,打开出口使其缓慢流入柱内,流速为 1mL/min。

（4）洗脱　用柱平衡液洗脱杂蛋白,在收集洗脱液的过程中,逐管用紫外分光光度计检验杂蛋白的洗脱情况,当基线开始走平后,改用含 1.0mol/L NaCl 的 pH 6.5、0.02mol/L 磷酸钠缓冲液洗脱,收集洗脱液。

（5）PEG 浓缩　将上述洗脱液合并装入透析袋内,置容器中,外面覆以 PEG,容器加盖,酶液中的水分很快就被透析膜外的 PEG 所吸收。当浓缩到 5mL 左右时,用蒸馏水洗去透析膜外的 PEG,小心取出浓缩液。

（6）透析除盐　蒸馏水透析除盐 24h。

4. Sephadex G –50 分子筛柱层析

（1）装柱　先将用 20% 乙醇保存的 Sephadex G –50 抽滤除去乙醇,用 6g/L NaCl 溶液搅拌 Sephadex G –50 数分钟,再抽滤,反复多次直至无醇味为止。加入胶体积 1/4 的 6g/L NaCl 溶液,充分搅拌,超声除去气泡,装入玻璃层析柱(2.6cm × 50cm),柱床 45cm。

（2）上样　将上述透析除盐的蛋清溶液仔细直接加到凝胶柱顶部,打开出口使其渗入柱内。

（3）洗脱　样品流完后,先分次加入少量 6g/L NaCl 洗脱液洗下柱壁上的样品,连接恒流泵,使流速为 0.5mL/min,用部分收集器收集,每 10min 一管。

（4）PEG 浓缩　合并活性峰溶液,用 PEG 浓缩到 5mL 左右时,用蒸馏水洗去透析膜外的 PEG,小心取出浓缩液。

（5）透析除盐　蒸馏水透析除盐 24h,收集透析液,量取体积。

5. 冷冻干燥

将上述透析液在 –40 ~ –30℃下进行真空冷冻干燥,得溶菌酶干粉。

6. 制剂

取干燥粉碎的糖粉,加入总量 5% 的滑石粉,过 120 目筛,加 5% 淀粉浆适量,在搅拌机内混合搅拌均匀,制成颗粒,12 目筛制,55℃烘干,用 14 目筛整理颗粒,控制水分在 2% ~4% ,再按计算量加入溶菌酶粉混合,加 1% 硬脂酸镁,过 16 目筛 2 次,压片机压制成口含片,每片含溶菌酶 20mg,也可以根据需要制成肠溶片、膜剂及眼药水滴剂等。

7. 溶菌酶活力测定

(1)酶液配制　准确称取溶菌酶样品 5mg,用 0.1mol/L、pH 6.2 磷酸缓冲液配成 1mg/mL 的酶液,再将酶液稀释成 50μg/mL。

(2)底物配制　取干菌粉 5mg 加上述缓冲液少许,在乳钵中研磨 2min,倾出,磷酸盐缓冲液(pH 6.2)稀释到 15 ~25mL,使悬浮液于(25 ±0.1)℃在 450nm 的波长处测得的吸光度,最好在 0.5 ~0.7 范围内(临用前配制)。

(3)活力测定　先将酶和底物分别放入 25℃恒温水浴预热 10min,吸取底物悬浮液 4mL 放入比色杯中,在 450nm 波长处读出吸光度,此为零时读数,然后吸取样品液 0.2mL(相当于 10μg 酶),每隔 30s 读 1 次吸光度,到 90s 时共计下 4 个读数。

活力单位的定义:在 25℃、pH 6.2、波长为 450nm 时,每分钟引起吸光度下降 0.001 为 1 个活力单位。

$$酶的活力单位数 = \Delta A_{450}\,nm/t \times 0.001$$

$$比活力 = 酶的活力单位数/蛋白质质量(mg)$$

8. 蛋白质含量的测定

采用 Folin - 酚试剂法进行测定(参考生物化学实验)。

五、实训结果

步骤项目	体积/mL	总蛋白量/mg	总活力单位	比活力/(单位/mg)	回收率/%
1. 制备蛋清					
2. 溶菌酶分离					
3. D152 树脂柱层析					
4. Sephadex G-50 层析					
5. 溶菌酶制品					

【思考与练习】

(1)提取和纯化溶菌酶还有哪些其他的方法? 请写出相关的方法及原理。

(2)请根据自身的实训体会,写出优化本实训的措施。

项目小结

项目引导部分:介绍了生化药物的特点、分类和基本技术。

生物化学药物简称生化药物,一般是从动物、植物及微生物提取的,也可用生物－化学半合成或用现代生物技术制得的生命基本物质及其衍生物、降解物及大分子的结构修饰物等。生化药物具有相对分子质量不是定值、需检查生物活性、需做安全性检查、需做效价测定、结构确证难、高效、低毒等特点。

按照生化药物的化学本质和化学特性可将生化药物分为：氨基酸类药物及其衍生物类药物、多肽和蛋白质类药物、酶类药物、核酸及其降解物和衍生物类药物、糖类药物、脂类药物、维生素与辅酶类药物、动物器官和组织液类药物等。

生化制药的基本技术有生物材料的预处理技术、细胞破碎技术、固液分离技术、固相析出技术、膜分离技术、色谱分离技术、电泳分离技术、浓缩与成品干燥技术。

生化药物的生产一般分为五个步骤：预处理、固液分离、提取、精制和成品加工。

在项目引导的基础上，本项目安排了三大任务：胸腺肽的生产、L－亮氨酸的生产和花青素的生产。

任务 1：胸腺肽的生产

以新鲜或－20℃冷藏的小牛胸腺为原料，经过预处理——匀浆——浸渍——水浴加热——冷冻保藏——室温融化——离心——减压抽滤除杂——超滤——精制——除菌——分装——冻干等工艺过程，可获取注射用胸腺肽。

该工艺过程的技术要点：①温度：除加热和冷藏步骤外，所有步骤应在 0～4℃下进行。②原料预处理：操作过程和所用器具均应洗净、无菌、无热原。③提取液的选择：国外用生理盐水或 pH 为 2 的蒸馏水，国内采用重蒸水低渗提取，冷融处理胸腺匀浆，使活性多肽充分溶于水中，可提高产品收率。

胸腺肽质量检测主要是从纯度测定、多肽含量测定、活力测定三个方面进行，结果应符合规定。

任务 2：L－亮氨酸的生产

以动物血粉为原料，经过盐酸水解、赶酸——颗粒活性炭吸附、脱色——减压浓缩——邻二甲苯－4－磺酸沉淀——解析，得亮氨酸粗品。该粗品用去离子水加热溶解后，用 0.5% 活性炭脱色，再浓缩结晶精制，干燥后即得 L－亮氨酸精品。

L－亮氨酸精品的质量检测标准、检测项目、检测方法和技术参照《中华人民共和国药典(2010 版)》进行。

任务 3：花青素的生产

以茶叶红紫色芽叶为原料，经过盐酸甲醇溶液提取——真空旋转除溶剂、浓缩——三氯甲烷、乙酸乙酯萃取——大孔脂树脂柱吸附提纯——真空旋转浓缩，去除乙醇——－40～－30℃真空冷冻干燥，可得花青素粗品。

该工艺过程的技术要点：①提取溶剂的选择：最常用的提取溶剂是 1% 的盐酸甲醇溶液，考虑到甲醇的毒性，可以选择 1% 盐酸乙醇溶液。为了提高提取的效率,用超声波辅助提取。②真空(或减压)旋转蒸馏:在低温30℃下除去有机溶剂,可保证花青素结构和含量不变。③冷冻干燥除去溶剂:既保证花青素的质量稳定性,又可以有效除去溶剂和杂质。

花青素的质量检测主要包括颜色反应、薄层鉴别、紫外分光光度法、高效液相色谱法等方法和技术,其含量测定一般用比色法。

在完成了三大任务的基础上,本项目还安排了实训——以鸡蛋清为原料制备溶菌酶,以期对前面已完成的任务进行强化,培养学生综合利用生物化学技术制药知识和技能的能力和创新能力。

项目思考

一、名词解释
1. 生化药物
2. 固相析出技术
3. 色谱分离技术
4. 膜分离技术
5. 反渗透浓缩技术
6. 冷冻干燥技术

二、简答题
1. 生化药物具有哪些特点?
2. 怎样从动物血粉中提取 L - 亮氨酸?
3. 生化制药的基本技术有哪些?

三、简述题
1. 简述胸腺素的生产工艺流程。
2. 简述花青素的生产工艺流程。

四、知识与技能探究
1. 生化药物的原材料来源主要有哪些?
2. 生化制药的发展前景如何?
3. 生化制药的新技术有哪些?

知识窗

生化药物五大领域潜力股

据预测,未来十年世界范围内的生化与生物技术药物的开发热点主要集中在单克隆抗体、反义药物、基因治疗药物、可溶性蛋白质类药物和疫苗等几大类。根据我国的实际国情,生化药物以下五大领域具有极大潜力,可以深入挖掘,需要特别重视和加强。

1. 借助蛋白质工程研制新药

利用蛋白质工程技术对现有蛋白质类药物进行改造,使其具有较好的性能,是获得具有自主知识产权生化与生物技术药物的最有效的途径之一。在研发蛋白质工程药物方面,我国目前已成功完成许多工作,如为降低 IL – 2 的副作用,将 125 位的 Cys 残基用 Ser 取代,使之成为一种新型的IL – 2,其生物活性、稳定性比原 IL – 2 要好。

2. 发展反义寡核苷酸药物

目前国外至少有 18 种反义寡核苷酸药物进入临床试验,包括针对感染性疾病、癌症及炎症的反义寡核苷酸,其中 Vitravene 是 FDA 批准的第一个反义寡核苷酸药物,而我国在此类药物的研发上尚未取得突破性进展。

3. "搭车"基因组成果研发新药

21 世纪初,美、英、德、日、法、中六国科学家同时向世界宣布,人类基因组工作草图绘制完毕。草图覆盖了基因组97% 的空间,85% 的基因组序列已被组装起来,50% 以上的序列接近完成图标准,已有数千个基因被确定,数十个致病基因被定位。以此研究成果为基础,能开发出各种特异性新药。利用人类基因组成果研发新药主要包括两方面内容,一是直接利用功能基因表达生产蛋白质类药物,二是以致病基因为靶点研发各种类别的药物。

4. 寻找新生化药物资源

传统观念认为,生化药物来源仅局限于脏器、组织和代谢物,但实际远远不止这些,凡是有生命的物质都是生化药物学者寻找、开发的对象,动物资源和海洋资源都具有值得挖掘的价值。

新生化药物资源的研究是开发我国具有自主知识产权的新生化药物的有效途径。近年来进行的利用山羊脾脏、鲨鱼肝、扇贝和羊胚胎等作为制备生化药物原料的研究,都取得较好效果,值得肯定;海洋是巨大的生物资源宝库,蕴藏着大量的抗菌、抗肿瘤、抗病毒、调节血脂、降血压等生化活性的物质,从海洋中开发生化药物是未来研究开发的重点;另外,某些生物具有特殊的生物活性物质,如蚯蚓中的蚓激酶、水蛭中的水蛭素、峰素和蝎素等都值得研究;日本学者根据某些生物生活在肮脏的环境里不生病的现象,从中提取抗菌作用的蛋白质等,这些例子都可以开阔我国研究开发特殊生化药物的思路。

5. 开发多糖与寡糖类药物

多糖类物质具有广泛的生物活性,如免疫调节、抗炎、抗病毒、降血糖、抗凝血等,目前重点开发的是真菌和植物来源的多糖。与蛋白质一样,多糖具有广泛性和复杂性,且不同序列的多糖片段具有不同的生物活性,因此多糖也是寻找生化药物的宝库。活性多糖的研究可以从三个方面进行:继续从真菌、植物中寻找活性多糖,重点是从动植物,特别是中草药中寻找高效的活性多糖;对已发现的具有活性的多糖进行改造和化学修饰;对大分子活性多糖进行降解,开发低分子和寡糖药物。

参考文献

[1]陈可夫.生化制药技术.北京:化工工业出版社,2008.

[2]陈宁.酶工程.北京:中国轻工业出版社,2005.

[3]陈文吟,饶桂荣等.抗 HBsAg 单链抗体特异性单克隆抗体的制备及应用.中国生化药物杂志,2006,27(5):283~285.

[4]段春光,杨守京,余璐等.抗人 IgG 单克隆抗体的制备及鉴定.细胞与分子免疫学杂志,2006,22(2):219~210.

[5]郭葆玉.基因工程药学.北京:人民卫生出版社,2010.

[6]郭葆玉.生物技术药物.北京:人民卫生出版社,2009.

[7]郭勇.酶工程.北京:科学出版社,2009.

[8]国家药典委员会.中华人民共和国药典(2010版,二部).北京:中国医药科技出版社,2010.

[9]国家药典委员会.中华人民共和国药典(2010版,三部).北京:中国医药科技出版社,2010.

[10]李德山.基因工程制药.北京:化学工业出版社,2010.

[11]李家洲.生物制药工艺学.北京:中国轻工业出版社,2009.

[12]林福玉,陈昭烈,刘红等.5L 生物反应器中长期灌流培养 CHO 工程细胞生产 rt-PA.军事医学科学院院刊,2000,24(1):44~48.

[13]刘进平.植物细胞工程简明教程.北京:中国农业出版社,2011.

[14]罗立新,潘力,郑穗平.细胞工程.广州:华南理工大学出版社,2004.

[15]潘瑞炽.植物细胞工程.广州:广东高等教育出版社,2008.

[16]邱玉华.生物分离与纯化技术.北京:化学工业出版社,2010.

[17]沈子龙,廖建民,徐寒梅.转基因动物技术与转基因动物制药.中国药科大学学报,2002,33(2):81~86.

[18]孙汶生.医学免疫学.北京:高等教育出版社.2012.

[19]王雪梅,赖梅梅,张晓丽等.抗 HBsAg 单克隆抗体的制备与生物学特性的鉴定.重庆医科大学学报,2008,33(3):267~269.

[20]吴梧桐.生物制药工艺学.北京:中国医药科技出版社,2006.

[21]吴晓英.现代生物制药工艺学.北京:化学工业出版社,2009.

[22]夏焕章,熊宗贵.生物技术制药.北京:高等教育出版社,2005.

[23]谢从华.植物细胞工程.北京:高等教育出版社,2005.

[24]辛秀兰.生物制药工艺学.北京:化学工业出版社,2008.

［25］熊宗贵. 生物技术制药. 北京：高等教育出版社,1999.

［26］阎隆飞,张玉麟. 分子生物学. 北京：中国农业大学出版社,1997.

［27］于善谦. 免疫学导论. 北京：高等教育出版社.2008.

［28］余琼. 生化制药技术. 北京：高等教育出版社,2011.

［29］禹邦超. 酶工程. 武汉：华中师范大学出版社,2007.

［30］曾青兰,张虎成. 生物制药工艺. 武汉：华中师范大学出版社,2012.

［31］张林生. 生物技术制药. 北京：科学出版社,2008.

［32］张文学. 免疫实验技术. 北京：科学出版社.2007.

［33］周吉源. 植物细胞工程. 武汉：华中师范大学出版社,2007.

［34］周珮. 生物技术制药. 北京：人民卫生出版社,2007.

［35］周维燕. 植物细胞工程原理与技术. 北京：中国农业大学出版社,2005.